U0571847

Photoshop 入门与提高案例教程

主　编　蒋文豪　刘泓伶　何　嘉
副主编　黎　江　邓宇沁　李　亮　何　浩

北京理工大学出版社
BEIJING INSTITUTE OF TECHNOLOGY PRESS

内容简介

本书共分为12章，所有内容以图形图像处理软件Adobe Photoshop 2022为蓝本，通过案例式教学模式，介绍Adobe Photoshop 2022的使用方法、计算机平面制作的基本知识和操作技能。从最基本的软件界面介绍到图像编辑的基本方法，进而介绍其他工具应用方法，最后通过综合实战，使读者能结合前面学到的软件知识，应用到实际的工作中去。全书以“项目教学”和“任务驱动”来构建教材体系，将理论和实践有机地结合起来，充分体现了“以服务为宗旨，以就业为导向”的学生培养模式和指导思想。书中实例效果精美、内容全面、由浅入深、讲解详尽，从基础知识、中小实例到综合实战案例，逐层深入、逐步拓展，零基础的读者也能够轻松学会。

本书适用作为图形图像处理类课程的教材，也可供其他人员阅读和参考。

图书在版编目(CIP)数据

Photoshop入门与提高案例教程 / 蒋文豪，刘泓伶，何嘉主编. -- 北京：北京理工大学出版社，2023.9

ISBN 978-7-5763-2620-8

Ⅰ.①P… Ⅱ.①蒋… ②刘… ③何… Ⅲ.①图像处理软件-教材 Ⅳ.①TP391.413

中国国家版本馆CIP数据核字(2023)第133932号

责任编辑：王玲玲　　**文案编辑**：王玲玲
责任校对：刘亚男　　**责任印制**：施胜娟

出版发行 / 北京理工大学出版社有限责任公司
社　　址 / 北京市丰台区四合庄路6号
邮　　编 / 100070
电　　话 / (010) 68914026（教材售后服务热线）
(010) 68944437（课件资源服务热线）
网　　址 / http://www.bitpress.com.cn

版 印 次 / 2023年9月第1版第1次印刷
印　　刷 / 唐山富达印务有限公司
开　　本 / 787 mm×1092 mm　1/16
印　　张 / 19
字　　数 / 418千字
定　　价 / 99.00元

图书出现印装质量问题，请拨打售后服务热线，负责调换

前言

Adobe Photoshop 是 Adobe 公司旗下的一款功能非常强大的数字图像处理软件，是设计、绘画领域各种软件的基石，作为图像后期处理软件，被广泛应用于平面设计、数码艺术、特效合成、商业修图、UI 界面设计等领域，并且发挥着不可替代的作用。本书系统讲解了 Adobe Photoshop 2022 软件入门的知识和抠图、修图、调色、合成、特效等核心技术，以及 Photoshop 在平面设计、数码照片处理、电商美工、UI 设计、创意设计等方面的综合应用，是一本 Photoshop 完全自学教程。

本书从从事平面设计相关工作所需具备的职业能力入手，介绍了与平面设计相关的知识和技术。全书教学内容共分为 12 章：第 1 章以理论讲解为主，详细介绍了数字化图像基础知识和 Adobe Photoshop 2022 软件界面；第 2、3 章主要讲解图像和图层的编辑与操作方法；第 4 ~ 12 章结合多个项目实战，讲解选区、图像绘制与修饰、调色、蒙版、通道、矢量工具、路径、文本工具、滤镜等软件核心功能和应用方法；在每章的最后通过综合实战练习，使读者能结合前面学到的软件知识，应用到实际的工作中去，还可以考查读者对本章各知识点和技能的掌握情况。

本书内容丰富，信息量大，文字通俗易懂，实战性强，书中实例效果图精美，讲解深入、透彻，从基础知识、中小实例到综合实战案例，逐层深入，逐步拓展，零基础的读者也能够轻松学会。本书教学内容以“项目教学”和“任务驱动”来构建教材体系，将理论和实践有机地结合起来，充分体现了“以服务为宗旨，以就业为导向”的高职高专学生培养模式和指导思想。全书内容均以课堂实战为主，每个项目实战都有详细的操作步骤及实际应用环境展示，读者通过实际操作可以快速熟悉软件功能并领会设计思路。

本书由重庆航天职业技术学院蒋文豪、刘泓伶、何嘉担任主编，黎江、邓宇沁、李亮、何浩担任副主编。具体编写分工如下：刘泓伶、何嘉、蒋文豪负责组织和构思；刘泓伶负责编写 1 ~ 5 章，何嘉负责编写 6 ~ 8 章；黎江负责编写 9 ~ 12 章；蒋文豪负责编写前言；全书由邓宇沁、李亮、何浩负责统稿和改稿。

本书详略得当，并为重点内容配备了教学视频，读者可通过扫描二维码观看；此外，还赠送了一套 Photoshop 配套素材库，内容包括笔刷、渐变、图案、形状、样式、动作，为读者提供丰富的素材资源；同时，为教师提供书中所有案例的素材图、效果源文件、教学PPT，这些配套资源都可以登录网址 www. bitpress. com. cn 进行下载。

Photoshop 软件的更新速度很快，本书有些内容可能存在更新不及时的问题，书中疏漏和不足之处难免，敬请广大读者批评指正。

编　者

目录

第 1 章　认识 Adobe Photoshop 2022 …… 1
1.1　数字化图像基础 …… 1
1.2　Adobe Photoshop 2022 的工作界面 …… 4
1.3　查看图像 …… 8
1.4　辅助工具 …… 12
1.5　版本新增功能 …… 15
1.6　综合实战——制作生日卡片 …… 16
第 2 章　图像编辑的基本方法 …… 19
2.1　文件的基本操作 …… 19
2.2　调整图像与画布 …… 23
2.3　裁剪图像 …… 27
2.4　复制与粘贴 …… 31
2.5　恢复与还原 …… 33
2.6　移动图像 …… 36
2.7　图像的变换与变形操作 …… 37
2.8　综合实战——瑜伽宣传海报 …… 42
第 3 章　图层的应用 …… 45
3.1　什么是图层 …… 45
3.2　创建图层 …… 49
3.3　编辑图层 …… 51
3.4　合并与盖印图层 …… 54
3.5　图层的对齐与分布 …… 55
3.6　图层组 …… 58
3.7　图层样式 …… 59
3.8　图层混合模式 …… 69

3.9 综合实战——制作咖啡机宣传海报 …… 73
第 4 章 选区工具的使用 …… 77
4.1 认识选区 …… 77
4.2 选区的基本操作 …… 78
4.3 选框工具组 …… 81
4.4 不规则选区工具 …… 93
4.5 选择颜色范围 …… 96
4.6 “选择并遮住”命令 …… 99
4.7 选区的“修改”命令 …… 102
4.8 综合实战——制作山水风景徽章 …… 104
第 5 章 图像的绘制与设计 …… 109
5.1 设置颜色 …… 109
5.2 绘画工具 …… 113
5.3 画笔设置面板 …… 120
5.4 渐变工具 …… 128
5.5 填充与描边 …… 132
5.6 擦除工具 …… 135
5.7 综合实战——教师节海报 …… 136
第 6 章 颜色与色调调整 …… 140
6.1 图像的颜色模式 …… 140
6.2 调整命令 …… 145
6.3 特殊调整命令 …… 153
6.4 综合实战——人像颜色调整 …… 157
第 7 章 修饰图像的应用 …… 159
7.1 修饰工具 …… 159
7.2 颜色调整工具 …… 162
7.3 修复工具 …… 165
7.4 综合实战——精致人像修饰 …… 173
第 8 章 蒙版的应用 …… 180
8.1 认识蒙版 …… 180
8.2 图层蒙版 …… 182
8.3 矢量蒙版 …… 186
8.4 剪贴蒙版 …… 190
8.5 快速蒙版 …… 190
8.6 综合实战——梦幻海底 …… 193
第 9 章 通道的应用 …… 201
9.1 通道 …… 201

9.2 编辑通道 …… 206
9.3 综合实战——制作多彩树叶脉络效果 …… 212
第 10 章 矢量工具与路径 …… 215
10.1 路径和锚点 …… 215
10.2 钢笔工具组 …… 216
10.3 编辑路径 …… 222
10.4 路径面板 …… 225
10.5 形状工具 …… 226
10.6 综合实战——服装插画 …… 231
第 11 章 文本的应用 …… 235
11.1 文字工具的概述 …… 235
11.2 文字的创建与编辑 …… 236
11.3 变形文字 …… 239
11.4 路径文字 …… 241
11.5 编辑文本命令 …… 244
11.6 综合实战——抗疫宣传海报 …… 246
第 12 章 滤镜 …… 250
12.1 认识滤镜 …… 250
12.2 智能滤镜 …… 252
12.3 滤镜库 …… 255
12.4 风格化滤镜组 …… 257
12.5 模糊滤镜组 …… 262
12.6 模糊画廊滤镜组 …… 268
12.7 扭曲滤镜组 …… 270
12.8 锐化滤镜组 …… 277
12.9 视频滤镜组 …… 278
12.10 像素化滤镜组 …… 278
12.11 渲染滤镜组 …… 280
12.12 杂色滤镜组 …… 283
12.13 其他滤镜 …… 285
12.14 综合实战——节气海报 …… 288
参考文献 …… 294

第1章

认识Adobe Photoshop 2022

本章简介

Adobe Photoshop 2022 是 Adobe 官方新推出的一款专业的图像处理软件，深受世界各地数百万的设计人员、摄影师、艺术家和美术爱好者的喜爱。此版本加强了对象选择工具，通过在对象周围绘制一个简单的矩形或套索，快速、精确创建选区，实现一键抠图，还改进了属性面板，访问各种类型图层设置，并使用方便的快速操作，轻松移除背景，选择主体。

本章重点

本章主要学习：Adobe Photoshop 2022 概述、软件界面介绍、辅助工具的使用方法和 Adobe Photoshop 2022 的新功能。

技能目标

- 掌握图像的像素和分辨率的设置。
- 熟悉位图和矢量图的含义，了解它们的区别和应用方式。
- 掌握各种文件格式的应用，了解它们的特点。
- 熟悉 Adobe Photoshop 2022 的工作界面。
- 掌握工作界面各个工具及命令的基础使用方法。
- 掌握屏幕模式调整方法及转换快捷键的使用。
- 掌握多个窗口的排列方法。
- 掌握视图的旋转、缩放、画面的移动、关闭图像等操作。
- 掌握标尺、参考线、网格和注释等工具的基本使用方法。
- 熟练掌握撤销键、图框工具、文本框、新对称模式等新增功能的使用方法。
- 掌握生日卡片的制作方法。

素养目标

通过对 Adobe Photoshop 2022 软件的界面和基础理论知识的讲解，激发学生的好奇心和求知欲望，并且能更深刻地钻研知识、理解知识、运用知识，进而发现问题、解决问题，培养他们的创新能力和耐挫折能力。

1.1 数字化图像基础

计算机中的图像是以像素来进行记录、处理和存储的，这些由数字信息表述的图像被称为数字化图像。计算机中的图形图像主要分为两大类：位图图像和矢量图形。Adobe Photoshop 2022 是一款典型的位图处理软件，但它也可以绘制出矢量图形。

1.1.1 像素和分辨率

像素（Pixel）是组成数码图像的最小单位，是一个有色彩的小方块，但像素是一个抽象的概念，它没有具体的宽度和高度。例如一幅尺寸相同的图像，像素点的数量越多，越能体现图像的细节，图像的画质就越清晰，品质也越好，其文件也越大。

分辨率是指单位长度内包含的像素点的数目，它的单位通常为像素/英寸（ppi）。高分辨率图像包含更多的像素点，所以比低分辨率图像更为清晰。相同尺寸，但分辨率不同的两张图，高分辨率的图像比低分辨率的图像更清晰，如图 1－1 所示。

分辨率为72像素　　分辨率为300像素

图 1－1　分辨率对比效果图

分辨率的种类有很多，其含义也各不相同，正确理解分辨率在各种情况下的具体含义，弄清不同分辨率表示方法之间的相互关系，是至关重要的一步。分辨率通常可以分为以下几种类型：

1. 图像分辨率

一幅图像中，每单位长度能显示的像素数目，称为该图像的分辨率。这种分辨率有多种衡量方法，常用的是以每英寸的像素数（pixel per inch，ppi）来衡量。也可以每厘米的像素数（pixel per centimeter，ppc）来衡量。

图像分辨率决定了图像的输出质量，图像分辨率和图像尺寸（高宽）共同决定了文件的大小，在图像尺寸固定时，图像分辨率越大，图像文件所占用的磁盘空间也就越多。

2. 显示器分辨率

显示器上每单位长度所能显示的像素或点的数目，称为该显示器的分辨率。它是以每英寸含有多少点来计算的，通常以“点/英寸”（drop per inch，dpi）为单位。显示器分辨率是由显示器的大小与显示器的像素的设定，以及显卡的性能来决定的，一般为 72 像素。

3. 打印机分辨率

打印机在每英寸所能产生的墨点数目，称为打印机的分辨率，也叫输出分辨率。与显示器分辨率类似，打印机分辨率也以“点/英寸”来衡量。如 720 dpi，是指在用该打印机输出图像时，在每英寸打印纸上可以打印出 720 个色点。打印机分辨率越大，表明图像输出的色点越小，输出的图像效果就越精细。

1.1.2　位图和矢量图

位图也称为点阵图像或像素图，是由许多细小的色块组成的，每个色块就是一个像素，每个像素只能显示一种颜色，图像像素点越多，分辨率越高，图像也就越清晰。位图适用于表现色彩丰富，含有大量细节（如明暗变化、场景复杂和多种颜色等）的画面，并可直接、快速地在屏幕上显示出来。当放大位图时，可以看见构成整个图像的无数小方块，这就是平常所说的马赛克效果。图 1－2 显示了位图放大前后的效果对比。

图 1－2　位图放大前后对比

矢量图又称向量图，主要是用矢量绘图软件绘制得到的。矢量图在对图形进行缩放、旋转或变形等操作时，不会产生锯齿模糊效果，按任意分辨率打印都依然清晰（与分辨率无关）。缺点是色彩单调，细节不够丰富，无法逼真地表现自然界中的事物。图 1－3 显示了矢量图放大前后的效果对比。

图 1－3　矢量图放大前后对比

1.1.3　文件格式

文件格式用于确定图像数据的存储内容和存储方式，它决定了文件是否与一些应用程序兼容，以及如何与其他程序交换数据。几乎每一种图像设计软件都有一种自身的独特的文件格式，也有一些文件格式是通用于不同的软件的，常用的图像文件格式有以下几种：

PSD 格式：此格式是 Photoshop 的专用格式，它能保存图像数据的每一个细节，包括图层、通道等信息，确保各层之间相互独立，便于以后进行修改。PSD 格式还可以保存为 RGB 或 CMYK 等颜色模式的文件，但唯一的缺点是保存的文件比较大。

JPEG 格式：此格式是较常用的图像格式，它是一种有损的压缩格式，但在文件压缩前，可以在弹出的对话框中设置压缩的大小，这样就可以有效地控制压缩时损失的数据量。

GIF 格式：GIF 格式是输出图像到网页最常采用的格式，并且支持动画。GIF 格式采用 LZW 压缩，色彩限定在 256 色以内，能存储背景透明化的图像格式。

PNG 格式：PNG 格式是一种将图像压缩到 Web 上的文件格式，是专门为 Web 创造的。和 GIF 格式不同的是，PNG 格式并不仅限于 256 色。这种格式可以使用无损压缩方式压缩图像文件，并利用通道制作透明背景，是功能非常强大的网络文件格式。

PDF 格式：PDF 格式是由 Adobe Systems 创建的一种文件格式，允许在屏幕上查看电子文档。PDF 文件还可以被嵌入 Web 的 HTML 文档中。

BMP 格式：英文 Bitmap（位图）的简写，是一种与硬件设备无关的图像文件格式，使用非常广，是 DOS 和 Windows 兼容的计算机上的标准 Windows 图像格式。BMP 格式支持 RGB、索引颜色、灰度和位图颜色模式，但不支持 Alpha 通道。

TIFF 格式：TIFF 格式是一种最佳图像质量的图像存储方式，它可以存储多达 24 个通道的信息。它所包含的有关图像的信息最全，而且几乎所有的软件都支持这种格式。我们在保存自己的作品时，只要有足够的空间，都应该用这种格式来存储。这种格式的文件通常被用于 Mac 平台和 PC 平台之间的转换，也可用于 3ds Max 与 Photoshop 之间的转换。

1.2　Adobe Photoshop 2022 的工作界面

工作界面介绍

Adobe Photoshop 2022 的工作界面简洁实用，工具的选项、面板、工作区的切换都十分方便；还可以调整工作界面的亮度，以便凸显图像；软件多方面的升级、改进，让用户有一个更好的使用体验。

1.2.1　了解 Adobe Photoshop 2022 的操作界面组件

Adobe Photoshop 2022 的工作界面包含菜单栏、工具选项栏、标题栏、工具箱、文档窗口、状态栏、控制面板等组件，如图 1－4 所示。

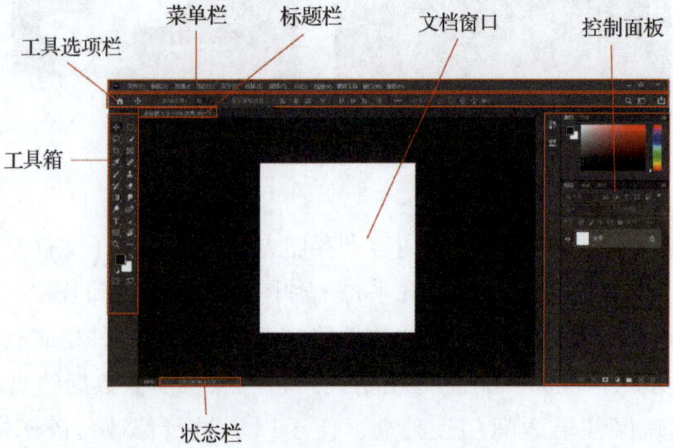

图 1－4　工作界面

1.2.2　菜单栏

菜单栏是 Photoshop 的重要组成部分，和其他应用程序一样，Adobe Photoshop 2022 根据图像处理的各种要求，将所有的功能命令分类后，分别放在 12 个菜单中，如图 1－5 所示。

图 1－5　菜单栏

菜单栏中某些命令显示为灰色，表示它们在当前状态下停止使用；如果一个命令的名称右侧有三点（…）符号，表示执行该命令后会打开一个对话框，如图 1－6 所示。

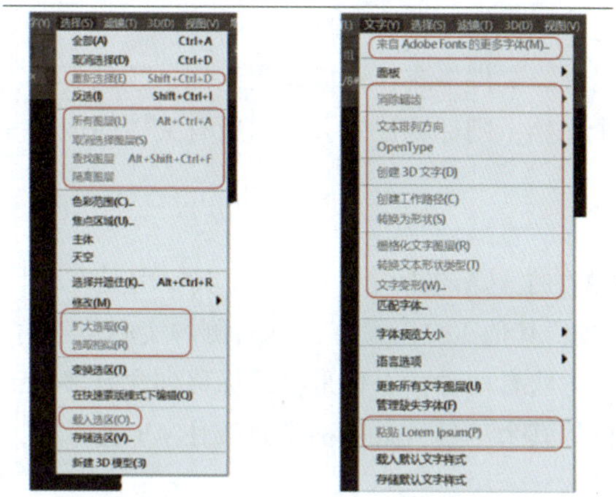

“选择”菜单　　“文字”菜单

图 1－6　菜单栏部分命令

1.2.3　工具选项栏

工具选项栏是根据每个工具进行制定的，是一个非常有用的功能。当选用不同的工具时，会显示不同的内容，不仅可以有效增加工具的灵活性，还能够提高工作效率。图 1－7 所示为“文字工具”的工具选项栏，图 1－8 所示为“钢笔工具”的工具选项栏。

图 1－7　“文字工具”工具选项栏

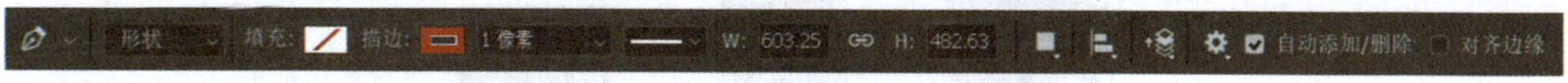

图 1－8　“钢笔工具”工具选项栏

1）隐藏/显示工具选项栏

执行“窗口”→“选项”命令，可以隐藏或显示工具选项栏。

2）移动工具选项栏

单击并拖曳工具选项栏最左侧的图标，可以使工具选项栏呈浮动状态（即脱离顶栏固定状态），如图 1－9 所示。将其拖回菜单栏下面，当出现蓝色条时释放鼠标，可以重新停放到原位置，如图 1－10 所示。

图 1－9　拖出工具选项栏

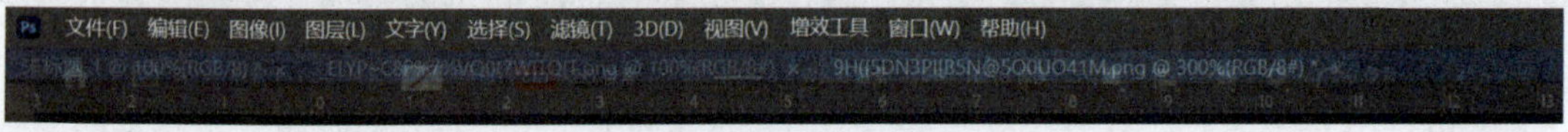

图 1－10　拖回工具选项栏

1.2.4　标题栏

标题栏显示了文档名称、文件格式、窗口缩放比例、颜色模式、当前工作图层的名称等信息。如果同时打开多个文档，则标题栏中会显示所有文档的信息。

1.2.5　工具箱

Adobe Photoshop 2022 的工具箱包括了 60 多种工具，但是在工具箱中并没有全部显示出来，只是显示了 21 种工具，其他工具隐藏在图标右侧的实心小三角形里，如图 1－11 所示。想要打开这些隐藏工具的方法有两种：一种是将鼠标移到含有多个工具的图标按钮上，单击鼠标右键，会显示出隐藏的其余工具；另一种则是按住 Alt 键不放，单击工具图标按钮，可在多个工具之间进行切换。

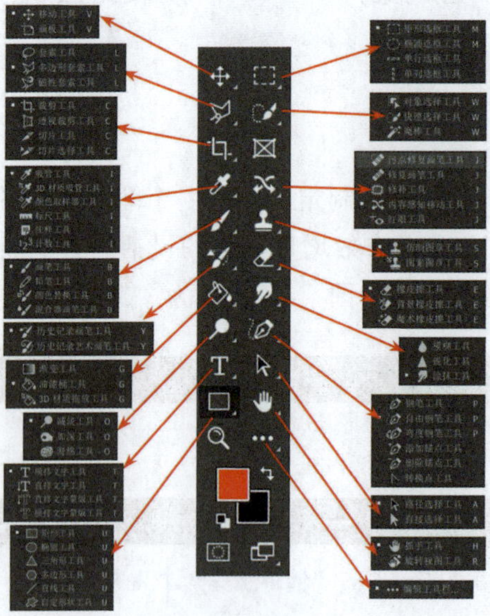

图 1－11　工具箱

Adobe Photoshop 2022 的工具箱有单列和双列两种显示模式。单击工具箱顶部的双箭头 ，可以将工具箱切换为单排（或双排）显示模式。使用单列显示模式，可以有效节省屏幕空间，使图像的显示区域更大，方便用户的操作。

1.2.6　文档窗口

文档窗口是显示和编辑图像的区域。打开一个图像，便会创建一个文档窗口。如果打开多个图像，单击其中一个文档的标题栏，便可对当前文档的窗口进行操作，如图 1－12 所示。按快捷键 Ctrl + Tab，可按照前后顺序切换窗口；按快捷键 Ctrl + Shift + Tab，则按照相反的顺序切换窗口。

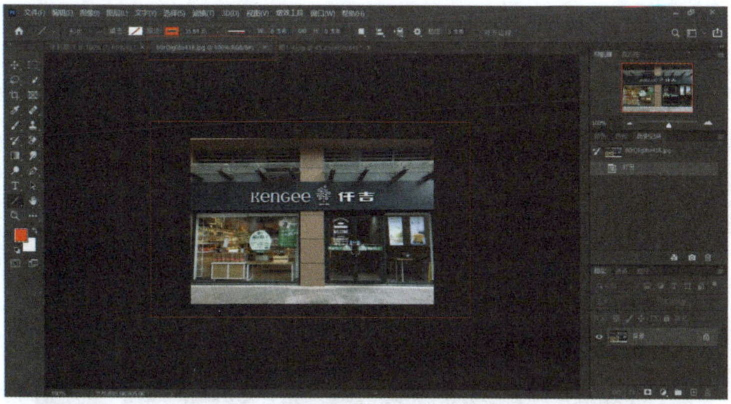

图 1－12　文档窗口

在某个窗口的标题栏上单击不放，拖出标题栏便可进行随意移动。拖曳浮动窗口的一角，可以调整窗口的大小，如图 1－13 所示。将一个浮动窗口的标题栏拖曳到选项卡中，当出现蓝色横线时释放鼠标，可以将窗口重新停放到选项卡中。

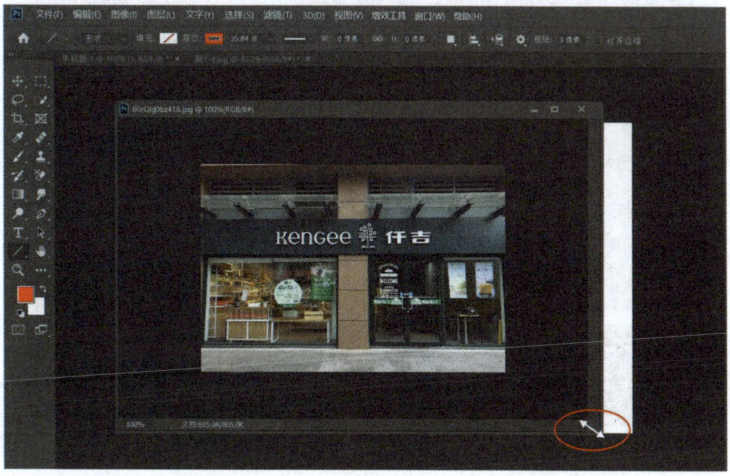

图 1－13　移动窗口

1.2.7　状态栏

状态栏位于文档窗口底部，主要用于显示当前打开图像的缩放比例、文档大小和当前使用的工具等信息，或在选中工具后提示用户的相关操作信息，如图 1－14 所示。

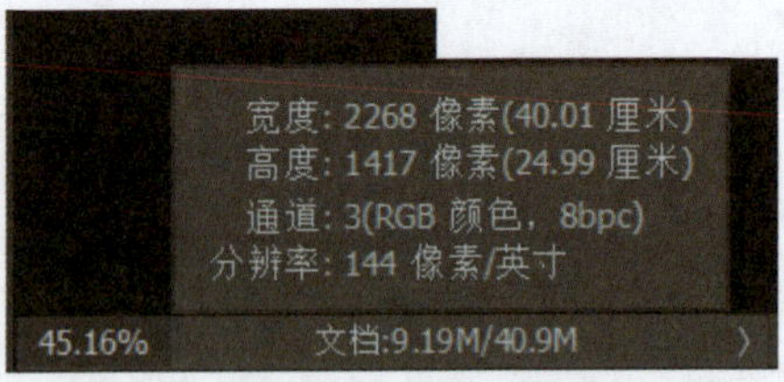

图 1－14　状态栏

1.2.8　控制面板

控制面板是最常用，也是最好用的工具，它们主要用来设置颜色，控制各种工具的参数设置，还可以执行各种编辑命令，设置起来非常直观，颜色的选择以及图像处理的过程和信息也可在控制面板中体现，如图 1－15 所示。

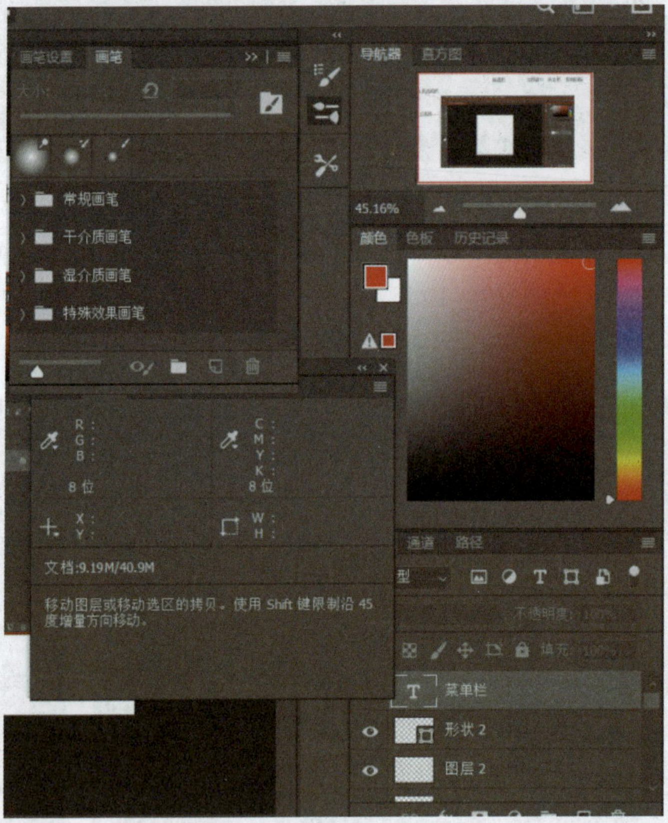

图 1－15　控制面板

1.3　查看图像

在编辑图像时，需要经常放大或缩小窗口的显示比例、移动画面的显示区域，以便更好地观察和处理图像。Adobe Photoshop 2022 提供了许多用于缩放窗口的工具和命令，如切换屏幕模式、缩放工具、抓手工具、“导航器”面板等。

1.3.1　屏幕模式

可以根据自己的习惯调整屏幕模式，单击工具箱底部的“更改屏幕模式”按钮，显示出三种不同的屏幕模式：“标准屏幕模式”按钮、“带有菜单栏的全屏模式”按钮和“全屏模式”按钮，也可以通过快捷键 F 或 Tab 进行模式切换。

标准屏幕模式：这是默认的屏幕模式，可以显示菜单栏、标题栏、工具箱等的基本的界面组件。

带有菜单栏的全屏模式：显示菜单栏、工具箱和控制面板，无标题栏和状态栏的全屏窗口。

全屏模式：只显示黑色背景和文档窗口的全屏模式。

1.3.2　多窗口排列

如果同时打开了多个窗口，可以通过菜单栏中的“窗口”“排列”命令控制各个文档窗口的排列方式，如图 1－16 所示。

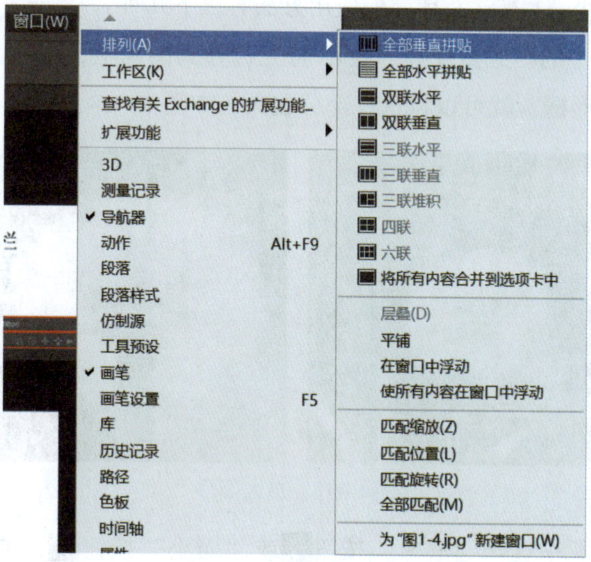

图 1－16　排列方式

将所有内容合并到选项卡中：如果要恢复为默认的视图状态，屏幕中只显示一个窗口，其他窗口最小化到标题栏中。

在窗口中浮动：允许窗口自由浮动（可拖出标题栏移动窗口）。

使所有内容在窗口中浮动：使所有文档窗口都独立出来。

匹配缩放：将所有窗口比例都匹配到与当前窗口相同的缩放比例。

匹配位置：将所有窗口中图像的显示位置都匹配到与当前窗口相同。

匹配旋转：将所有窗口中画布的旋转角度都匹配到与当前窗口相同。

1.3.3 旋转视图工具

在 Adobe Photoshop 2022 中绘图或修饰图像时，可以使用“旋转视图工具”对画布进行旋转。

在工具箱中选择“旋转视图工具”，鼠标移动到画面中，会出现“旋转视图工具”符号，按住鼠标左键拖曳即可旋转画布。

如果要精确旋转画布，可以在工具选项栏的“旋转角度”中输入角度值。如果要将画布恢复到原始角度，可单击“复位视图”按钮或按 Esc 键，如图 1－17 所示。

图 1－17 “旋转视图工具”工具选项栏

1.3.4 视图缩放

有时在处理图像的某一个部分时，把这一部分放大显示，处理起来会更加方便；而有时为查看图像的整体效果，则需要把图像缩小显示，可以使用工具箱中的“缩放工具”，对图像进行放大或缩小。“缩放工具”的使用方法有以下几种：

（1）选择工具箱中的“缩放工具”，将光标移到图像上，显示为，在需要放大的位置拖动鼠标绘制矩形框，就可以将这一部分放大，如图 1－18 所示。

图 1－18 放大图形

（2）在工具选项栏中选择“放大”按钮或“缩小”按钮，再单击图像。“缩放工具”选项栏如图 1－19 所示。

图 1－19 “缩放工具”选项栏

调整窗口大小以满屏显示：使用缩放工具缩放时，调整窗口的大小。

缩放所有窗口：使用缩放工具时，同时缩放所有打开的文档窗口。

细微缩放：选中图标，按住鼠标左键，向左右移动鼠标，对图像进行缩放。

100%：单击该按钮，图像以实际像素，即 100% 的比例显示。

适合屏幕：单击该按钮，可以将当前窗口缩放为屏幕适合的大小。

填充屏幕：单击该按钮，可在整个屏幕范围内最大化显示完整的图像。

（3）选择工具箱中的“缩放工具”，按住 Alt 键，光标显示为，滑动鼠标滑轮，对窗口进行放大或缩小。也可以使用快捷键：“Ctrl ++”是放大，“Ctrl +-”是缩小。

1.3.5　移动画面

当图像尺寸较大，不能显示全部图像时，可以使用“抓手工具”移动画面，查看图像的不同区域。该工具的选项栏选项与“缩放工具”的相似，该工具的快捷键是空格键。

1.3.6　“导航器”面板

在绘制图像时，可以用“导航器”面板查看图像。“导航器”面板中包含图像的缩览图和窗口缩放控件，如果文件尺寸较大，画面中不能显示完整的图像，通过该面板定位图像的显示区域会更方便。通过按钮或者滑块缩放窗口，也可以直接输入显示比例。当窗口中不能显示完整的图像时，将光标移动到显示区域时，光标会变为“抓手工具”，单击并拖动鼠标可以移动显示区域，如图 1-20 所示。

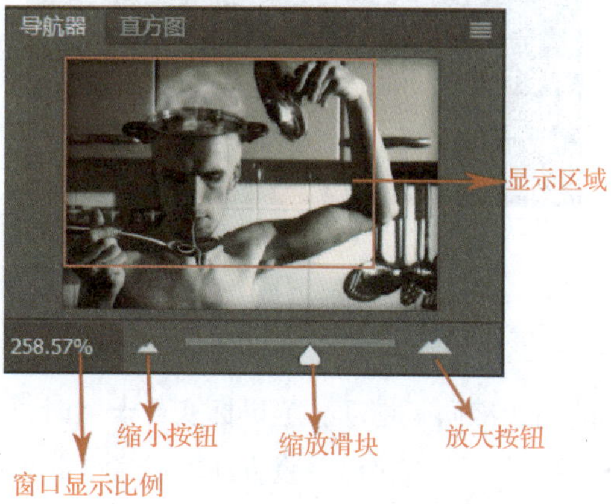

图 1-20　“导航器”面板

1.3.7　关闭图像

保存完图像后，即可把此图像关闭，然后再编辑其他图像。下面介绍关闭图像的几种方法：

（1）单击标题栏中的“关闭”图标。

（2）选择“文件”菜单中的“关闭”命令。

（3）按下 Ctrl + W 或 Ctrl + F4 快捷键。

（4）如果要同时关闭打开的所有图像，选择“文件”菜单中的“关闭全部”命令，这样可以把打开的图像全部关闭。

1.4 辅助工具

在进行图像编辑时，常常需要精确测量或定位鼠标的位置，就需要辅助工具配合来完成。Adobe Photoshop 2022 中的辅助工具主要有标尺、参考线、网格和注释等。借助这些工具可以完成参考、对齐、对位等操作。

1.4.1 标尺

在绘制处理图像时，使用标尺可以确定图像或元素的位置。在菜单栏“视图”中，勾选“标尺”，或按快捷键 Ctrl + R 即可显示或隐藏标尺。在图像操作过程中，水平标尺和垂直标尺都会有一条虚线随着鼠标的移动而移动，如图 1－21 所示。

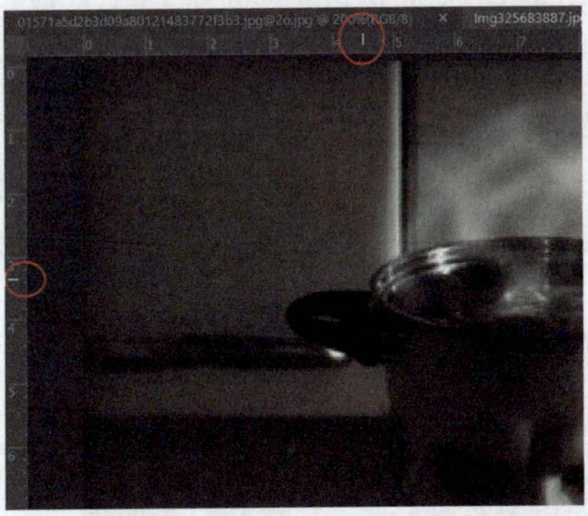

图 1－21 标尺

1.4.2 参考线

将鼠标对准水平标尺的内边缘向下拖动，等鼠标变成状时，可以得到水平方向的参考线，将垂直方向的标尺向右拖动，可以拉出垂直方向的参考线，如图 1－22 所示。

图 1－22 参考线

在绘制图形时，也可以在菜单栏“视图”选项栏中选择“对齐到”“锁定参考线”“清除参考线”等操作，如图 1－23 所示。

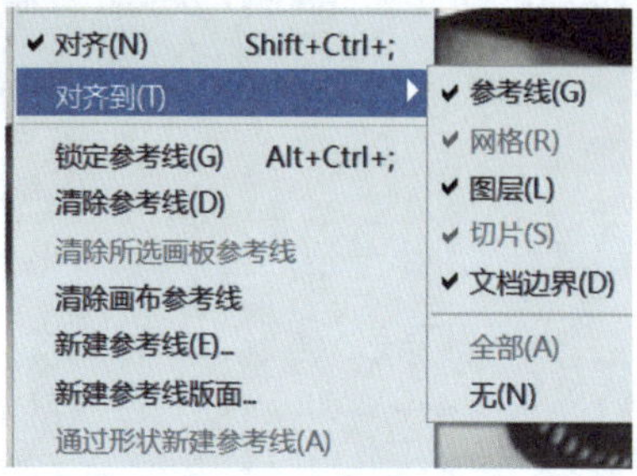

图 1－23　参考线操作列表

1.4.3　网格

网格用于物体的对齐和光标的精确定位，对于对称图形非常有用。在菜单栏“视图”选项栏“显示”选项中勾选“网格”命令，可以显示网格，如图 1－24 所示。显示网格后，可执行“视图”→“对齐到”→“网格”命令，启用对齐功能，此后在创建选区和移动图像时，对象会自动对齐到网格上。

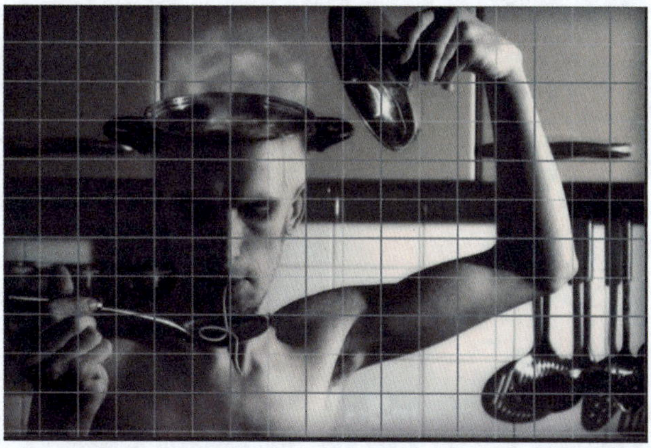

图 1－24　网格

1.4.4　设置标尺、参考线和网格

在菜单栏“编辑”选项中，选择“首选项”→“常规”命令，此时会弹出如图 1－25 所示的“首选项”对话框。可以在“参考线、网格和切片”菜单命令中，设置显示颜色和网格的大小，如图 1－26 所示。

1.4.5　注释

使用“注释工具” 可以在图像中添加文字注释、内容等，也可以用来协同制作图像、备忘录等。在工具箱中选择“注释工具” ，会弹出一个“注释”对话框，在里面输入要注释的内容即可，如图 1－27 所示。

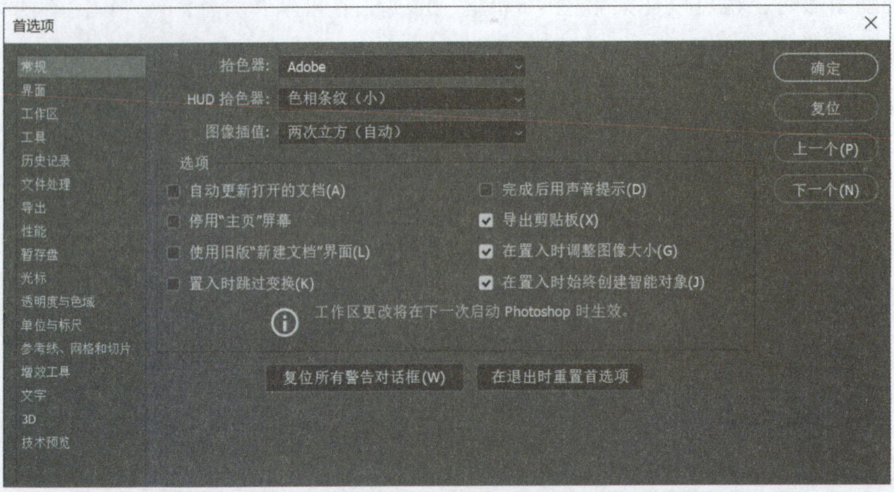

图 1－25 “首选项”对话框

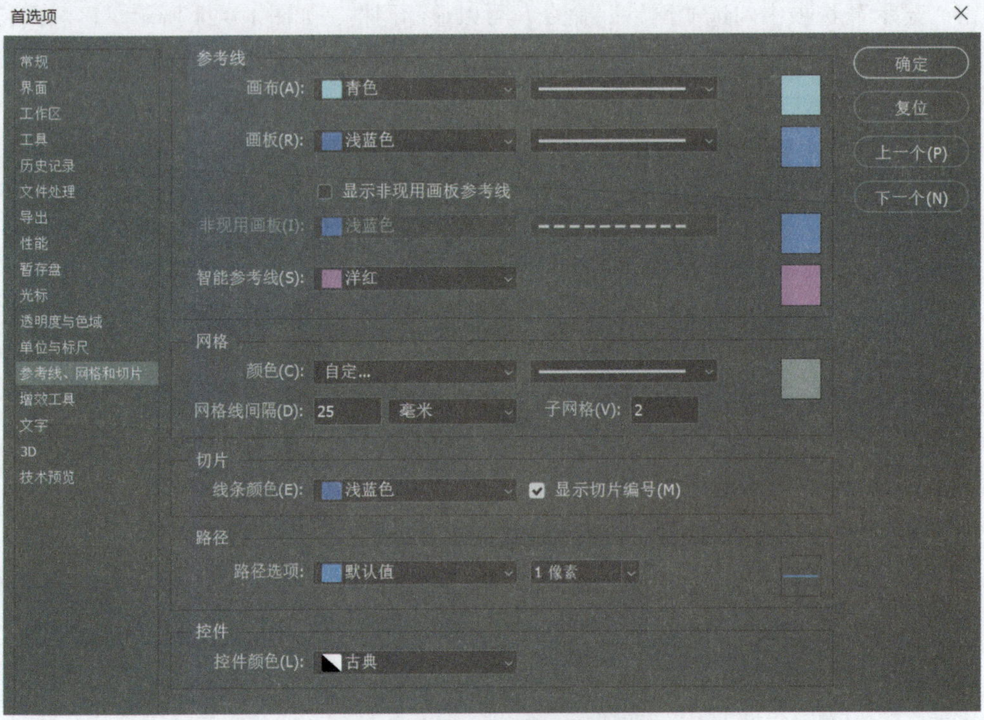

图 1－26 参考线、网格和切片

图 1－27 “注释”对话框

1.5　版本新增功能

Adobe Photoshop 2022 的新功能和增强功能可以极大地丰富用户的图像处理体验，例如全新和改良的工具以及工作流程，让用户可以直观地创建 3D 图像、2D 设计等。

1.5.1　撤销键

在旧版本中，快捷键 Ctrl + Z 只能撤销前一个步骤，此版快捷键 Ctrl + Z 将成为连续撤销键，可以撤销多个步骤。

1.5.2　图框工具

使用新增的“图框工具”，为图像创建占位符图框，让置入的图像只显示图框内的内容，如图 1 – 28 所示。还可以用“图框工具”轻松操控蒙版，选中图层。在图形上用“图框工具”框选区域，便可获得蒙版，如图 1 – 29 所示。还可以将文字、已有形状转换为画框，需要在图层列表上单击鼠标右键，选择“转换为画框”命令。

图 1 – 28　显示图框内的内容

图 1 – 29　创建蒙版

1.5.3　文本框

新文字工具在易用性方面更强大，在窗口中单击鼠标便可出现文本框，进入编辑模式；

在文本框外单击，可直接结束编辑。使用“移动”工具直接双击窗口中的文字，就可以编辑文本，无须双击图层。

1.5.4 新对称模式

在之前版本的基础上，Adobe Photoshop 2022 在“画笔工具”“铅笔工具”和“橡皮擦工具”选项栏中的蝴蝶图标里，增加了“径向”和“曼陀罗”两种全新的对称模式，让画笔以轴心沿轴线对称绘制图形，根据选择的段数复制内容，以完美对称的图案绘制画笔笔触，可以轻松创建复杂的对称图案，效果如图 1-30 所示。

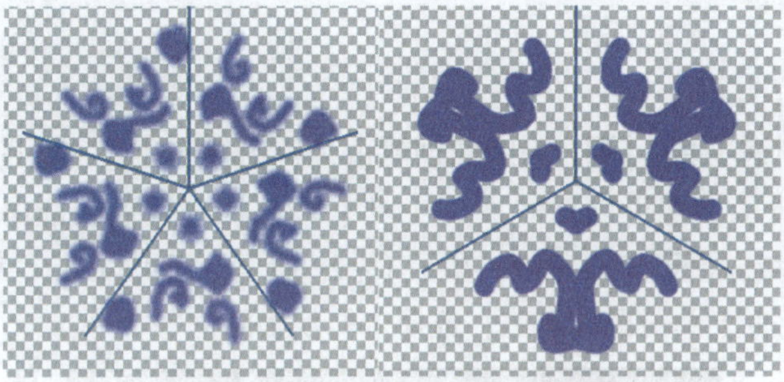

径向　　曼陀罗

图 1-30　对称模式

1.5.5 改进了与 Illustrator 的互操作性

改进了应用程序 Illustrator 与 Photoshop 之间的互操作性，允许在享有交互操作的同时，轻松地将那些带有图层、矢量形状、路径和矢量蒙版的 AI 文件引入 Photoshop，以便继续编辑和处理这些文件，如图 1-31 所示。

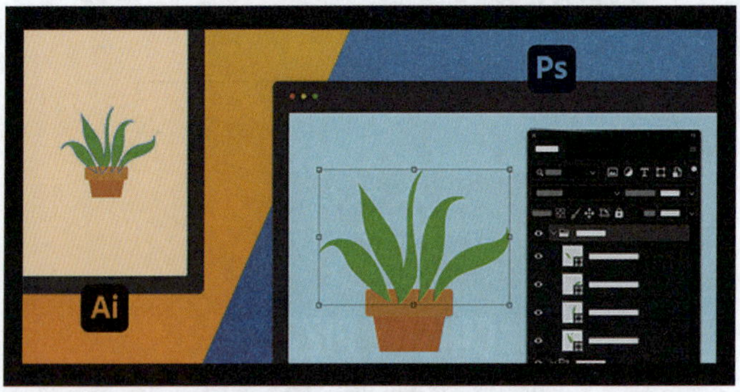

图 1-31　AI 文件引入 Photoshop 中

1.6 综合实战——制作生日卡片

下面将结合本章所学知识点，利用图框工具和文字工具制作一张生日卡片。

（1）启动 Adobe Photoshop 2022 软件，按快捷键 Ctrl + O，打开相关素材中的“蓝色背景图”，按快捷键 Ctrl + R 显示标尺，并在菜单栏“视图”菜单的“显示”选项中勾选“智能参考线”，效果如图 1 – 32 所示。

图 1 – 32　素材与标尺

(2) 在工具箱中选择“图框工具”，以背景图中的照片大小绘制矩形图框，如图 1 – 33 所示。然后将素材中的“宝宝照片”文件拖入图框中，调整好位置和大小，效果如图 1 – 34 所示。

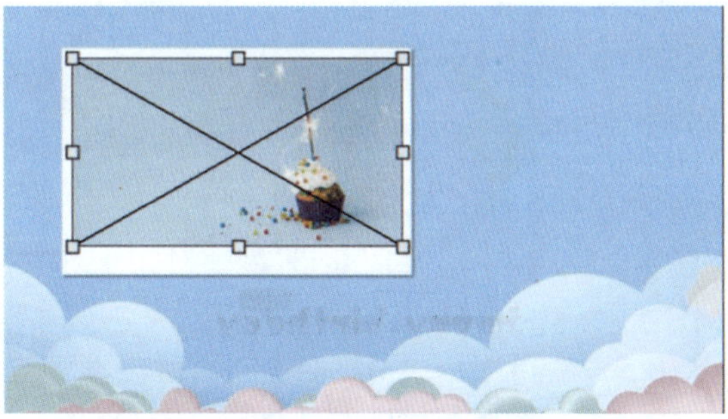

图 1 – 33　绘制矩形图框

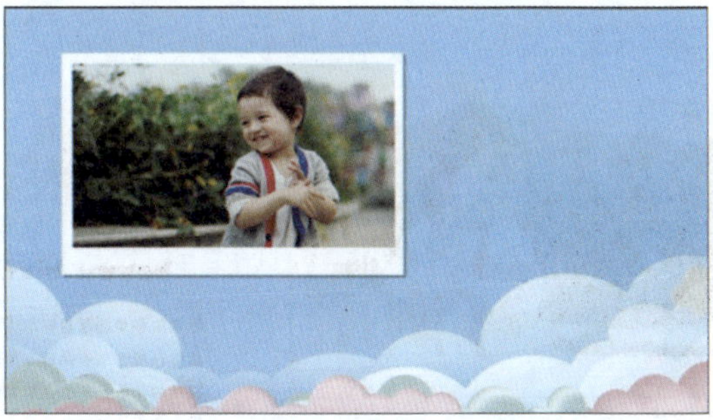

图 1 – 34　拖入照片

(3) 鼠标按住水平标尺向下拖出参考线，参考线与照片边缘对齐，选择工具箱中的椭圆工具，在选项栏中选择“形状”样式，按住 Shift 键绘制正圆，与参考线对齐。在图层面板中选中“椭圆 1”图层，单击右键，选择“转换为图框”命令，将素材“生日蛋糕”

文件拖入图框中，效果如图 1 – 35 所示。然后按快捷键 Ctrl + D 自由变换命令，调整图形方向及大小，效果如图 1 – 36 所示。

图 1 – 35　拖入素材

图 1 – 36　调整方向及大小

（4）在工具箱中选择“横排文字工具”T，在工具选项栏中设置字体、大小、颜色，如图 1 – 37 所示。在文档窗口中单击鼠标，输入文字“happy birthday”，在文本框外单击确定。利用“智能参考线”将文字与蛋糕图片中心对齐，效果如图 1 – 38 所示。

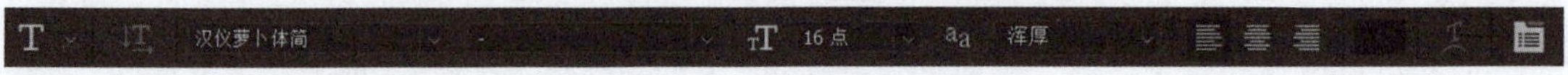

图 1 – 37　文字工具选项栏

图 1 – 38　对齐文字

（5）用同样的方法输入其他的文字，完成后调整画面最后效果，如图 1 – 39 所示。

图 1 – 39　效果图

第2章 图像编辑的基本方法

本章简介

Adobe Photoshop 2022 作为一款专业的图像处理软件，必须了解并掌握该软件的一些图像处理基本常识，才能在工作中更好地处理各类图像，创作出高品质的设计作品。本章主要介绍 Adobe Photoshop 2022 中一些图像在进行编辑时用到的基本方法。

本章重点

本章主要学习文件的基本操作、如何修改画布与图像尺寸、编辑错误时如何从错误中恢复、裁剪工具和切片工具的使用、移动工具的使用方法和图像的变换与变形操作。

技能目标

- 掌握“新建文档”对话框面板的设置。
- 熟练掌握文件的打开、置入、导入、导出、保存、关闭等基本操作。
- 掌握图像与画布大小的调整方法，了解它们的区别，学会应用与设置。
- 掌握图像方向、复制、剪切、粘贴、恢复、还原等常用编辑命令的使用方法。
- 掌握图像多种裁剪、切片方法，了解在生活中的应用。
- 熟练掌握历史记录画笔工具和历史记录画笔艺术工具的使用方法。
- 熟练掌握“移动工具”的基本操作和选项栏的设置。
- 熟练掌握旋转、缩放、扭曲、斜切、透视、变形等“自由变换”命令的基本操作方法。
- 熟练应用“操控变形”工具对物体进行变形，改变人物动态等。

素养目标

通过学习图像编辑的基础操作和相关案例的练习，对学生进行审美教育，比如图像应该按照什么比例或方法进行裁剪更美观，如何利用移动工具调整海报上的图形，从而让画面更协调，让学生在练习中发现美、创造美，从而提升学生的审美与艺术素养。

2.1 文件的基本操作

文件的基本操作是使用 Photoshop 处理图像时必须要掌握的知识点，包括新建文件、打开文件、保存和关闭文件等操作。

2.1.1 新建文件

文件创建与设置（新建文件）

打开软件，在菜单栏“文件”选项中单击“新建”命令，或按快捷键 Ctrl + N，打开“新建文档”对话框，如图 2－1 所示，在右侧输入文件名并设置文件尺寸、分辨率、颜色模式和背景内容等选项，单击“确定”按钮，即可创建一个空白文件。

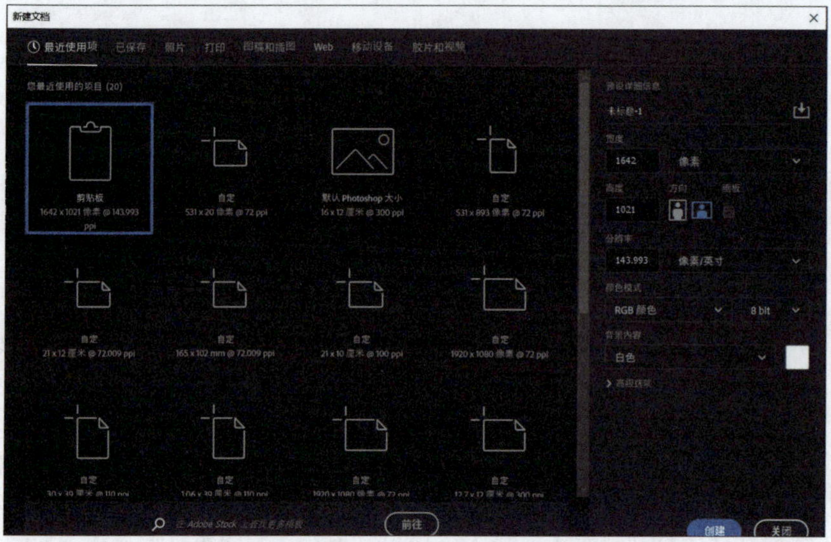

图 2－1 “新建文档”对话框

名称：可输入文件的名称，也可以使用默认的文件名“未标题－1”。创建文件后，文件名会显示在界面的标题栏中。保存文件时，文件名会自动显示在存储文件的对话框内。

宽度/高度：可输入文档的宽度和高度。在右侧选项中可以选择一种单位，包括像素、英寸、厘米、毫米、点和派卡。

方向：可以调整画布的方向，是纵向还是横向。

分辨率：可输入文件的分辨率。在右侧选项中可以选择分辨率的单位，包括像素/英寸和像素/厘米。默认分辨率为 72 像素/英寸，如果需要打印，可设置为 300 像素/英寸。

颜色模式：可以根据用途和需要，选择文件的颜色模式，包括位图、灰度、RGB 颜色、CMYK 颜色和 Lab 颜色。

背景内容：可以选择文件背景的颜色，包括白色、黑色、背景色和透明等。

高级选项：包含“颜色配置文件”和“像素长宽比”选项。

保存文档预设：单击该按钮，打开“保存文档预设"对话框，输入预设的名称并选择相应的选项，可以将当前设置的文件大小、分辨率、颜色模式等创建为一个预设。以后需要新建同样的文件时，只需在“新建文档”对话框上方选择“已保存”，在下面列表中选择该预设即可，这样就省去了重复设置选项的麻烦。

2.1.2 打开文件

在 Adobe Photoshop 2022 中打开文件的方法有很多种，可以使用命令、快捷方式打开，也可以用 Adobe Bridge 打开。

（1）使用“打开”命令。执行“文件”→“打开”命令，或按快捷键 Ctrl + O，在打开的对话框中选择一个文件，或者按住 Ctrl 键选择多个文件，再单击“打开”按钮。

（2）使用“在 Bridge 中浏览”命令。执行“文件”→“在 Bridge 中浏览”命令，可以运行 Adobe Bridge。在 Bridge 中选择一个文件，双击即可在 Photoshop 中将其打开。

（3）使用“打开为”命令。执行“文件”→“打开为”命令，在弹出的“打开为”对话框中选择要打开的文件，并在“文件格式”列表中指定文件实际格式，单击“打开”按钮将其打开。

（4）作为智能对象打开。执行“文件”→“打开为智能对象”命令，在弹出的“打开”对话框中选择要打开的文件，将所需文件打开后，文件会自动转换为智能对象，如图 2 – 2 所示。

图 2 – 2　打开为智能对象

（5）打开最近使用过的文件。执行“文件”→“最近打开文件”命令，下拉菜单中保存了最近在 Photoshop 中打开的文件，选择一个文件即可将其打开。如果要清除目录，可以选择菜单底部的“清除最近的文件列表”命令。

（6）使用快捷方式打开文件。在还没打开 Photoshop 软件时，可将文件直接拖到 Photoshop 软件图标上打开文件，如图 2 – 3 所示。当运行了 Photoshop，可将文件直接拖到 Photoshop 的图像编辑区域中打开文件，如图 2 – 4 所示。

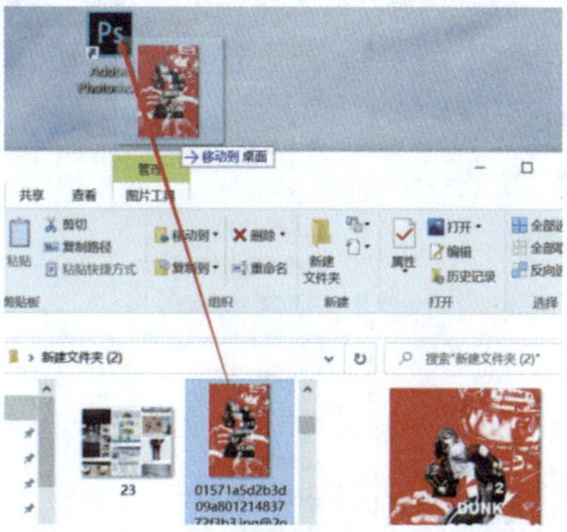

图 2 – 3　拖入软件图标打开

图 2-4　拖入编辑区打开

2.1.3　置入

执行“文件”→“置入嵌入对象”命令，将照片、图片等位图，以及 EPS、PDF、AI 等矢量文件作为智能对象置入 Photoshop 文档中。也可以直接把文件拖入已打开的文档中，生成一个智能对象图层。

2.1.4　导入文件

Photoshop 支持编辑视频帧、注释和 WIA 等内容，新建或者打开一个文档后，可以执行“文件”→“导入”命令，将这些内容导入文档中，如图 2-5 所示。

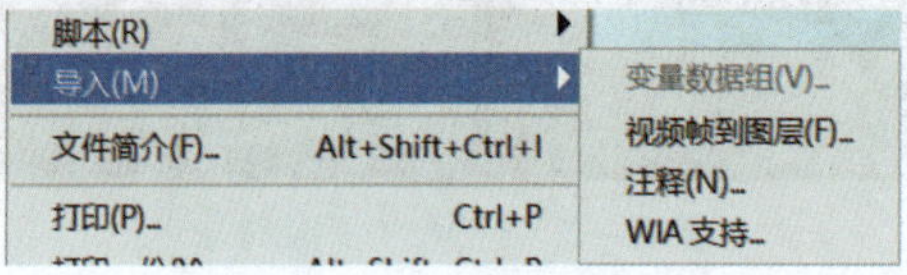

图 2-5　导入菜单

2.1.5　导出文件

在 Photoshop 中创建和编辑的图像可以导出到 Illustrator 或视频设备中，以满足不同的使用需求，还可以快速导出为 PNG。在“文件”→“导出”菜单中包含了可以导出文件的命令，如图 2-6 所示。

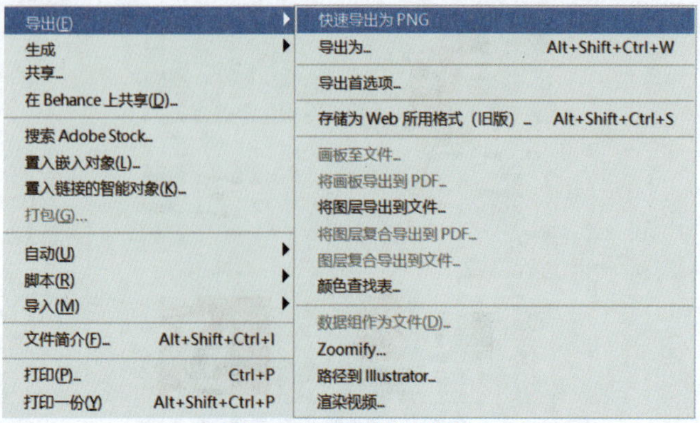

图 2-6　“导出”菜单

2.1.6　保存文件

文件的保存

1. 用“存储”命令

当打开一个文件并修改好之后，执行“文件”→“存储”命令，或按下快捷键 Ctrl + S，可以保存所做的修改，图像会按照原有格式进行存储。

2. 用“存储为”命令

执行“文件”→“存储为”命令，可以将文件保存为另外的文件名和其他格式，或者存储在其他位置。

2.1.7　关闭文件

图像的编辑操作完成后，可采用以下方法关闭文件。

关闭命令：执行“文件”→“关闭”命令（快捷键 Ctrl + W），或单击标题栏上的“删除”按钮，可以关闭当前图像文件。如果对图像进行了修改，会弹出提示对话框，如图 2 – 7 所示。

图 2 – 7　关闭对话框

关闭全部命令：执行“文件”→“关闭全部”命令，可以关闭在 Photoshop 中打开的所有文件。

关闭并转到 Bridge 命令：执行“文件”→“关闭并转到 Bridge”命令，可以关闭当前文件，然后打开 Bridge。

退出命令：执行“文件”→“退出”命令，或单击软件界面右上角的按钮，可退出 Photoshop。

2.2　调整图像与画布

拍摄的数码照片或是从网络上下载的图像可以有不同的用途，例如，可以用于广告设计、微信头像、手机壁纸，也可以上传到网络相册或者打印。然而，图像的尺寸和分辨率有时不符合要求，就需要对图像的大小和分辨率进行适当的调整。

2.2.1　修改画布大小

在 Photoshop 中，画布是指绘制和编辑图像的工作区域，也就是图像的显示区域，可以对画布的大小进行调整。在菜单栏中选择“图像”→“画布大小”菜单命令，弹出“画布大小”对话框，如图 2 – 8 所示。

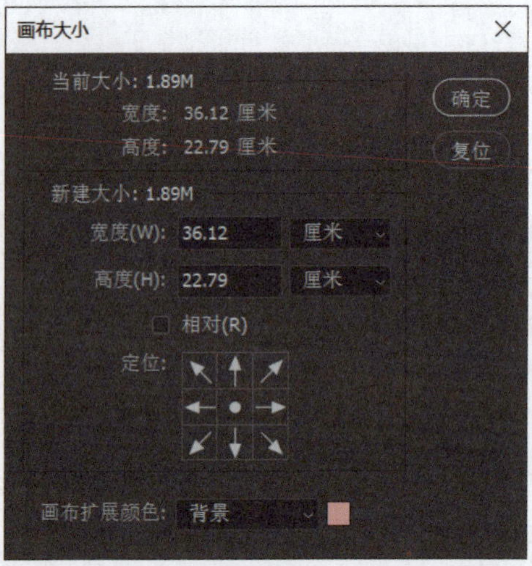

图 2－8　“画布大小”对话框

当前大小：显示了画布实际的宽度和高度尺寸。

新建大小：可以在“宽度”和“高度”文本框中输入需要的尺寸。如果输入的数值大于原画布的尺寸，扩展后的画布将以背景色填充；反之，则原图像被裁剪，如图 2－9 所示。

原图　　大于原图尺寸　　小于原图尺寸

图 2－9　画布尺寸对比

相对：勾选该选项，“宽度”和“高度”文本框中的数值将代表实际增加或减少的区域大小，而不再代表整个文档的大小。

定位：单击不同的方格，可以指示当前图像在新画布上的位置，如图 2－10 所示。

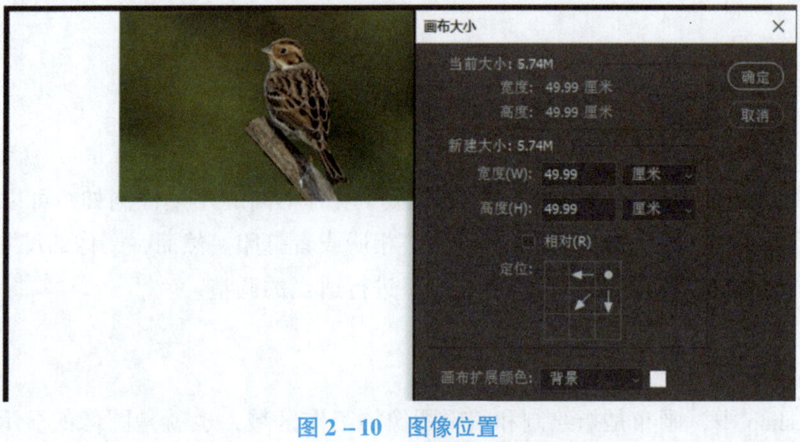

图 2－10　图像位置

画布扩展颜色：在该下拉列表中可以选择填充新画布的颜色。如果图像的背景是透明的，则“画布扩展颜色”选项将不可用，添加的画布也是透明的。

2.2.2　修改图像大小

在处理图像时，有时需要在不改变分辨率的情况下修改图像尺寸，有时又需要在不改变图像尺寸的情况下修改图像的分辨率，这时可以在菜单栏中选择“图像”→“图像大小”命令，弹出“图像大小”对话框，可以调整图像的像素大小、打印尺寸和分辨率，如图 2-11 所示。

图 2-11　“图像大小”对话框

（1）勾选“重新采样”复选框，然后修改图像的宽度或高度，这会改变图像的像素数量，但不改变分辨率。例如，减小图像的大小时（10 厘米 ×6 厘米），就会减少像素数量，如图 2-12 所示。

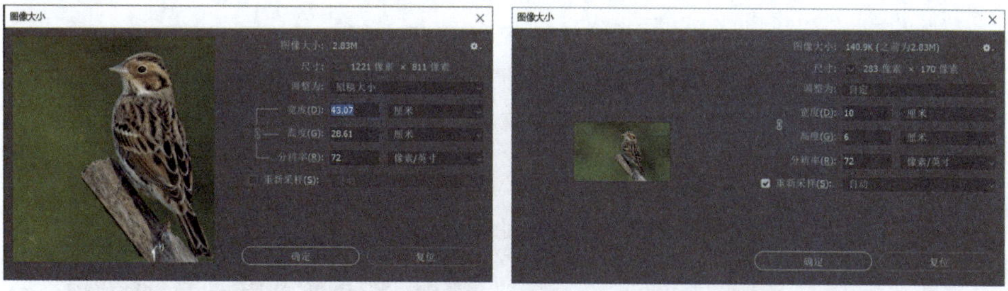

图 2-12　勾选“重新采样”复选框

（2）先取消勾选“重新采样”复选项，再修改图像的宽度或高度（等比例缩放 10 厘米 × 6.64 厘米）。这时图像的像素总量和图像大小不会变化，也就是说，减小宽度和高度时，会自动增加分辨率，如图 2-13 所示。

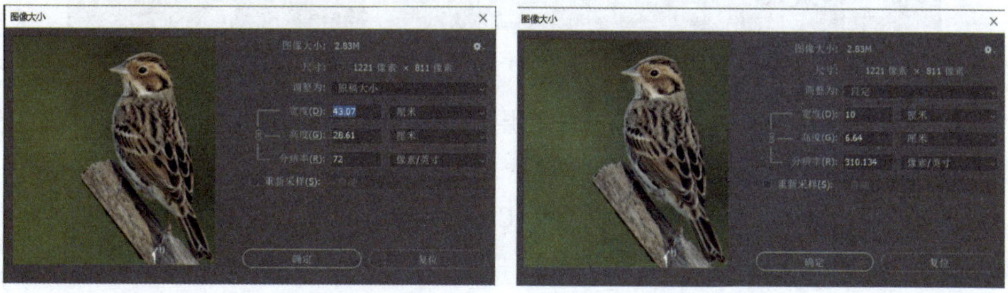

图 2-13　取消勾选“重新采样”复选项

2.2.3　修改图像方向

在菜单栏中选择“图像”→“图像旋转”菜单命令中的子命令，如图 2－14 所示。执行这些命令可以旋转或翻转整个图像。

其中，当选择“任意角度”命令时，会弹出“旋转画布”对话框，如图 2－15 所示。在“角度”文本框中输入角度，可以顺时针方向旋转，也可以逆时针方向旋转。

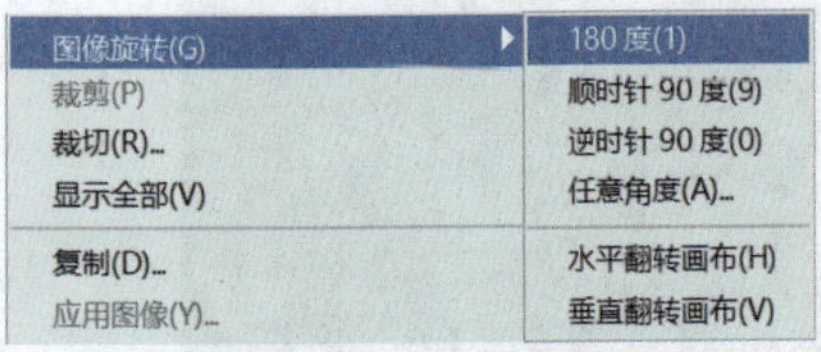

图 2－14　“图像旋转”菜单命令

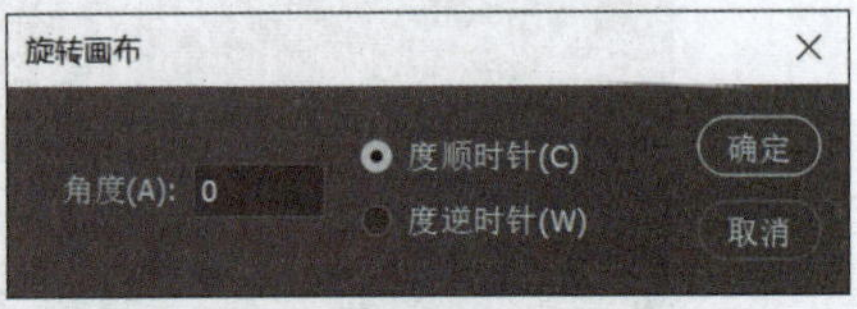

图 2－15　“旋转画布”对话框

2.2.4　实战——制作符合要求的电子版照片

下面将结合本小节“调整图像与画布”所讲知识点，利用“画布大小”命令，制作一张 1 寸的电子版照片。

（1）在 Adobe Photoshop 2022 中打开拍摄的照片素材“寸照”，执行“图像”→“图像大小”命令，在弹出的对话框中可以看出，该文档图像大小为 468.8 KB，图像宽度和高度为 14.11 厘米 ×14.11 厘米，与标准一寸照片尺寸的大小相差甚远，如图 2－16 所示。

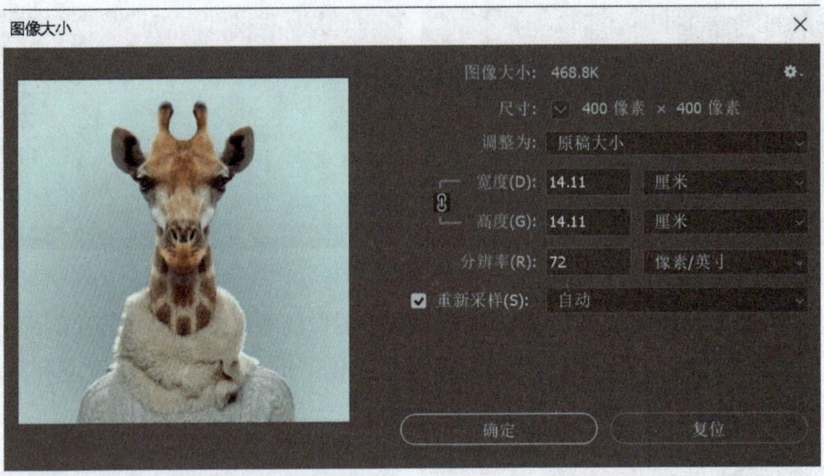

图 2－16　一寸照片尺寸

（2）先进行复制，获得“背景拷贝”图层，在菜单栏中选择“图像”→“画布大小”调整画布的宽度和高度值为标准一寸照片尺寸 2.5 厘米 ×3.5 厘米，如图 2－17 所示。

（3）选择“背景拷贝”图层，按快捷键 Ctrl＋T 自由变换，如图 2－18 所示。再调整图像大小，如图 2－19 所示，确定后执行“文件”→“存储为”命令，将图像文件更名保存即可。

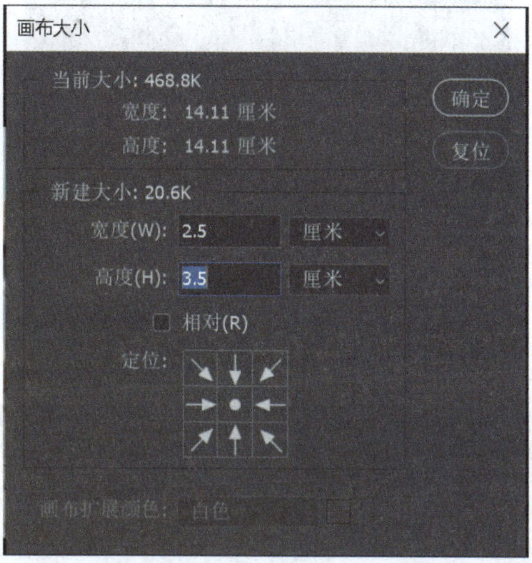

图 2-17 “画布大小”对话框

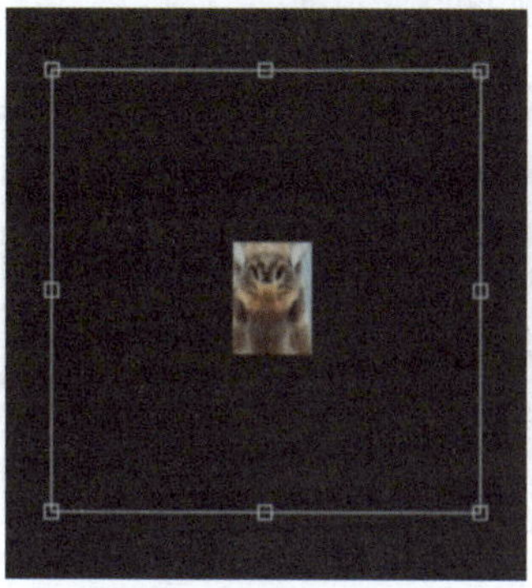

图 2-18 自由变换命令

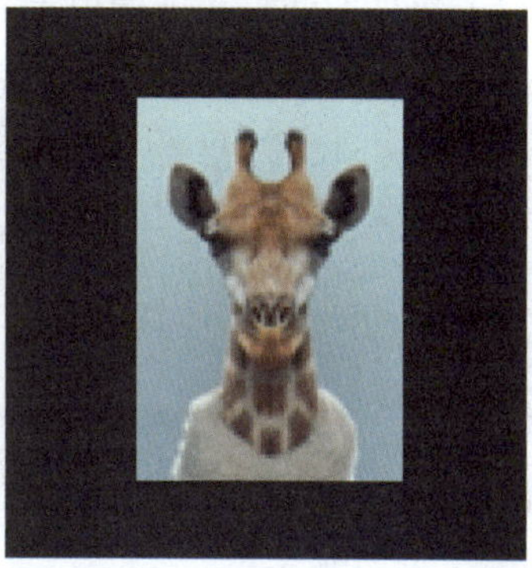

图 2-19 调整大小

2.3 裁剪图像

为了使图像的构图更加完美，经常需要裁剪图像，以便删除多余的内容。

2.3.1 裁剪工具

裁剪工具

选择“裁剪工具”后，图像的边缘会出现裁剪边界，如图 2-20 所示，也可以直接使用鼠标绘制裁剪区域，还可以拖动画布的四个角和边缘来设定裁剪的范围，然后按 Enter 键确定即可。裁剪工具选项栏如图 2-21 所示。

裁剪工具选项栏中各选项的含义如下：

比例：可以在右边的文本框中设置裁剪的长宽比例。

视图：单击工具选项栏中的按钮，可以打开“视图”菜单栏，选择裁剪时显示叠加参考线的视图样式。Photoshop 提供的一系列参考线选项，可以帮助用户进行合理构图，使画面更加艺术、美观。

图 2－20　裁剪边界

图 2－21　裁剪工具选项栏

删除裁剪的像素：勾选该复选项，对图像进行裁剪，不保留裁剪边界以外的图形；反之，如果取消勾选该复选项，在裁剪后，还会保留裁剪掉的区域，但颜色会以减淡的形式显示在画布上，以方便后期调整裁剪的位置和大小，如图 2－22 所示。

（a）　　　　（b）

图 2－22　对比图

（a）取消勾选“删除裁剪的像素”效果；（b）勾选“删除裁剪的像素”效果

内容识别：勾选该复选项，在裁剪边框某一角的外侧移动鼠标，当鼠标变成弯曲的双指针箭头时，拖动旋转图片，使用显示的裁剪网格作为参考线，拉正图片中的物体，例如图 2－23 所示的冰山的底部，完成后松开鼠标，部分图形超出裁剪框，部分未填满裁剪框显示为透明背景，按 Enter 键确定裁剪。内容感知功能会自动使用与照片的其余部分相匹配的内容来填充空白区域，如图 2－24 所示。

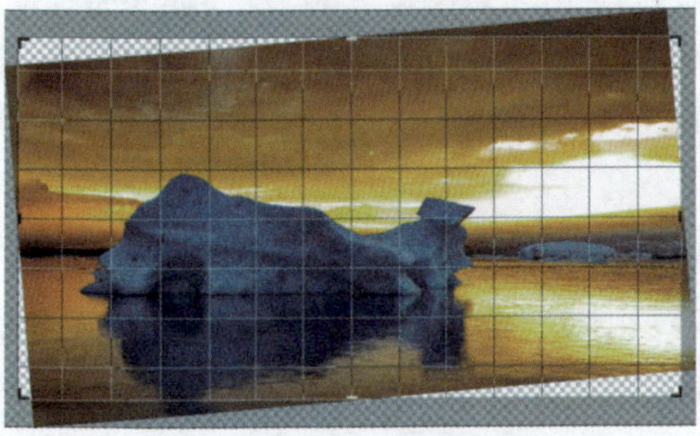

图 2－23　旋转裁剪

图 2－24　内容感知效果

如未勾选“内容识别”，没填满裁剪框的部分会留下空白区域，需要进一步修整，如图 2－25 所示。

图 2－25　未勾选“内容识别”效果

拉直：对于出现地平线歪斜的照片，除了用“裁剪工具”旋转的方式对图片进行修正外，还可以使用选项栏中的“拉直”工具。以“冰山”图为例，单击“拉直”工具，找到图片的地平线，用鼠标单击图片地平线的一头，拉动直线到另一头，如图 2－26 所示。按 Enter 键即可，效果如图 2－27 所示。

图 2－26　拉直线

图 2－27　效果图

返回上一步：在选项栏中单击该按钮，可以返回到上一步，撤销本次的操作。

取消裁剪：在选项栏中单击该按钮，可以取消本次的裁剪框。

确定裁剪：在选项栏中单击该按钮，确定裁剪，与按 Enter 键是一样的。

2.3.2　透视裁剪工具

“透视裁切工具”可以把具有透视的图像进行裁切，同时，把画面拉直并纠正成正确

的视角，用户可以单击鼠标来完成透视裁切操作。

打开图片素材，选择透视裁剪工具，用鼠标单击油画的四个角，如图 2－28 所示，按 Enter 键完成裁剪，即可得到裁切后的效果，如图 2－29 所示。透视裁剪工具会自动将照片的透视效果进行纠正，变成正常的平面效果。

图 2－28　绘制裁剪区域

图 2－29　修正后的效果

2.3.3　切片工具、切片选择工具

切片工具：是网页设计师经常用到的切图工具，就是把一个设计稿切成一块一块的，将需要的图片和图标都分割出来，然后导出，这样就可以交予前端开发者进行静态页面的编写。

切片选择工具：很明显就是在多个切片之间来回选择，选中的区域变成黄色选框。其类似于选择工具，不过切片选择工具只对切片有效，可以调整切片区域的大小和移动切片框。

基于参考线的切片：先打开标尺，根据图形设置参考线，在工具箱中选择“切片工具”，然后在工具选项栏中单击“基于参考线的切片”按钮，软件会根据设置的参考线自动生成切片，如图 2－30 所示。

切片工具

图 2－30　基于参考线的切片

锁定切片：在菜单栏“视图”下拉列表中勾选“锁定切片”，所有的切片将被锁定，无法编辑，对切片进行操作时，会弹出提示对话框，如图 2－31 所示。

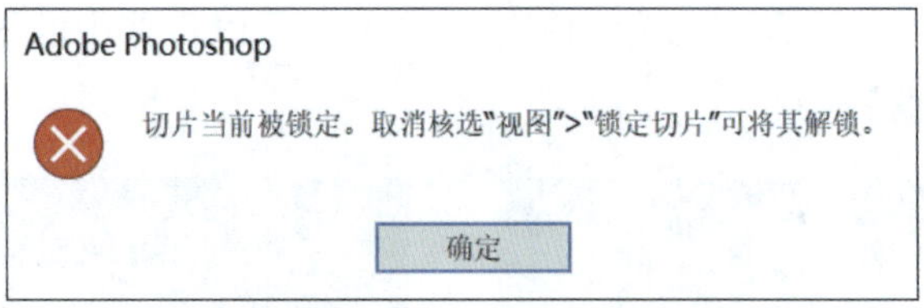

图 2 – 31　提示对话框

清除切片：在菜单栏“视图”下拉列表中，勾选“清除切片”，所有的切片将被删除。

划分切片：完成切片后，单击鼠标右键，选择“划分切片”，弹出“划分切片”对话框，对选中的切片进行“水平划分为”或者“垂直划分为”设置，如图 2 – 32 所示。

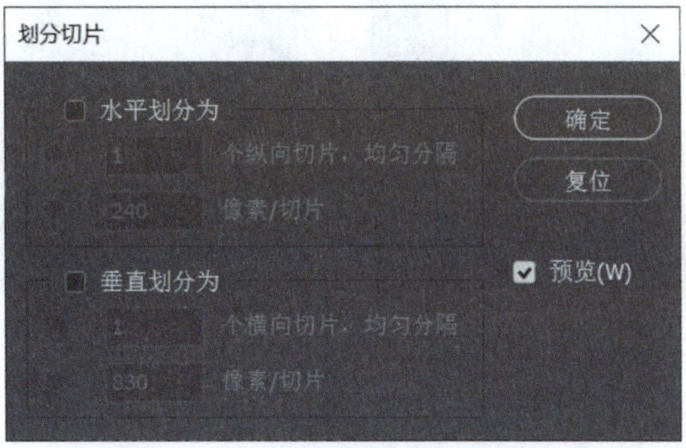

图 2 – 32　“划分切片”对话框

2.4　复制与粘贴

复制、剪切和粘贴等都是应用程序中最普通的常用命令，用于完成复制与粘贴任务。与其他程序不同的是，Adobe Photoshop 2022 可以对选区内的图像进行特殊的复制与粘贴操作。

2.4.1　复制文档

如果要基于图像的当前状态创建一个副本，可以执行“图像”→“复制”命令，在打开的“复制图像”对话框中设置新文件的名称，如图 2 – 33 所示。如果文档包含多个图层，则需勾选“仅复制合并的图层”选项，复制后的文档将自动合并图层。

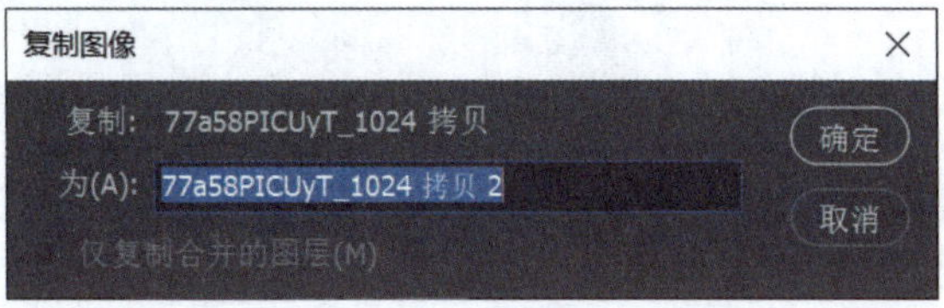

图 2 – 33　“复制图像”对话框

2.4.2　复制图像

1. 复制

在 Photoshop 中打开一个文件，如图 2 – 34 所示。在图像中创建选区，如图 2 – 35 所示，执行“编辑”→“拷贝”命令，或按快捷键 Ctrl + C，可以将选中的图像复制到剪贴板，此时画面中的图像内容保持不变。

图 2 – 34　原图

图 2 – 35　创建选区

2. 合并拷贝

如果文档包含多个图层，在图像中创建选区，执行“编辑”→“合并拷贝”命令，可以将所有可见层中的图像复制到剪贴板，再粘贴到另一文档或图层中即可。

3. 剪切

执行“编辑”→“剪切”命令，或者按快捷键 Ctrl + X，可以将选中的图像从画面中剪切掉，如图 2 – 36 所示。剪切的图像粘贴到另一个文档中的效果如图 2 – 37 所示。

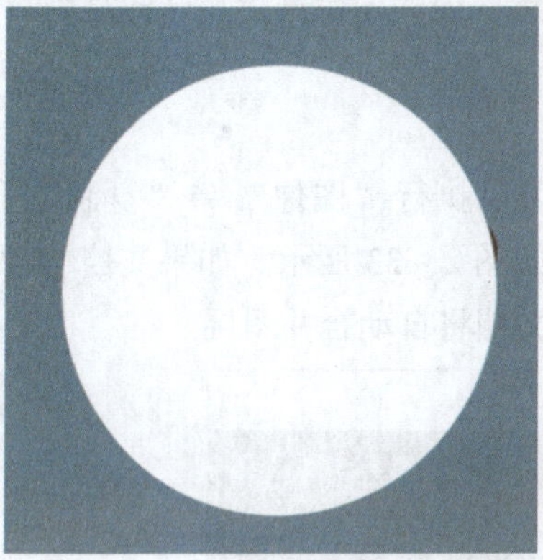

图 2 – 36　剪切

图 2 – 37　粘贴效果

2. 4. 3　粘贴与选择性粘贴

1. 粘贴

在图像中创建选区，复制（或剪切）图像，执行“编辑”→“粘贴”命令，或按快捷键 Ctrl + V，可以将剪贴板中的图像粘贴到其他文档中。

2. 选择性粘贴

复制或剪切图像后，可以执行“编辑”→“选择性粘贴”菜单中的命令，打开下拉菜单。

原位粘贴：将图像按照其原位粘贴到文档中。

贴入：如果创建了选区，执行该命令，可以将图像粘贴到选区内并自动添加蒙版，将选区之外的图像隐藏。

外部粘贴：如果创建了选区，执行该命令，可以将图像粘贴到选区内并自动添加蒙版，将选区中的图像隐藏。

2.4.4　清除图像

在图像中创建选区，执行“编辑”→“清除”命令，可以将选中的图像清除，如图 2 – 38 所示。

如果清除的是“背景”图层上的图像，则清除区域会填充背景色，如图 2 – 39 所示。

图 2 – 38　清除图像

图 2 – 39　填充背景色

2.5　恢复与还原

在编辑图像的过程中，如果出现失误或对创建的效果不满意，可以撤销操作，或者将图像恢复为最近保存过的状态。Adobe Photoshop 2022 提供了很多帮助用户恢复操作的功能，有了它们作保障，就可以放心大胆地进行创作了。

2.5.1　还原与重做

执行“编辑”→“还原（操作）”命令，或按快捷键 Ctrl + Z，可以撤销对图像所做的修改，将其还原到上一步编辑状态中。若连续按快捷键 Ctrl + Z，可逐步撤销操作。如果想要恢复被撤销的操作，可连续执行“编辑”→“重做（操作）”命令，或连续按快捷键 Shift + Ctrl + Z。

2.5.2 恢复文件

执行“文件”→“恢复”命令，可以直接将文件恢复到最后一次保存时的状态。

2.5.3 用历史记录面板还原操作

在编辑图像时，每进行一步操作，Photoshop 就会将其记录在“历史记录”面板中，通过该面板可以将图像恢复到操作过程中的任何一步的操作状态。

执行“窗口”→“历史记录”命令，可以打开“历史记录”面板，如图 2－40 所示。单击“历史记录”面板右上角的按钮，打开面板菜单，如图 2－41 所示，可以进行相应的操作。

图 2－40 “历史记录”面板

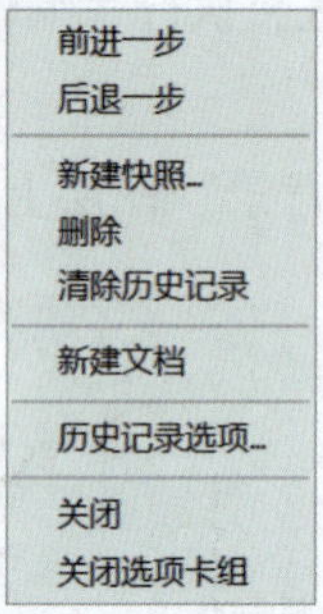

图 2－41 面板菜单

2.5.4 选择性恢复图像区域

如果希望有选择性地恢复部分图像，可以使用“历史记录画笔”和“历史记录画笔艺术工具”。

1. 历史记录画笔工具

可以将图像恢复到编辑过程中的某一步骤状态，或者将部分图像恢复为原样。

2. 历史记录画笔艺术工具

使用指定的历史记录或快照中的源数据，通过使用不同的绘画样式、大小和容差选项，可以用不同的色彩和艺术风格模拟绘画的纹理。

样式：可选取不同样式来控制绘画描边的形状。

区域：可输入数值来指定绘画描边所覆盖的区域。

容差：输入数值或拖移滑块，可以限定应用绘画描边的区域。

历史记录
画笔工具组

2.5.5 实战——奔驰的小轿车

（1）在 Adobe Photoshop 2022 中打开素材图片“汽车”。使用“矩形选框工具”，框选图片右下角的文字，如图 2－42 所示。单击鼠标右键，在下拉列表中选择“填充”命令，会弹出“填充”对话框，内容选择“内容识别”，单击“确定”按钮，去掉文字。如果一次效果不好，用同样的方法多操作几次即可，最后效果如图 2－43 所示。

图 2－42　框选文字

图 2－43　去掉文字效果

（2）在菜单栏中选择“滤镜”→“模糊”→“动感模糊”命令，弹出对话框，参数设置如图 2－44 所示，单击“确定”按钮，图片变得模糊，如图 2－45 所示。

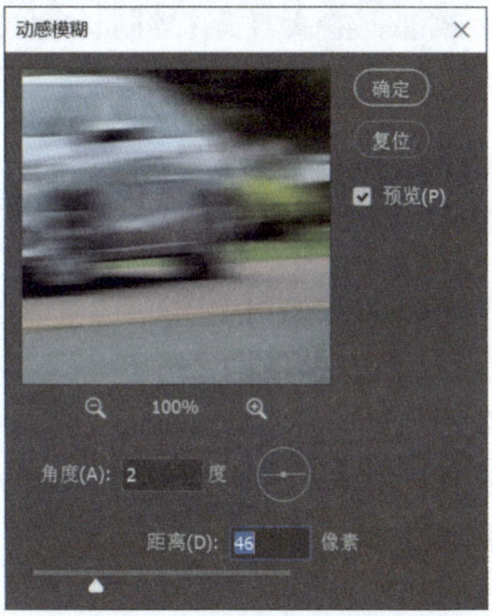

图 2－44　“动感模糊”对话框

图 2－45　模糊效果

(3) 在工具箱中选择“历史记录画笔工具”，在工具选项栏中调节合适的笔触大小，使用“历史记录画笔工具”在汽车图形上进行涂抹，笔触所到之处即会恢复到动感模糊之前的状态，从而创建出飞速行驶的汽车效果，如图 2－46 所示。

图 2－46　最终效果

移动工具

2.6　移动图像

“移动工具”是 Adobe Photoshop 2022 中最常用的工具之一，不论是移动图层、选区内的图像，还是将其他文档中的图像拖入当前文档中，都需要使用“移动工具”。

除了直接在工具箱中选择该工具外，在使用其他工具时，如果想快速选择“移动工具”，可以使用快捷键 V。但有时只是需要临时移动一下图形，则按住 Ctrl 键不放，鼠标单击要移动的图形，直接拖到相应的位置。

“移动工具”选项栏如图 2－47 所示。

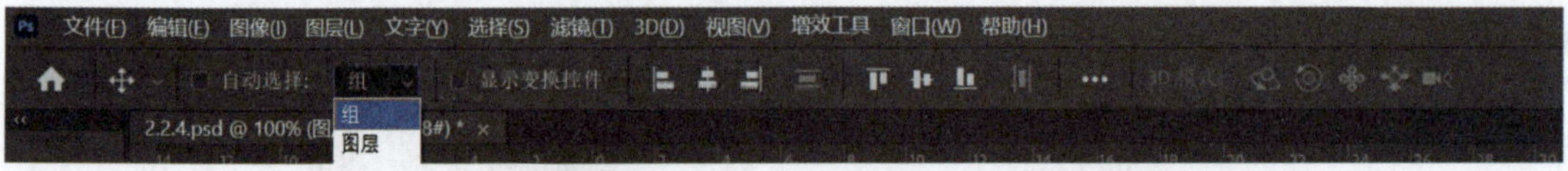

图 2－47　“移动工具”选项栏

选项栏中各选项说明如下：

自动选择：当文档包含多个图层或组时，可选中此按钮，并在下拉列表中选择要移动的内容。选择“图层”选项，在图像上单击时，可以自动选择光标所在位置的最上面的图层；选择“组”选项，在画面上单击时，可以自动选择光标所在位置的最上面图层所在的图层组。

显示变换控件：选中该选项，再选择一个图层时，就会在图层内容的周围显示界定框，如图 2－48 所示。此时拖曳周围的 8 个控制点，可以对图像进行自由变换操作，如图 2－49 所示。如果文档中的图层数量较多，并且需要经常进行自由变换操作时，该选项比较方便。

图 2－48　显示界定框

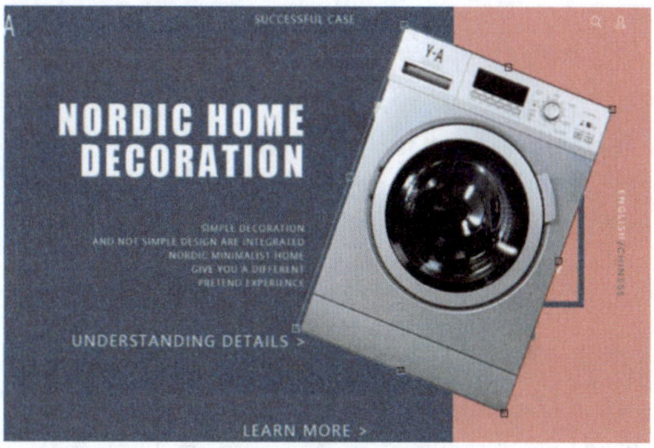

图 2－49　旋转

对齐图层：选择两个或多个图层后，单击相应的对齐按钮，所选图层将会对齐。这些按钮的功能包括顶对齐、垂直居中对齐、底对齐、左对齐、水平居中对齐和右对齐，如图 2－50 所示。

分布图层：如果选择了 3 个或 3 个以上的图层，可单击相应的按钮，使所选图层按照一定的规则均匀分布，包括按顶分布、垂直居中分布、按底分布、按左分布、水平居中分布和按右分布，如图 2－51 所示。

图 2－50　对齐

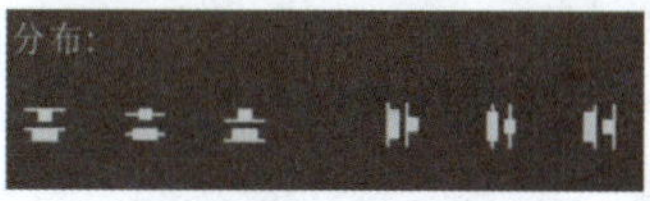

图 2－51　分布

3D 模式：提供了可以对 3D 模型进行移动、缩放等操作的工具，包括旋转 3D 对象、滚动 3D 对象、拖动 3D 对象、滑动 3D 对象、变焦 3D 相机。

2.7　图像的变换与变形操作

移动、旋转、缩放、扭曲、斜切等是图形处理的基本方法。其中，移动、旋转和缩放称为变换操作；扭曲和斜切称为变形操作。

2.7.1 “自由变换”命令

“自由变换”是对整个图层或选区进行变形操作，可以两种方式激活“自由变换”命令：第一种，在菜单栏中执行“编辑”→“自由变换”命令；第二种，按快捷键 Ctrl + T，右击，出现“自由变换”下拉菜单，如图 2－52 所示。

图 2－52 “自由变换”下拉菜单

变换与自由变换

2.7.2 旋转与缩放

“旋转”命令用于对图像进行旋转变换操作，“缩放”命令用于对图像进行放大或缩小操作。下面将通过具体实例讲解其操作方法。

打开素材图片“小盆景”，如图 2－53 所示，按快捷键 Ctrl + T 激活“自由变换”命令，显示定界框效果，如图 2－54 所示。

图 2－53 小盆景原图

图 2－54 激活“自由变换”命令

将光标放在定界框四周的控制点上，当光标变为↗时，用鼠标拖动任意一个控制点，图像将进行缩放。按住快捷键 Shift 的同时，单击并拖动鼠标，可朝不同方向进行等比例缩放图像，如图 2－55 所示；按住快捷键 Shift + Alt，单击并拖动鼠标，将以图像的中心点向外扩张或向内缩小，如图 2－56 所示。

将光标放在定界框外，靠近四角的控制点处，光标变为↷时，单击并拖动鼠标可朝不同方向旋转图像，如图 2－57 所示。操作完成后，按 Enter 键确认，如果对变换结果不满意，则按 Esc 键取消操作。

图 2-55　等比例缩小

图 2-56　向中心点缩小

图 2-57　旋转

2.7.3　实战——斜切与变形

“斜切”命令用于使图像产生斜切透视效果；“变形”命令用于对图像进行任意的改变形状。下面将通过具体实例讲解操作方法。

(1) 启动软件，按快捷键 Ctrl + O，打开素材图片“台历”，然后置入素材图片“内页”，拖动鼠标，调整图像大小和位置，按 Enter 键确定，效果如图 2-58 所示。

图 2-58　台历

（2）在“图层”面板中选择“内页”图层，然后按快捷键 Ctrl + T 显示界定框，单击鼠标右键，在弹出的“自由变换”下拉菜单中选择“斜切”命令，将光标放在定界框外侧位于中间位置的控制点上，光标会变为，单击并拖动鼠标可以沿垂直方向斜切对象，如图 2 - 59 所示。

（3）拖曳定界框四个角上的控制点，光标会变为，可以根据“台历”的形状把控制点拖到相应位置，效果如图 2 - 60 所示。

图 2 - 59　斜切图形

图 2 - 60　调整控制点

（4）再单击鼠标右键，在“自由变换”下拉菜单中选择“变形”命令，图形上出现九宫格一样的网格，可以通过对网格中的控制点或线条进行拖动，来改变形状。将光标放在定界框右下角的控制点上，单击鼠标并向上拖动控制点，让图形的角向上翘，如图 2 - 61 所示。

（5）在“图层”面板上双击“内页”图层，弹出“图层样式”对话框，勾选“投影”，给图形添加一个投影效果，最终效果如图 2 - 62 所示。

图 2 - 61　变形

图 2 - 62　添加投影

2.7.4　透视

“透视”命令用于使图像产生透视变形效果，下面将通过具体实例讲解操作方法。

打开素材图片“货架”，如图 2 - 63 所示，按快捷键 Ctrl + T 显示定界框，单击鼠标右键，在弹出的“自由变换”下拉菜单中选择“透视”命令，将光标放在定界框四周的控制点上，单击并拖曳光标可进行透视变换，如图 2 - 64 所示。操作完成后，按 Enter 键确认。

图 2－63　货架原图

图 2－64　透视

2.7.5　操控变形

操控变形工具可以扭曲指定的图像区域，同时保持其他区域不变。例如，如图 2－65 所示，图片中的人物头歪了，可以轻松摆正，也可以让四肢摆出不同的姿势，还可用于小范围地修饰，如修改裙摆等。

图 2－65　变形前后对比

操控变形工具

在 Adobe Photoshop 2022 中执行“编辑”→“操控变形”命令，工具选项栏如图 2－66 所示，在图像中添加图钉并拖动，即可应用变换。

图 2－66　“操控变形”工具选项栏

模式：选择“刚性”模式，变形效果精确，但缺少柔和的过渡；选择“正常”模式，变形效果准确，过渡柔和；选择“扭曲”模式，可在变形的同时创建透视效果。

密度：选择“较少点”选项，网格点较少，相应的只能放置少量图钉，并且图钉之间需要保持较大间距；选择“正常”选项，网格数量适中；选择“较多点”选项，网格最细密，可以添加更多的图钉。

扩展：设置变形效果的扩展范围。

显示网格：选中该按钮，显示变形网格。

图钉深度：选择一个图钉，单击按钮，可以将它向上层或向下层移动一个堆叠顺序。

旋转文本框：设置图像的扭曲范围。

复位/撤销/应用：单击按钮，删除所有图钉，将网格恢复到变形前的状态；单击按钮或按 Esc 键，可放弃变形操作；单击按钮或按 Enter 键，可确认变形操作。

2.8 综合实战——瑜伽宣传海报

下面将结合本章所学重要知识点，利用操控变形工具，结合定界框各类变换操作，制作一张瑜伽宣传海报。

(1) 启动 Adobe Photoshop 2022 软件，按快捷键 Ctrl + O，打开素材图片“背景”，效果如图 2－67 所示。

(2) 将相关素材中的“人物”文件导入文档，摆放在画面中心偏下位置，利用定界框上的控制点调整大小，效果如图 2－68 所示。操作完成后，按 Enter 键确认。

图 2－67 背景图

图 2－68 打开人物素材

(3) 执行“编辑”→“操控变形”命令，在工具选项栏中将“模式”设置为“正常”，将“密度”设置为“较少点”，然后在人物关节处单击，添加图钉，如果图钉放置错误，可以按 Delete 键将其删除，如图 2－69 所示。如果人物图像上显示变形网格，如图 2－70 所示，为了方便更清楚地观察图像的变换，可以取消对“显示网格”的选择。

图 2－69 添加图钉

图 2－70 显示变形网格

（4）单击图钉并拖动鼠标即可改变人物的动作。操作完成后，按 Enter 键确认，效果如图 2－71 所示。

（5）将相关素材中的“文字”文件导入文档，放在画面上方，在定界框显示状态下，拖动控制点调整文字的大小，效果如图 2－72 所示。操作完成后，按 Enter 键确认。

图 2－71　操作变形

图 2－72　导入文字

（6）在图层面板中选中“文字”图层，单击鼠标右键，选择“栅格化图层”命令，使“智能对象”图层转化为“像素图层”。在工具箱中选择“矩形选框工具”，在“文字”图层上框选“瑜伽塑形”，按快捷键 Ctrl + T，显示定界框，单击鼠标右键，选择“透视”变换命令，把光标移到右下角的控制点上，按住鼠标左键向右下方拖动，操作完成后，按 Enter 键确认，效果如图 2－73 所示。

（7）对变形后的“瑜伽塑形”文字进行剪切（快捷键 Ctrl + X），单击“新建图层”按钮，获得新图层“图层 1”，按快捷键 Ctrl + V 粘贴文字，调整文字的位置。在图层面板中，双击“图层 1”，弹出“图层样式”对话框，勾选“投影”，设置参数，单击“确定”按钮，效果如图 2－74 所示。

图 2－73　文字变形

图 2－74　添加投影

（8）在工具箱中选择“横排文字工具”，字体选择“华文行楷”，大小 48 点，颜色为#672b65，输入文字“即热报名 9 折优惠”，如图 2－75 所示。

（9）按快捷键 Ctrl＋T，显示定界框，在工具选项栏中调节“旋转”参数为 24 度，使文字进行适当旋转，效果如图 2－76 所示。操作完成后，按 Enter 键确认。

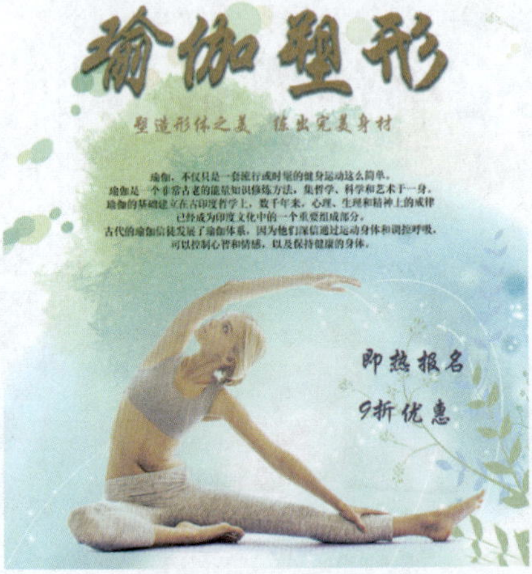

图 2－75　输入文字

图 2－76　旋转文字

第3章 图层的应用

本章简介

图层是 Photoshop 的核心功能之一，图层的引入为图像的编辑带来了极大的便利，它可以将复杂的图形中不同的部位单独进行存放。通过本章的学习，可以应用图层知识制作出多变的图像效果。

本章重点

本章主要学习图层的创建与编辑，掌握图层样式和图层混合模式的使用方法。

技能目标

- 熟悉“图层”面板，了解图层的类型、特点以及它们的创建方法。
- 熟练掌握删除与复制图层、隐藏与显示图层等基础操作，并学会应用图层的设置。
- 熟练掌握图层的合并、对齐与分布的应用。
- 熟练掌握图层创建、取消编组和复制、删除图层组的基本操作方法。
- 掌握添加图层样式的方法，了解“图层样式”对话框的各项设置及对应的效果。
- 掌握各种图层混合模式的调整和应用。

素养目标

通过学生对每个知识点的学习和课堂练习，不断让学生提高动手能力，在练习中互帮互助，共同学习，加强了团队协作意识和交流沟通能力；在学习图层样式和图层混合模式知识点时，通过各种效果对比和案例练习，培养学生图像处理的技巧和创意思维理念。

3.1 什么是图层

图层是将多个图像创建为具有工作流程效果的构建块，就像叠加在一起的透明纸，上层的图像会遮挡下层的图像，可以通过图层的透明区域看到下面一层的图像，多个图层组成一幅完整的图像。

3.1.1 图层的特点

总的来说，Adobe Photoshop 2022 的图层都具有如下 3 个特点：

1. 独立

图像中的每个图层都是独立的，当移动、调整或删除某个图层时，其他图层不会受到影响，如图 3－1 和图 3－2 所示。

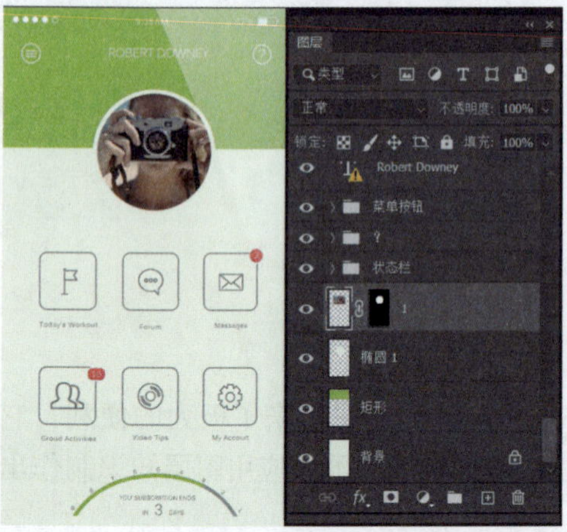

图 3－1　原图

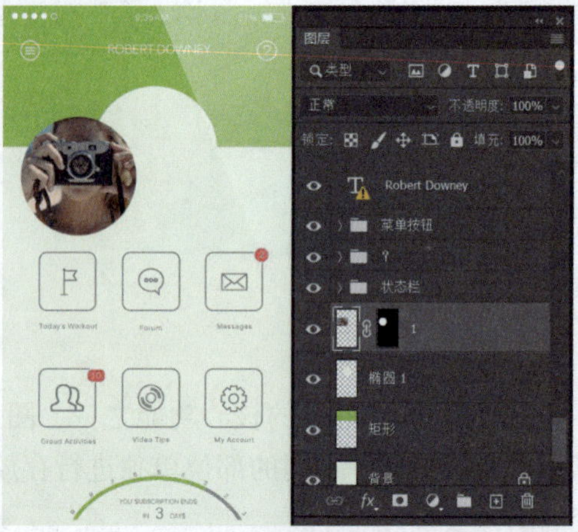

图 3－2　移动图层

2. 透明

图层可以看作是透明的玻璃纸，未绘制图像的区域可看见下方图层的内容。将多个图层按一定顺序叠加在一起，便可得到复杂的图像。通过调节上层图层的透明度，可以看到下层内容，如图 3－3 所示。

3. 叠加

图层由上至下叠加在一起，但并不是简单的堆积，可以通过对每个图层的混合模式和图层样式等进行操作，得到千变万化的图像合成效果，如图 3－4 所示。

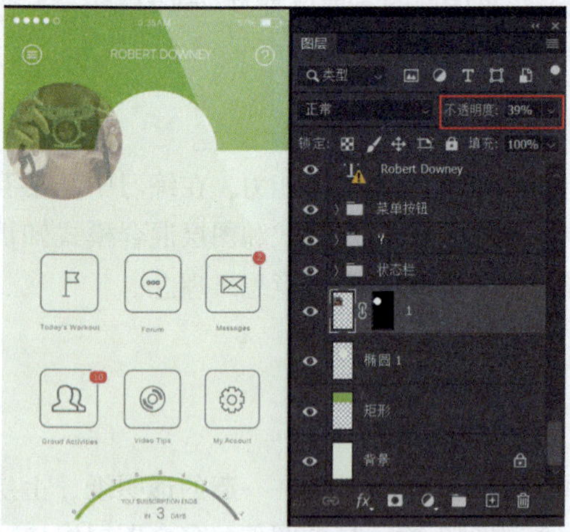

图 3－3　降低透明度

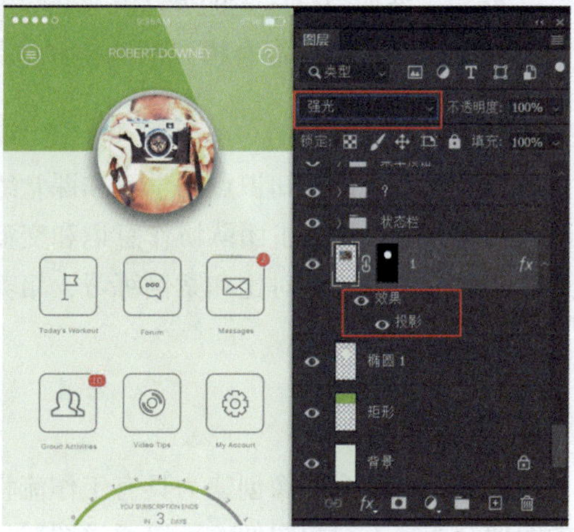

图 3－4　改变混合模式

3.1.2　图层的分类

在 Adobe Photoshop 2022 中可以创建多种类型的图层，每种类型的图层有不同的功能和用途，它们在“图层”面板中的显示状态也各不相同。Adobe Photoshop 2022 中的图层类型大致可以分为 10 种，如图 3－5 所示。

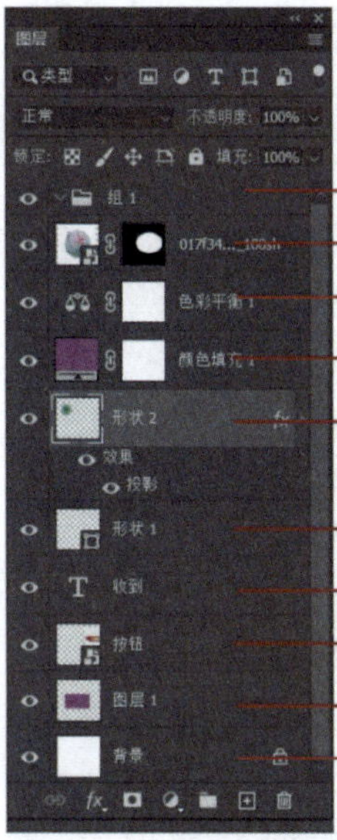

图 3－5 图层种类

背景图层：新建文件时，“图层”面板中最下面的图层称为背景图层。图层面板中只能有一个背景图层，它不能更改顺序，也不能改变透明度、填充和混合模式。双击“背景图层”，可以变为“普通图层”。

普通图层：也叫像素图层，主要用于存放和绘制图形。

智能对象图层：置入的位图，称之为智能对象图层。

文字图层：使用文字工具输入文字时，创建的文字图层。

形状图层：使用形状工具创建的图层。

图层样式：添加了图层样式的图层，通过图层样式可以快速创建特效。

填充图层：通过填充“纯色”“渐变”或“图案”而创建的特殊效果的图层。

调整图层：可以调整图像的色彩，但不会永久更改图像像素值。

蒙版图层：添加了图层蒙版的图层，通过对图层蒙版的编辑可以控制图层中图像的显示范围和显示方式。

图层组：用于组织和管理图层，以便查找和编辑图层。

3.1.3 认识图层面板

“图层”面板用于创建、编辑和管理图层。“图层”面板中列出了文档中包含的所有图层、图层组和图层效果。可以在菜单栏中的“窗口”选项中打开“图层”面板，也可以按快捷键 F7，如图 3－6 所示。

选取图层类型：当图层数量较多时，可在“类型”右边选项按钮中选择像素图层、调整图层、文字图层、形状图层、智能对象，让“图层”面板只显示选择的类型图层，隐藏其他类型的图层。

打开/关闭图层过滤：单击该按钮，可以启动或停用图层过滤器功能。

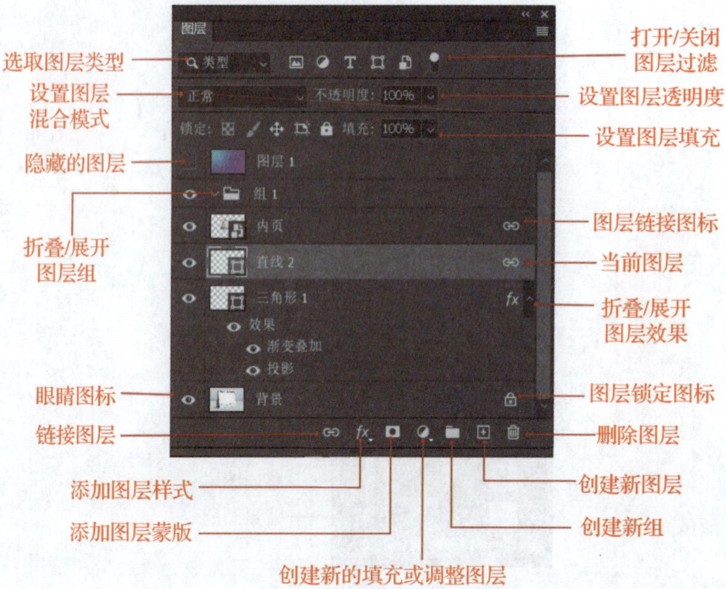

图 3-6 “图层”面板

设置图层混合模式：从下拉列表中可以选择图层的混合模式。

设置图层不透明度：输入数值，可以设置当前图层的不透明度。

图层锁定按钮：用来锁定当前图层的属性，使其不可编辑，包括锁定透明像素、锁定图像像素、锁定位置、防止在画板和画框内外自动嵌套和锁定全部。

设置填充不透明度：设置当前图层的填充不透明度，它与图层的不透明度类似，但不会影响图层效果。

隐藏的图层：用于控制图层的显示或隐藏。当该图标显示为眼睛形状时，表示图层处于显示状态；当图标显示为空格形状时，表示图层处于隐藏状态。处于隐藏状态的图层不能被编辑。

当前图层：在 Adobe Photoshop 2022 中，可以选择一个或多个图层进行操作，当前选择的图层以加色显示。对于某些操作，一次只能在一个图层上完成。

图层链接图标：如果两个图层中间显示该图标，则为彼此链接的图层，它们可以一同移动或进行变换操作。

折叠/展开图层组：单击该图标，可以折叠或展开图层组。

折叠/展开图层效果：单击该图标fx，可以展开图层效果列表，显示当前图层添加的所有效果的名称。再次单击，可折叠图层效果列表。

眼睛图标：有该图标的图层为可见图层，单击它，可以隐藏图层，隐藏的图层不能进行编辑。

图层锁定图标：显示该图标时，表示图层处于锁定状态。

链接图层：用来连接当前选择的多个图层。

添加图层样式fx：单击该按钮，在打开的菜单中可选择需要添加的图层样式，为当前图层添加图层样式。

添加图层蒙版：单击该按钮，可为当前图层添加图层蒙版。

创建新的填充或调整图层：单击该按钮，在弹出的菜单中选择填充或调整图层选项，可以添加填充图层或调整图层。

删除图层：选择图层或图层组，单击该按钮，可将其删除，也可以使用快捷键 Delete。

创建新图层：单击该按钮，可以新建图层。

创建新组：单击该按钮，可以创建一个图层组。

3.2　创建图层

在“图层”面板中，可以通过多种方法创建图层。在编辑图像的过程中，也可以创建图层。例如，从其他图像中复制、粘贴图像时自动新建图层。本节将学习如何快速地对图层进行创建、复制、删除等操作。

3.2.1　图层面板中创建图层

单击“图层”面板中的“创建新图层”按钮，即可在当前图层上面新建图层，新建的图层会自动成为当前图层，如图 3－7 所示。如果想在当前图层的下面新建图层，可以按住 Ctrl 键单击按钮，如图 3－8 所示，但是在“背景”图层下方不能创建图层。

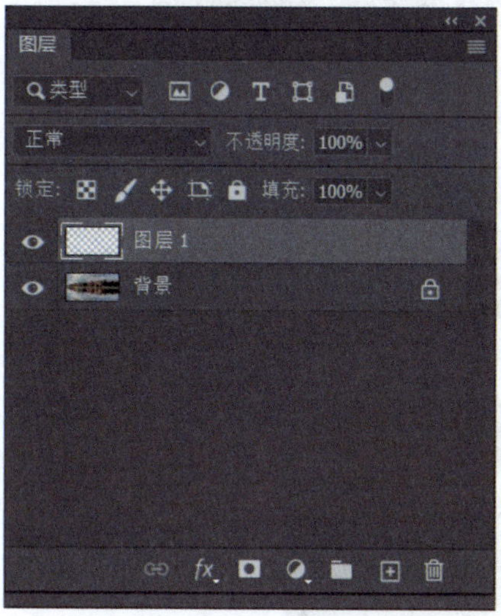

图 3－7　创建新图层

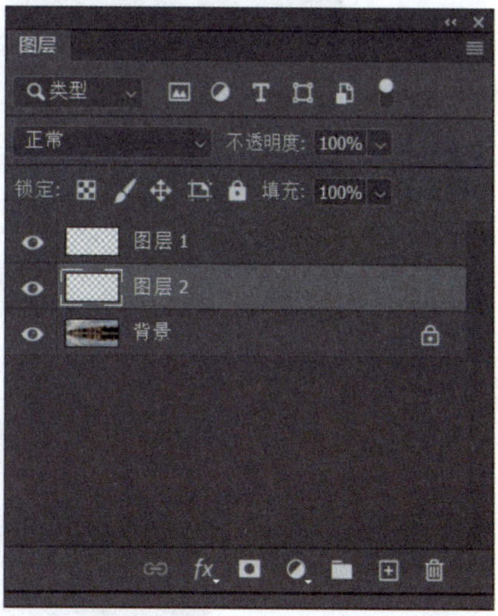

图 3－8　在当前图层下面新建图层

3.2.2　使用新建命令

如果想创建图层并设置图层的属性，如名称、颜色和混合模式等，可以在菜单栏中的“图层”→“新建”选项中，选择“图层”命令，或者按住 Alt 键单击“创建新图层”按钮，打开“新建图层”对话框进行设置。也可以直接按快捷键 Shift + Ctrl + N，弹出如图 3－9 所示对话框。

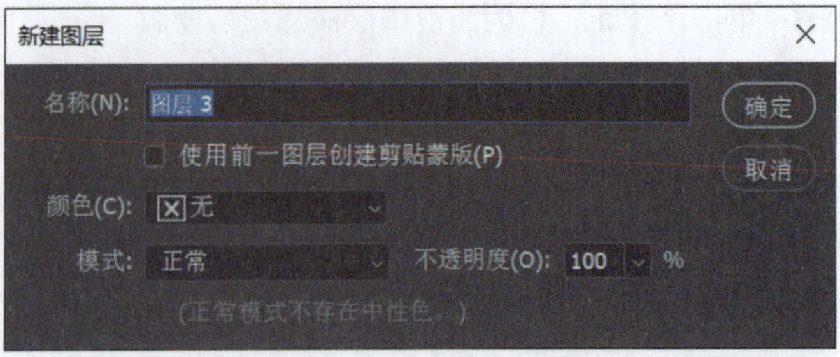

图 3－9 “新建图层”对话框

3.2.3 使用复制图层命令

在图像中创建选区，如图 3－10 所示，执行“图层”→“新建”→“通过拷贝的图层”命令，或按快捷键 Ctrl＋J，可以将选中的图像复制到新的图层中，原图层内容保持不变，如图 3－11 所示。如果没有创建选区，则执行该命令可以快速复制当前图层。

图 3－10 创建选区

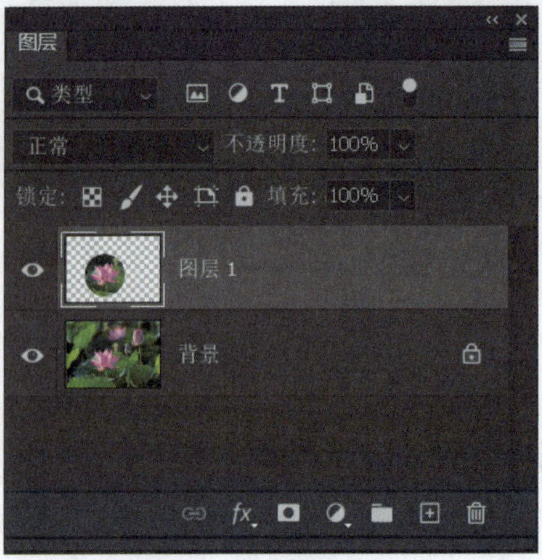

图 3－11 复制到新图层

3.2.4　创建背景图层

新建文档时，使用白色、黑色或背景色作为背景内容。“图层”面板最下面的图层便是“背景”图层，如果选择“背景内容”为“透明”时，则没有“背景”图层，如图 3－12 所示。

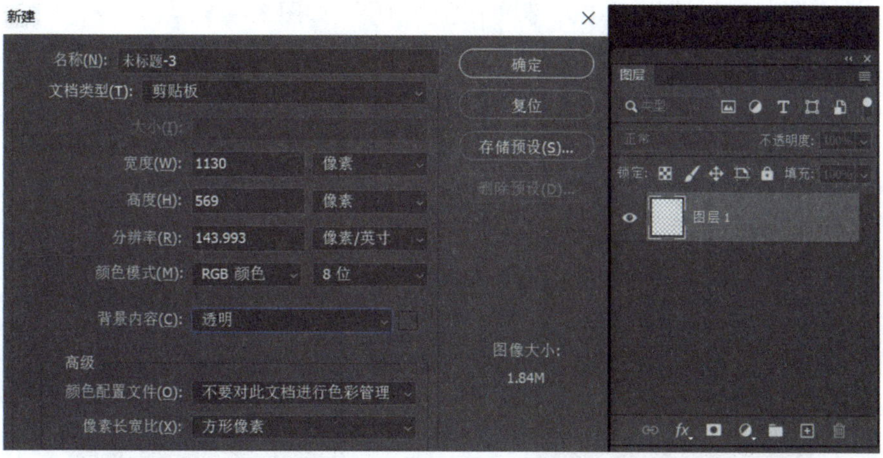

图 3－12　透明背景

文档中没有“背景”图层时，选择一个图层，执行“图层”→“新建”→“图层背景”命令，可以将它转换为“背景”图层，如图 3－13 所示。如果想将背景图层转换为普通图层，选中“背景”图层并双击，在打开的“新建图层”对话框中输入名称，然后单击“确定”按钮，即可将“背景”图层转换为普通图层。

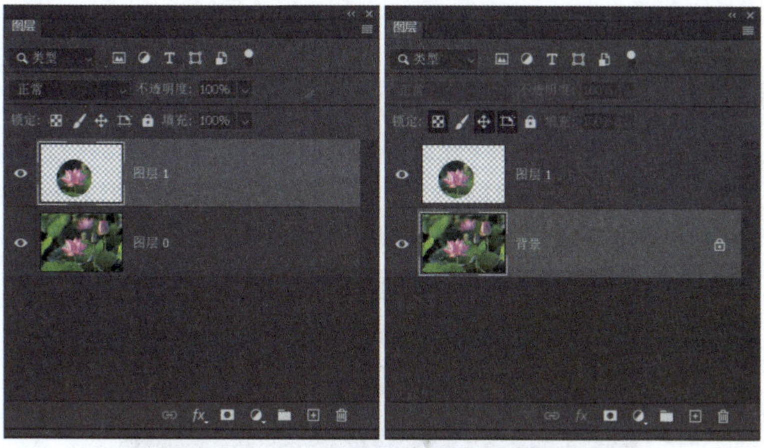

图 3－13　转换为“背景”图层

3.3　编辑图层

本节将具体介绍图层的基本操作方法，包括选择图层、复制图层、修改图层的名称和颜色、删除图层等。

3.3.1 选择图层

图层的设置

选择单个图层：只需要在“图层”面板中单击相应的图层即可。

选择多个图层：如果要选择多个连续的图层，可以在第一个图层上单击，然后按住 Shift 键，在最后一个图层上单击，如图 3－14 所示；如果要选择多个不连续的图层，可按住 Ctrl 键单击这些图层，如图 3－15 所示。

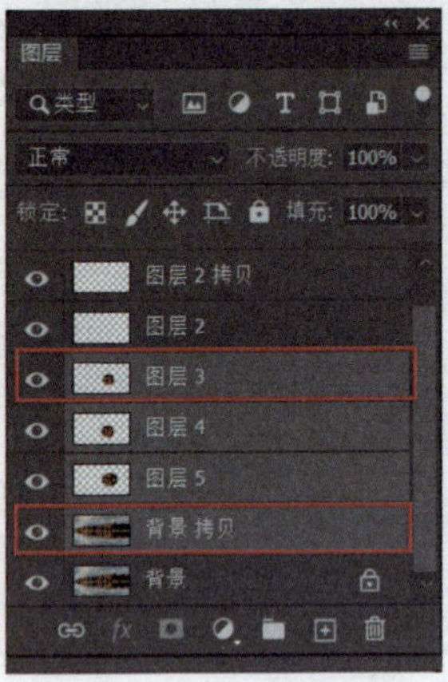

图 3－14 选择连续图层

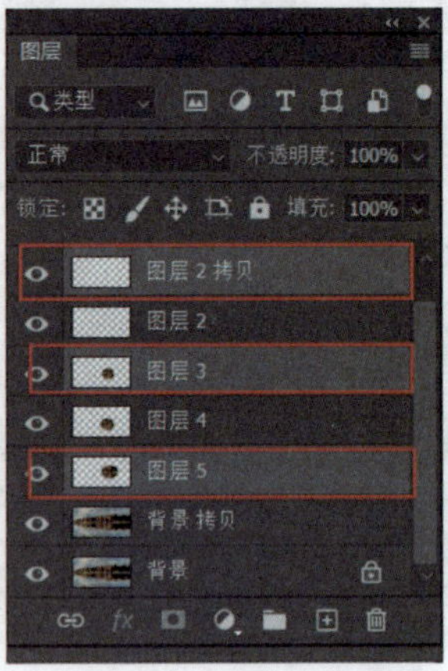

图 3－15 选择不连续图层

选择所有图层：执行“选择”→“所有图层”命令，可以选择除“背景”图层以外的所有“图层”。

选择链接的图层：选择一个链接的图层，执行“图层”→“选择链接图层”命令，可以选择与之链接的所有图层。

3.3.2 复制图层

复制图层可以为已存在的图层创建图层副本。在 Adobe Photoshop 2022 中，不但可以在同一文件中复制图层，还可以将图层复制到其他文件中。

创建新图层按钮：在“图层”面板中，将需要复制的图层拖曳到“创建新图层”按钮⊞上，即可复制该图层，生成副本，如图 3－16 所示。也可以按快捷键 Ctrl＋J 复制当前图层。

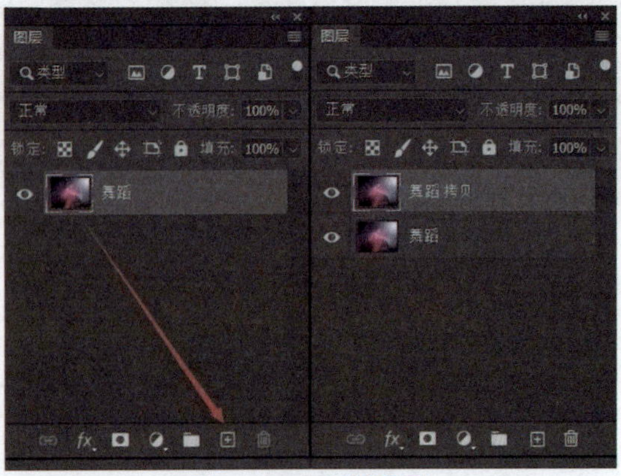

图 3－16 复制图层

使用菜单命令：选择一个图层，执行"图层"→"复制图层"命令，打开"复制图层"对话框，输入图层名称，单击"确定"按钮，可以复制该图层。或者单击"图层"面板右上方的▤图标，弹出面板菜单，选择"复制图层"命令，弹出对话框，单击"确定"按钮。

3.3.3　图层的排列

"图层"面板中的图层是按照从上到下的顺序堆叠排列的，上面图层中的不透明部分会遮盖下面图层中的图像，适当调整图层的排列顺序可以制作出更为丰富的图像效果。

在"图层"面板中，将光标移动到要调整的图层上，按下鼠标左键，将图层拖动至目标位置即可。

3.3.4　修改图层的名称和颜色

在图层数量较多的文档中，可以为每个图层设置名称或区别于其他图层的颜色，以便在操作中能够快速找到它们。

修改图层名称：选择该图层，执行"图层"→"重命名图层"命令，或者直接双击该图层的名称，然后在显示的文本框中输入新名称，单击其他地方确定，如图 3－17 所示。

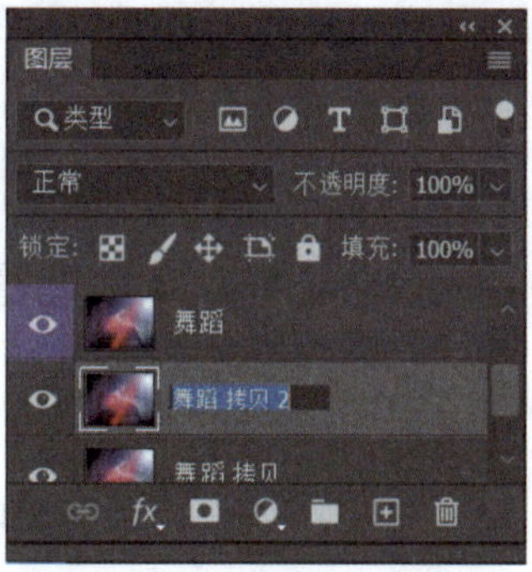

图 3－17　修改图层名称

修改图层的颜色：可以选择该图层，然后右击，在弹出的快捷菜单中选择颜色，如图 3－18 所示。

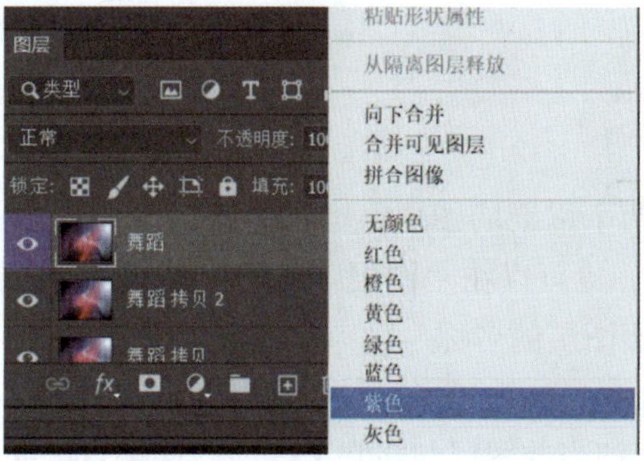

图 3－18　修改图层颜色

3.3.5 删除图层

将需要删除的图层拖曳到“图层”面板中的“删除图层”按钮上，即可删除该图层；在菜单栏中执行按“图层”→“删除”命令，也可以删除当前图层或面板中所有隐藏的图层；还可以使用按 Delete 键删除图层。

3.3.6 栅格化图层

如果要使用绘画工具和滤镜编辑文字图层、形状图层、矢量蒙版或智能对象等包含矢量数据的图层，需要先将其栅格化，让图层转化为普通的像素图层，然后才能进行相应的编辑。

在图层面板中选择需要栅格化的图层，单击鼠标右键，在下拉菜单中选择“栅格化图层”命令即可栅格化图层中的内容。也可以在菜单栏中执行“图层”→“栅格化”命令，如图 3－19 所示。

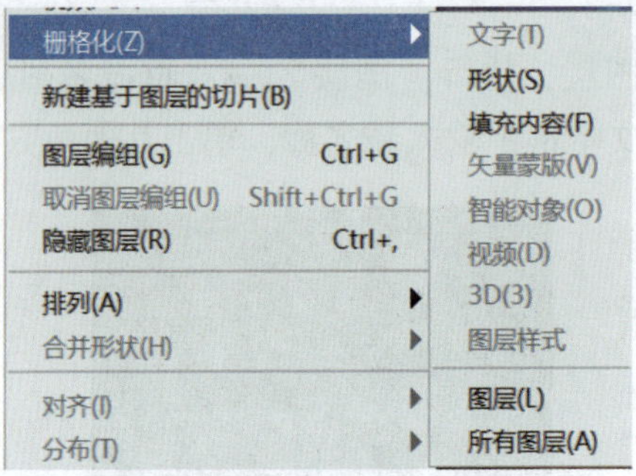

图 3－19 “栅格化”命令

3.4 合并与盖印图层

虽然 Adobe Photoshop 2022 对图层的数量没有限制，但是图像的图层越多，打开和处理项目时，所占用的内存会越大，图像文件所占用的磁盘空间也会变大，因此，可以根据需要对图层进行合并。

3.4.1 合并图层

1. 选择性合并图层

如果需要合并两个及两个以上的图层，可在“图层”面板中将其选中，然后执行“图层”→“合并图层”命令，也可以在“图层”面板中单击鼠标右键，选择“合并图层”命令，合并后的图层使用上面图层的名称。

2. 向下合并

“向下合并”命令可以把当前图层与在它下方的图层进行合并。选择一个图层，单击鼠标右键，选择“向下合并”命令；也可以单击图层面板的“图层菜单”按钮；或者在菜单栏“图层”下拉列表中选择“向下合并”命令；或使用快捷键Ctrl+E。

3. 合并可见图层

“合并可见图层”命令可以把所有处在显示状态的图层合并成一个图层，在隐藏状态的图层不作变动。操作方式与“向下合并”相似，只是不需要选择图层，快捷键为Shift+Ctrl+E。

4. 拼合图像

“拼合图像”命令可以将所有图层合并为背景图层。如果有隐藏图层，拼合时会弹出警告框，询问用户是否扔掉隐藏图层。

3.4.2 盖印图层

使用Photoshop的盖印功能，可以将多个图层的内容合并到一个新的图层，同时还保留源图层。Photoshop没有提供盖印图层的相关命令，只能通过快捷键进行操作。

向下盖印：选择一个图层，按快捷键Ctrl+Alt+E，可以将该图层中的图像盖印到下面的图层中，原图层内容保持不变。

盖印多个图层：选择多个图层，按快捷键Ctrl+Alt+E，可以将它们盖印到一个新的图层中，原有图层的内容保持不变。

盖印可见图层：按快捷键Shift+Ctrl+Alt+E，可以将所有可见图层中的图像盖印到一个新的图层中，原有图层内容保持不变。

盖印图层组：选择图层组，按快捷键Ctrl+Alt+E，可以将组中的所有图层内容盖印到一个新的图层中，原图层组保持不变。

3.5 图层的对齐与分布

Adobe Photoshop 2022允许用户对选择的多个图层进行对齐和分布操作，该功能用于准确定位图层的位置。在进行对齐和分布操作之前，首先要选择这些图层，或者将这些图层设置为链接图层。

3.5.1 对齐菜单

顶边：顶边可将选中的所有图层或链接图层上的图像，与其中最顶端的图像进行顶部对齐，或与选区边框的顶边对齐。

垂直居中：垂直居中可将选中的所有图层或链接图层上的图像，以垂直方向的中心进行对齐，或与选区边框的垂直中心对齐。

底边：底边可将选中的所有图层或链接图层上的图像，与其中最底端的图像进行底部对齐，或与选区边框的底边对齐。

左边：左边可将选中的所有图层或链接图层上的图像，与其中最左端的图像进行左边对齐，或与选区边框的左边对齐。

水平居中：水平居中可将选中的所有图层或链接图层上的图像，以水平方向的中心进行对齐，或与选区边框的水平中心对齐。

右边：右边可将选中的所有图层或链接图层上的图像，与其中最右端的图像进行右边对齐，或与选区边框的右边对齐。

3.5.2 “分布”菜单

“分布”菜单中各个命令的含义如下：

顶边：从每个图层的顶端像素开始，间隔均匀地分布选择或链接的图层。

垂直居中：从每个图层的垂直居中像素开始，间隔均匀地分布选择或链接的图层。

底边：从每个图层的底部像素开始，间隔均匀地分布选择或链接图层。

左边：从每个图层的左边像素开始，间隔均匀地分布选择或链接图层。

水平居中：从每个图层的水平中心像素开始，间隔均匀地分布选择或链接图层。

右边：从每个图层的右边像素开始，间隔均匀地分布选择或链接的图层。

垂直分布：从最上面的图形到最下面的图形，进行均匀分布。

水平分布：从最左的图形到最右的图形，进行均匀分布。

下面将用案例来讲解如何使用“对齐”和“分布”命令操作对象。

3.5.3 实战——快速排列图片

（1）打开 Adobe Photoshop 2022 软件，创建一个 A4 大小的文档（210 毫米 ×297 毫米，分辨率为 300 像素/英寸），如图 3－20 所示。

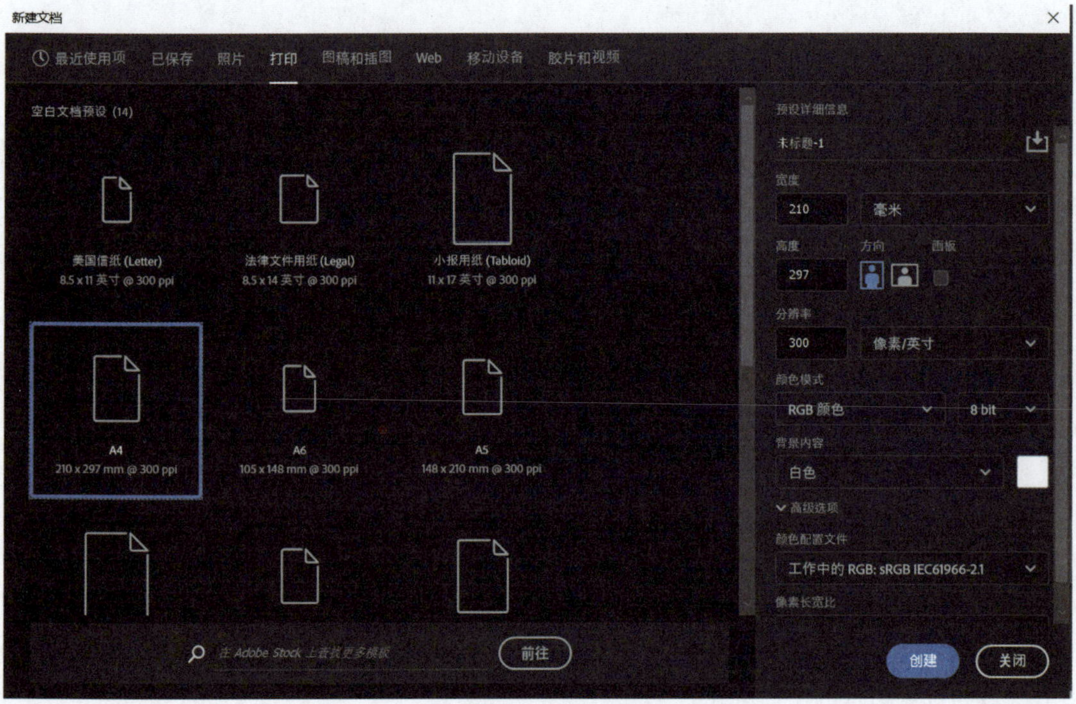

图 3－20 新建文档

（2）将素材照片“动物证件照”拖曳到创建好的 A4 文档内，然后移动到文档的左上角，效果如图 3－21 所示。按住 Alt 键，指针变成黑白两个箭头，这时拖动图片可以复制照片，如果想要水平复制，在移动复制的同时再按住 Shift 键，可以水平移动并复制；也可以先随意复制 5 个，选择所有照片，在移动工具选项栏中单击“顶边”按钮，所有图片将会以最顶部照片的顶边为参照进行对齐。效果如图 3－22 所示。

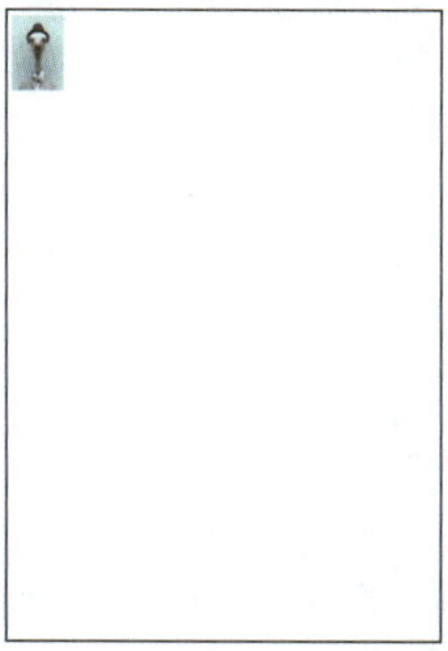
图 3－21　移动位置

图 3－22　复制对齐

（3）现在 6 张照片之间的间距是不等的，要进行平均分布。先调整好最左边及最右边两张照片的位置，然后选中所有照片图层，在移动工具选项栏中单击“水平分布”按钮，照片按等比例进行排列，效果如图 3－23 所示。

（4）在选中整排照片的状态下，单击鼠标右键，选择“合并形状”命令，如图 3－24 所示，将它们合并成一个图层。

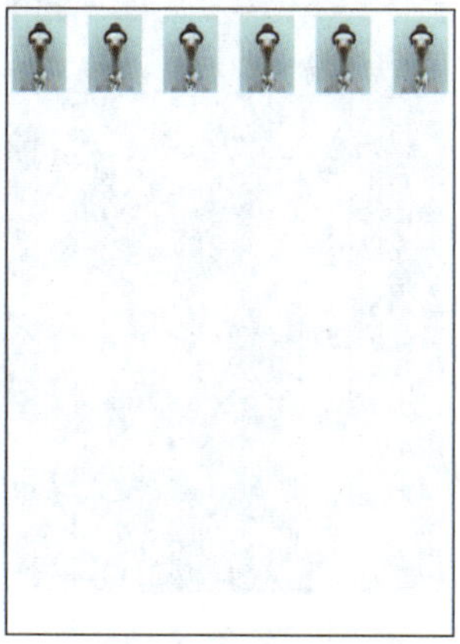
图 3－23　水平分布

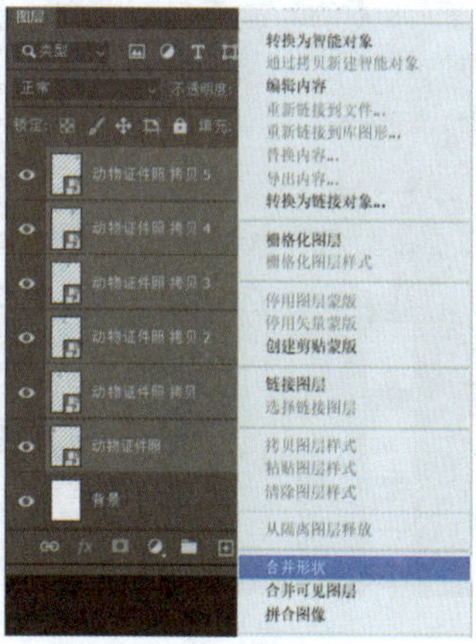

图 3－24　合并图层

（5）选择合并后的图层“动物证件照 拷贝 5”，继续按住 Alt 键向下复制几排，效果如图 3－25 所示。

（6）使用步骤（2）和（3）的方法，选中所有照片图层，在移动工具选项栏中先单击“左边”按钮，使所有图片都向左对齐，然后单击“垂直居中分布”按钮，照片向垂直方向间隔均匀地分布排列，效果如图 3－26 所示。

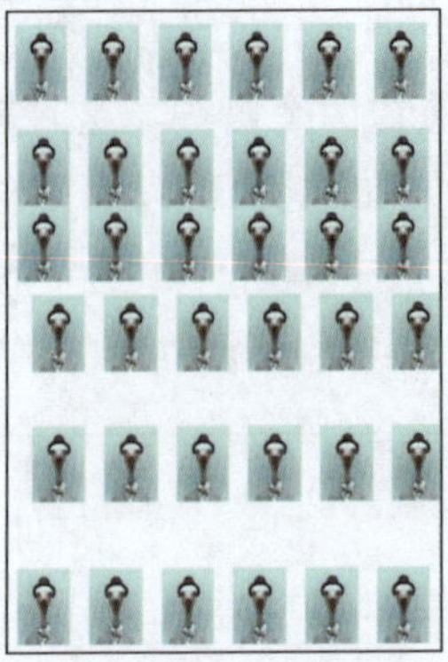

图 3－25　复制图层

图 3－26　对齐分布

3.6　图层组

图层组就是将多个图层归为一个组，这个组可以在不需要操作时折叠起来，无论组中有多少图层，折叠后只占用相当于一个图层的空间，方便管理图层。

3.6.1　创建图层组

单击图层面板下方的“创建新组”按钮，即可创建新的图层组，或者在菜单栏中的“图层”→“新建”列表中选择“组”命令，即可在当前选择图层的上方创建图层组，如图 3－27 所示。双击图层组名称位置，在出现的文本框中可以输入新的图层组名称。通过上述方式创建的图层组不包含任何图层，需要拖动图层至图层组中，如图 3－28 所示。

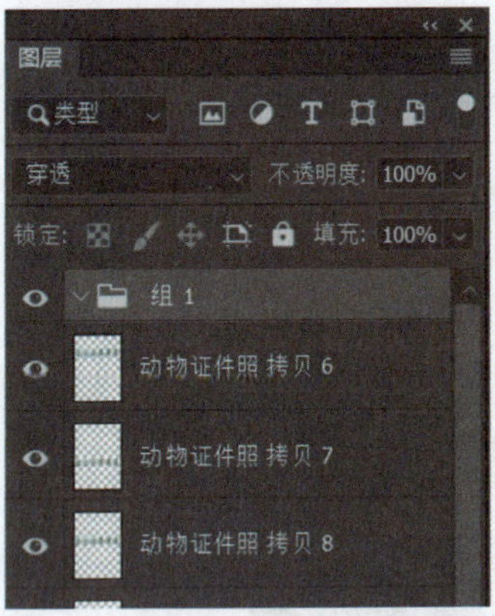

图 3－27　创建空白图层组

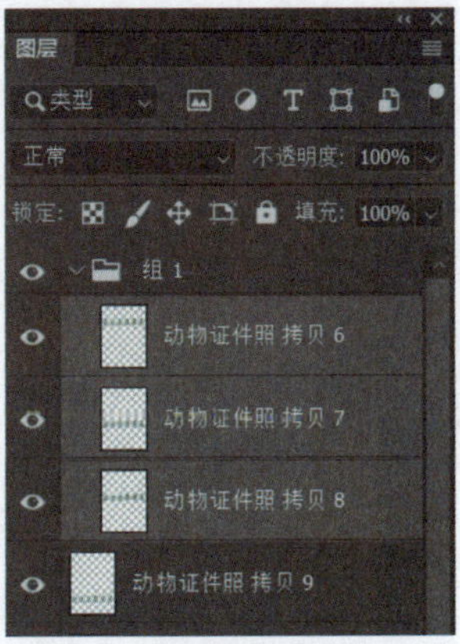

图 3－28　拖入图层组

为了方便后期的操作，可以把一个图像的所有图层编成一个组，选择要编组的图层，单击“创建新组”按钮即可编组，或者按快捷键 Ctrl＋G。

3.6.2　移出和取消编组

1. 移出

若要将图层移出图层组，可再次将该图层拖动至图层组的上方或下方并释放鼠标，或者直接将图层拖出图层组区域。

2. 取消编组

选择图层组，单击鼠标右键，选择“取消图层编组”命令，或者按快捷键 Ctrl + Shift + G。

3.6.3 复制、删除图层组

拖动图层组至“图层”面板底端的“创建新图层”按钮，可复制当前图层组。

选择图层组后单击“删除图层”按钮，弹出如图3－29所示的对话框，单击“组和内容”按钮，将删除图层组和图层组中的所有图层；单击“仅组”按钮，将只删除图层组，图层组中的图层将被移出图层组；也可以直接将图层组拖至“删除图层”按钮上进行删除。

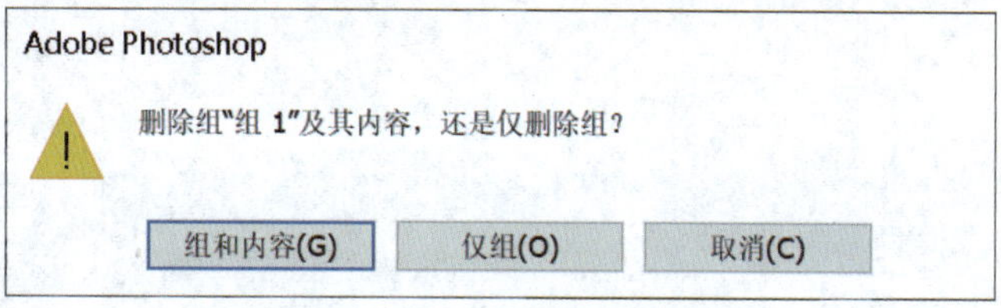

图3－29 删除组对话框

图层样式

3.7 图层样式

图层样式主要是为了给图层添加不同的效果，在 Adobe Photoshop 2022 软件中，提供了多种图层样式供用户选择。可以为图层添加一种样式，也可以同时添加多种样式，使图层中的图像产生丰富的变化。

3.7.1 添加图层样式

如果要为图层添加图层样式，可以选择该图层，然后采用下面两种方式打开“图层样式”对话框。

方法1：在“图层”面板中单击“添加图层样式”按钮，在打开的快捷菜单中选择一个样式，如图3－30所示，就可以打开“图层样式”对话框，并切换至相应的样式设置面板。

方法2：在“图层”面板上选择一个“图层”，双击图层空白处，也可以打开“图层样式”对话框。

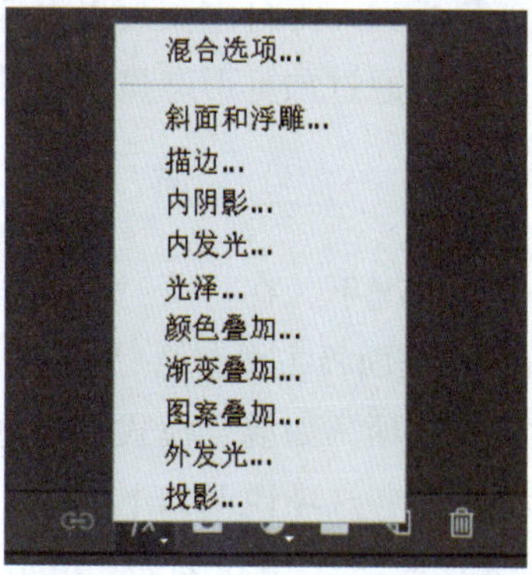

图3－30 添加图层样式快捷菜单

3.7.2 “图层样式”对话框

“图层样式”对话框用于存储各种图层特效，并将其快速地套用在要编辑的对象中，如图3－31所示，“图层样式”对话框的左侧列出了10种效果，勾选某效果，表示在图层中添加了该效果；取消勾选，则可以停用该效果，但保留效果参数。

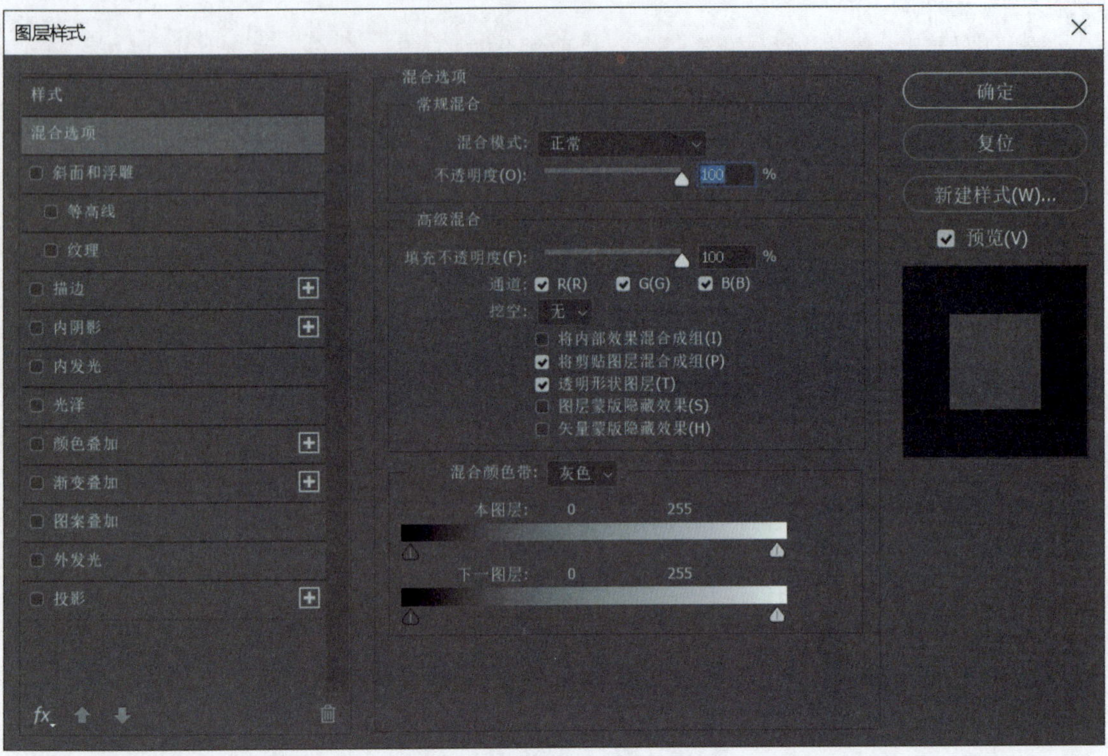

图 3－31 “图层样式”对话框

“图层样式”对话框中部分选项说明如下：

样式列表：包含样式、混合选项和各种图层样式选项。勾选样式复选项可应用该样式，单击样式名称可切换到相应的选项面板。

新建样式：将自定义效果保存为新的样式文件，方便以后做同样的效果。

预览：通过预览形态显示当前设置的样式效果。

3.7.3 “混合选项”面板

默认情况下，在打开“图层样式”对话框后，都将显示“混合选项”面板，如图 3－32 所示。该面板主要包含“常规混合”“高级混合”“混合颜色带”三部分内容，主要对一些常见的选项，如混合模式、不透明度、混合颜色等参数进行设置。

面板中各选项说明如下：

“混合模式”下拉列表：单击右侧的下拉按钮，可在打开的列表中选择任意一个模式，即可使当前图层按照选择的混合模式与下层图层叠加在一起。

不透明度：通过拖曳滑块或直接在文本框中输入数值，设置当前图层的不透明度。

填充不透明度：通过拖曳滑块或直接在文本框中输入数值，可设置当前图层的填充不透明度。填充不透明度影响图层中绘制的形状的不透明度。

通道：可选择当前显示的通道效果。

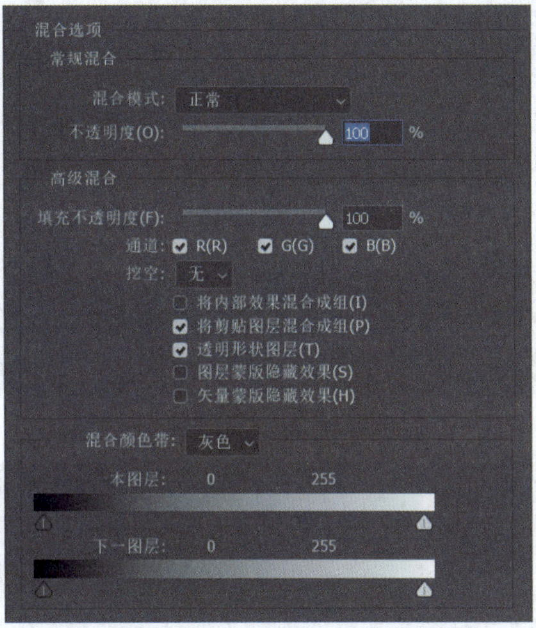

图 3－32 “混合选项”面板

挖空：可以指定图层中哪些图层是“镂空”的，从而使其他图层中的内容显示出来。

混合颜色带：通过单击右侧的下拉按钮，在打开的下拉列表中选择不同的颜色选项，然后通过拖曳下方的滑块，调整当前图层对象的相应颜色。

3.7.4 实战——制作镂空文字效果

（1）打开 Photoshop 软件，然后拖入素材图片“夜景”，效果如图 3－33 所示。

图 3－33 夜景素材

（2）按快捷键 Shift + Ctrl + N 新建一个图层，在工具箱中选择“矩形选框工具”，绘制一个矩形选框，填充为白色，如图 3－34 所示。将其不透明度调整为 75%，让它能透出一点背景，增添一点朦胧之美，效果如图 3－35 所示。

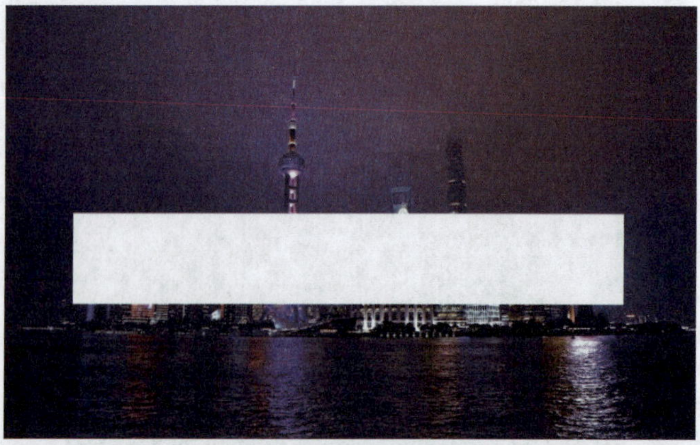

图 3 – 34　填充白色

图 3 – 35　调整不透明度

（3）选择“横排文字工具”，在白色矩形上输入文字“SHANG HAI CITY”，选择一种加粗的字体即可，然后按快捷键 Ctrl + T 自由变换，调整文字的大小及位置。同时选中文字图层和“图层 1”，如图 3 – 36 所示，选择“移动工具”将它们进行“水平居中”和“垂直居中”对齐，效果如图 3 – 37 所示。

图 3 – 36　选中图层

图 3－37　进行对齐

（4）在图层面板中双击“文字”图层，打开“图层样式”对话框，在“混合选项”面板中将“填充不透明度”改为 0，“挖空”选择“浅”，如图 3－38 所示。单击“确定”按钮，调整细节，这样一个挖空效果的文字就做好了。最终效果如图 3－39 所示。

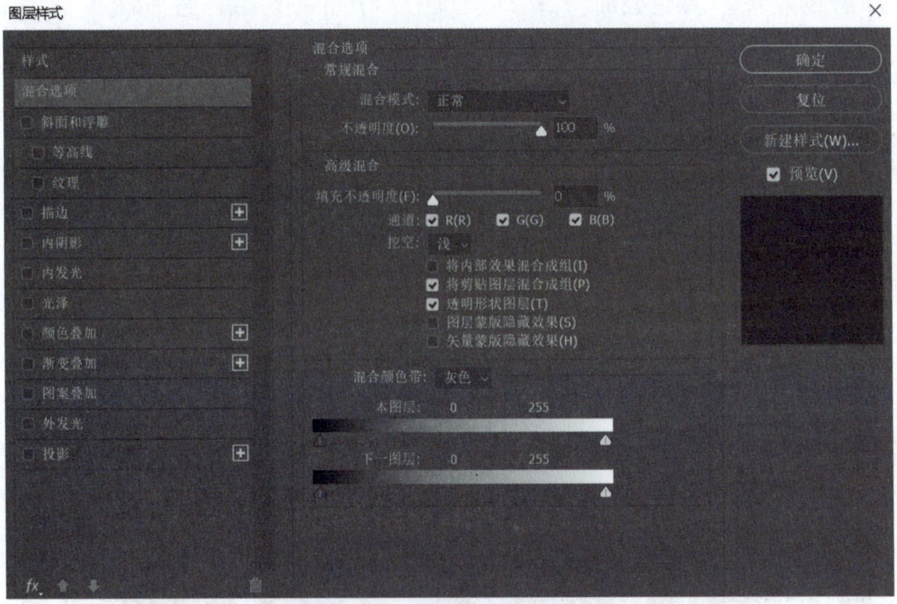

图 3－38　“图层样式”对话框

图 3－39　最终效果

3.7.5 图层样式种类

“斜面和浮雕”命令用于使图像产生一种倾斜面与浮雕的效果。“描边”命令用于为图像描边。“内阴影”命令用于使图像内部产生阴影效果。3 种命令的效果如图 3－40 所示。

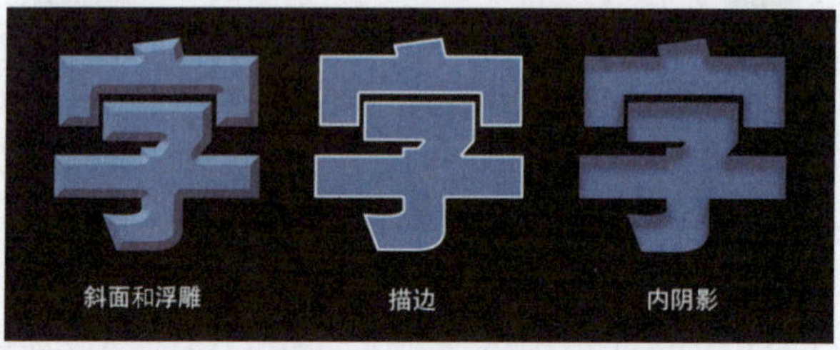

图 3－40 斜面和浮雕、描边、内阴影效果

“内发光”命令用于在图像的边缘内部产生一种辉光的效果。“光泽”命令用于使图像产出一种光泽的效果。“颜色叠加”命令用于使图像产生一种颜色叠加效果。3 种命令的效果如图 3－41 所示。

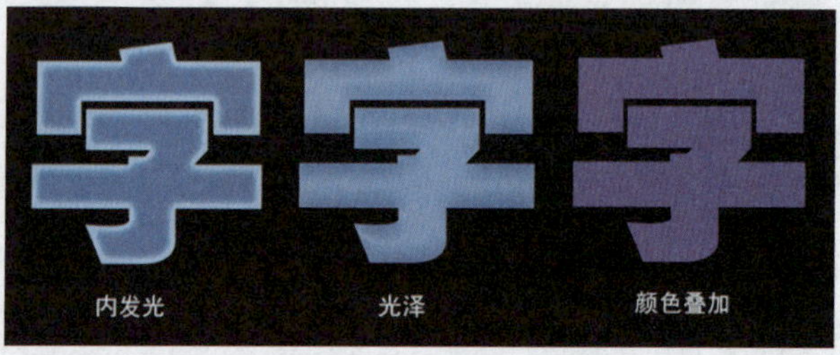

图 3－41 内发光、光泽、颜色叠加效果

“渐变叠加”命令用于使图像产生一种渐变叠加效果。“图案叠加”命令用于在图像上添加图案效果。“外发光”命令用于在图像的边缘外部产生一种辉光效果。“投影”命令用于使图像产生阴影效果。4 种命令的效果如图 3－42 所示。

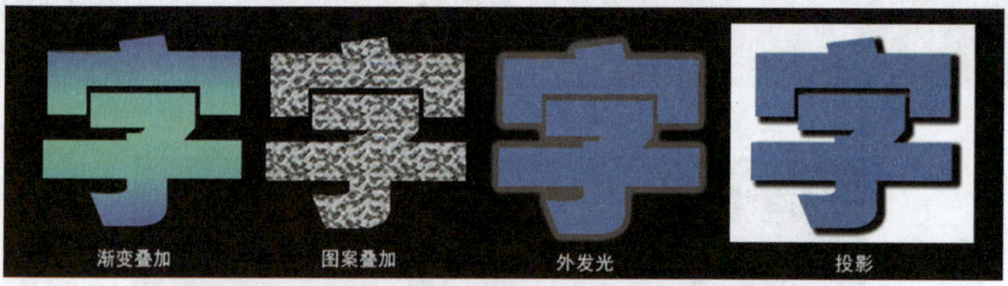

图 3－42 渐变叠加、图案叠加、外发光、投影效果

3.7.6 修改、隐藏、删除、复制样式

修改图层样式：在“图层”面板中，双击一个效果的名称，可以打开“图层样式”对话框并切换至该效果的设置面板，然后可修改图层样式参数。

隐藏样式效果：单击图层样式效果左侧的眼睛图标，可以隐藏该图层样式。

删除图层样式：添加图层样式的图层右侧会显示fx图标，单击该图标，可以展开所有添加的图层效果。拖动该图标或下方的图层效果至面板底端“删除图层”按钮上，可以删除图层样式。

复制图层样式：展开“图层”面板中的图层效果列表，拖动图标至另一图层上方，在拖动时按住 Alt 键，则可以复制该图层样式至另一图层，此时光标显示为形状，如图 3－43 所示。或者在添加了样式的图层上单击鼠标右键，在弹出菜单中选择“拷贝图层样式”命令，然后在需要粘贴样式的图层上右击，在菜单中选择“粘贴图层样式”命令即可。

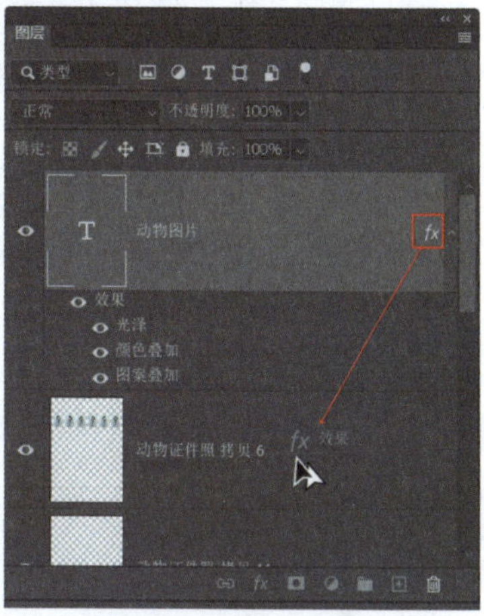

图 3－43　拷贝图层样式

3.7.7　实战——制作质感水晶文字

（1）打开 Adobe Photoshop 2022 软件，新建一个宽为 510 像素、高为 290 像素、分辨率为 72 像素/英寸的空白文件，参数如图 3－44 所示。

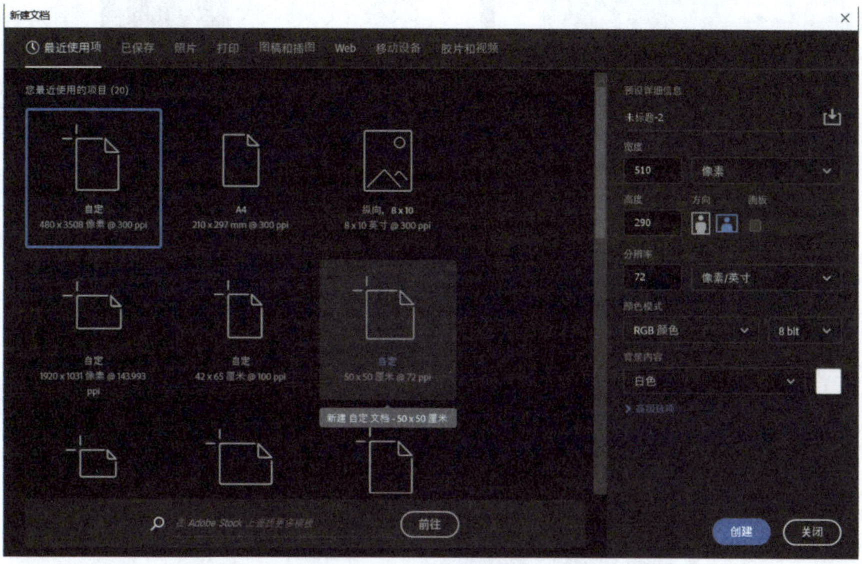

图 3－44　创建空白文件

（2）在工具箱中选择“矩形工具”，按住 Shift 键，在画布中绘制一个填充色为蓝色（# 00a0e9），描边为无，圆角的半径为 10 像素的圆角矩形，效果如图 3－45 所示。然后按快捷键 Ctrl＋J 复制该图层。在图层面板中选择“矩形 1 拷贝”图层，单击鼠标右键，在菜单列表中选择“栅格化图层”命令，将其变为普通图层，如图 3－46 所示。

（3）选择“矩形 1 拷贝”图层，在菜单栏中选择“滤镜”→“模糊”→“动感模糊”命令，设置角度为 0 度，距离为 17 像素，设置完成后，单击“确定”按钮，效果如图 3－47 所示。

图 3－45　绘制矩形

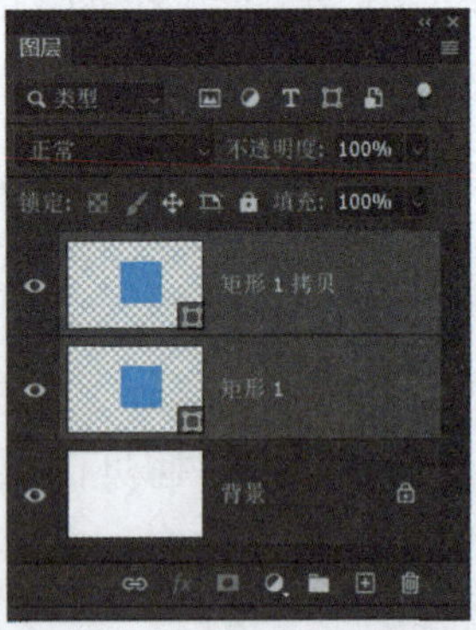

图 3－46　栅格化图层

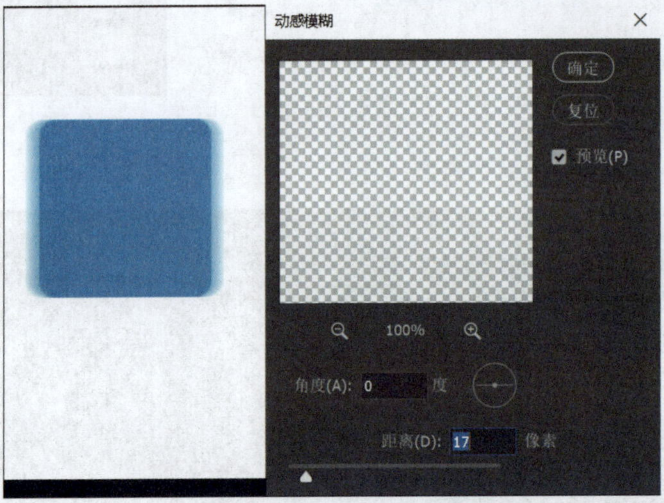

图 3－47　添加动感模糊滤镜

（4）对该图层进行复制，然后按快捷键 Ctrl + T 自由变换，在控制框上单击鼠标右键，在下拉列表中选择“顺时针旋转 90 度”命令，让图形四个方向都有模糊的效果，如图 3－48 所示。

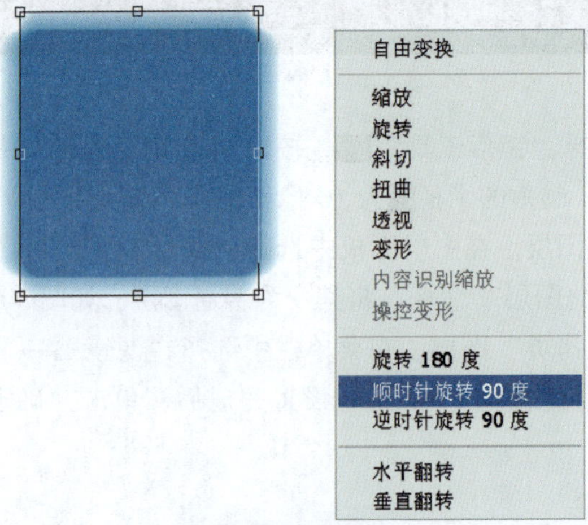

图 3－48　旋转图层

（5）按住 Ctrl 键，在图层面板中随意单击一个矩形的图层缩览图，载入选区，如图 3－49 所示。在工具箱中选择“多边形套索工具” ，在工具选项栏中单击“从选区减去” ，然后在矩形选区上绘制三角形，减去一半选区，效果如图 3－50 所示。

（6）新建一个图层，在三角形选区中填充白色，不透明度改为 24%，效果如图 3－51 所示。

图 3－49　载入选区

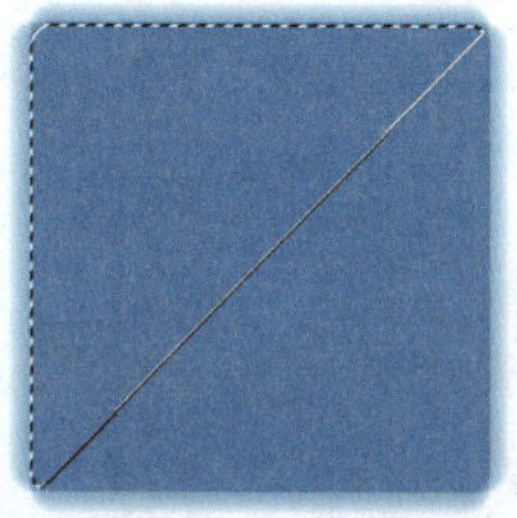

图 3－50　减去选区

图 3－51　填充颜色

（7）在图层面板中选择最下面的“矩形 1”图层，双击图层添加图层样式，勾选“描边”，设置大小为 1 像素，位置为外部，混合模式为正常，不透明度为 100%，颜色为深蓝色（#02344b），如图 3－52 所示。

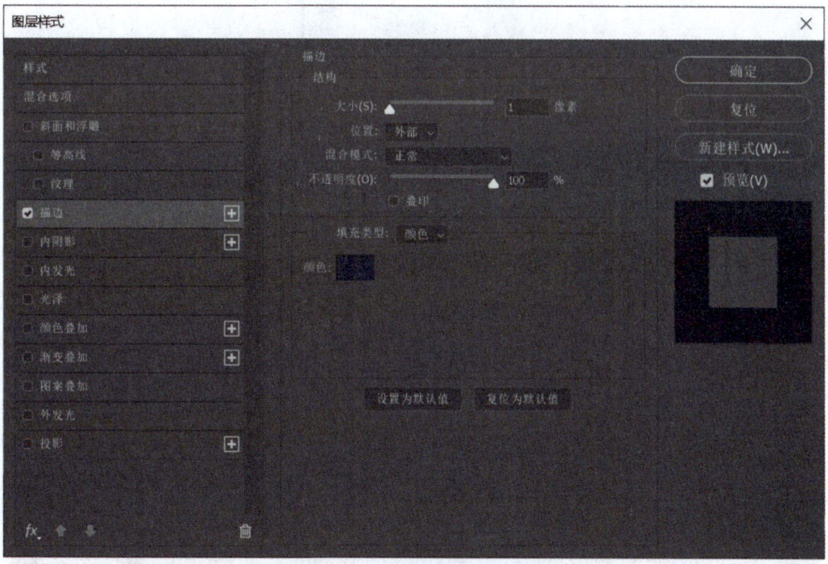

图 3－52　添加描边样式

（8）在图层面板中选择最上面的“圆角矩形 1 拷贝 2”图层，双击图层添加图层样式，勾选“内发光”，设置混合模式为正常，不透明度为 42%，颜色为纯白色（ffffff），方法为柔和，源为“边缘”，大小为 13 像素，如图 3－53 所示。设置完成后，单击“确定”按钮。

（9）在工具箱中选择“横排文字工具” ，设置合适的大小，颜色为白色，在矩形上输入文字“P”，效果如图 3－54 所示。双击文字图层，添加“描边”样式，设置大小为 2 像素，颜色为蓝色（# 2eabe3），如图 3－55 所示。

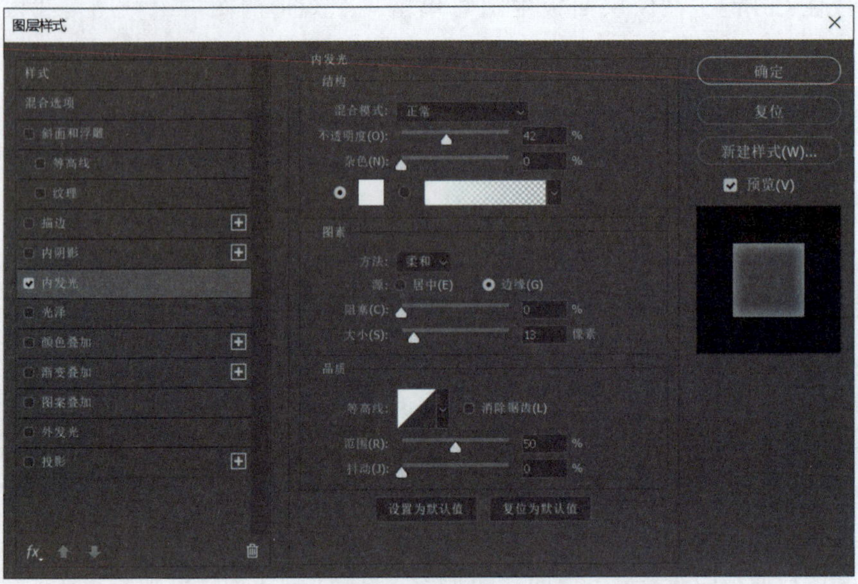

图 3－53　添加内发光样式

图 3－54　输入文字

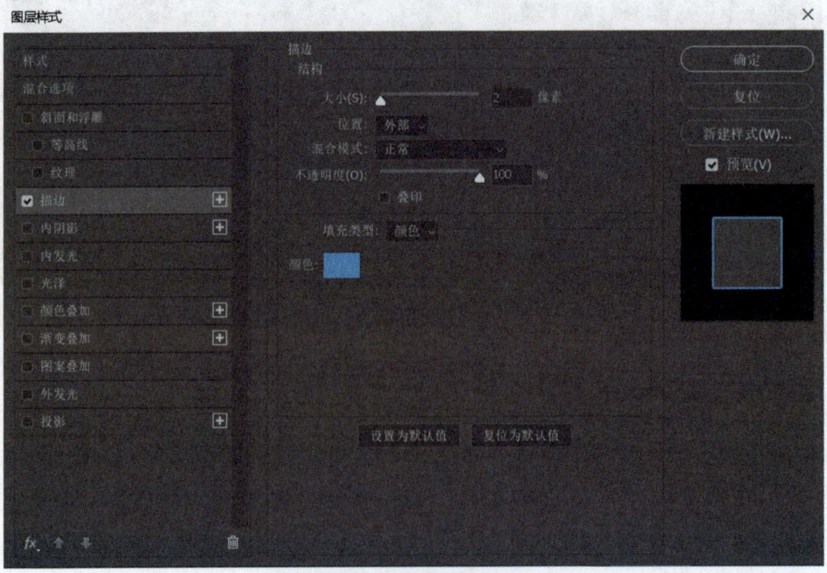

图 3－55　添加描边样式

(10) 设置完成后，单击“确定”按钮，效果如图 3－56 所示。用同样的方法制作出字母 S 的效果，如图 3－57 所示。

图 3－56　P 效果

图 3－57　S 效果

3.8　图层混合模式

图层混合模式

图层混合模式在图像处理及效果制作中广泛应用，一幅图像中的各个图层由上到下叠加在一起，可以通过设置图层的混合模式，控制各个图层之间的相互关系，从而将图像完美融合在一起。

3.8.1　混合模式的效果

在 Photoshop 中可使用的图层混合模式有正常、溶解、叠加、正片叠底等 20 多种，不同的混合模式具有不同的效果。

在“图层”面板中选择一个图层，单击面板顶部的 正常 按钮，在展开的下拉列表中即可选择混合模式。分别使用不同的混合模式，演示图层产生的不同混合效果，如图 3－58 所示。

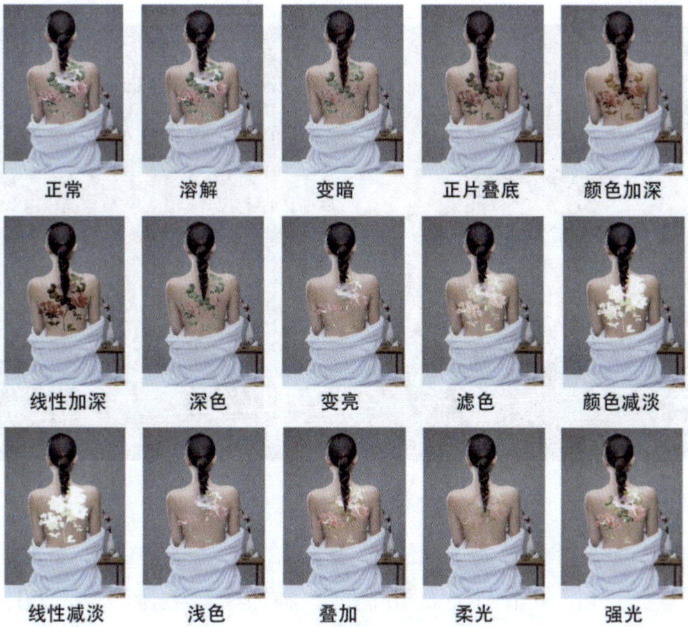

图 3－58　混合模式效果

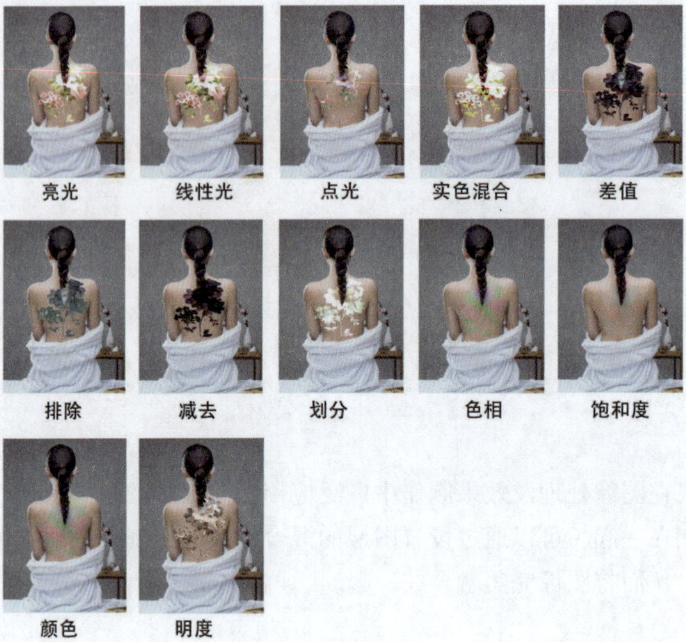

图 3－58　混合模式效果（续）

3.8.2　实战——制作双重曝光效果

下面通过更改图层的混合模式来制作双重曝光图像效果。

（1）启动 Adobe Photoshop 2022 软件，打开相关素材图片“人侧面”，按快捷键 Ctrl＋J 复制该图层，效果如图 3－59 所示。

图 3－59　复制图层

（2）在工具箱中选择“快速选择工具”，在人物上进行涂抹，获得人物的选区，如图 3－60 所示。然后鼠标单击图层面板中的“添加图层蒙版”按钮，得到人物区域，如图 3－61 所示。

图 3-60　创建选区

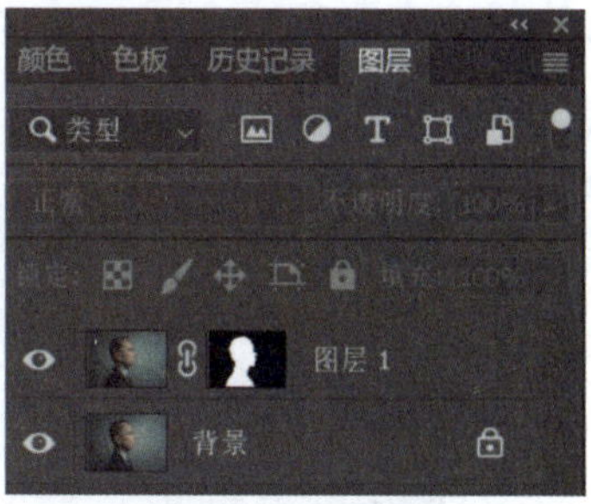

图 3-61　添加图层蒙版

（3）将素材图片“夜景”置入画布中，调整合适的大小及位置，如图 3-62 所示。为了方便操作，这里可以先降低透明度，位置调整好后，再回到原透明度。

图 3-62　置入夜景素材

（4）选择“图层 1”，按住 Ctrl 键，鼠标单击人物蒙版层，载入人物选区，如图 3-63 所示。再选择“夜景”图层，鼠标单击图层面板中的“添加图层蒙版”按钮，为该图层添加图层蒙版，效果如图 3-64 所示。

图 3-63　载入选区

图 3-64　添加图层蒙版

（5）选择“图层 1”，将图层调至最上方置顶，将图层混合模式调整为“滤色”，效果如图 3－65 所示。

图 3－65　调整混合模式

（6）此时，人物的五官看不清楚，鼠标单击选择“夜景”图层的蒙版层，选中蒙版，将前景色设置为黑色，背景色设置为白色。选择“画笔工具”，适当调整画笔的直径大小和硬度，在文档上进行涂抹，将人物的五官显现出来，如图 3－66 所示。

图 3－66　调整蒙版

（7）再拖入素材图片“城市”，调整大小及位置，如图 3－67 所示。

图 3－67　置入素材

（8）选择“图层 1”，按住 Ctrl 键，鼠标单击人物蒙版层，载入人物选区，然后进行选区反向，如图 3－68 所示。

图 3-68 选区反向

(9) 再选择“城市”图层，鼠标单击图层面板中的“添加图层蒙版”按钮，为该图层建立图层蒙版，效果如图 3-69 所示。

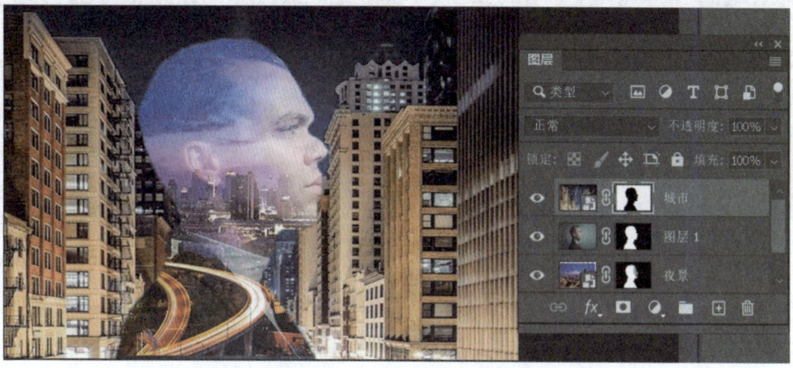

图 3-69 添加图层蒙版

(10) 将“城市”图层的混合模式调整为“划分”，在图层面板中降低“不透明度”为 18%，效果如图 3-70 所示。

图 3-70 调整混合模式

3.9 综合实战——制作咖啡机宣传海报

本案例通过使用“图层样式”和“图层混合模式”对图像进行修改，制作咖啡机宣传海报。

（1）打开 Adobe Photoshop 2022 软件，执行“文件”→“新建”命令，新建一个名称为“咖啡机海报”，“宽度”为42 厘米，“高度”为57 厘米，“分辨率”为72 像素/英寸的空白文档，如图 3－71 所示。

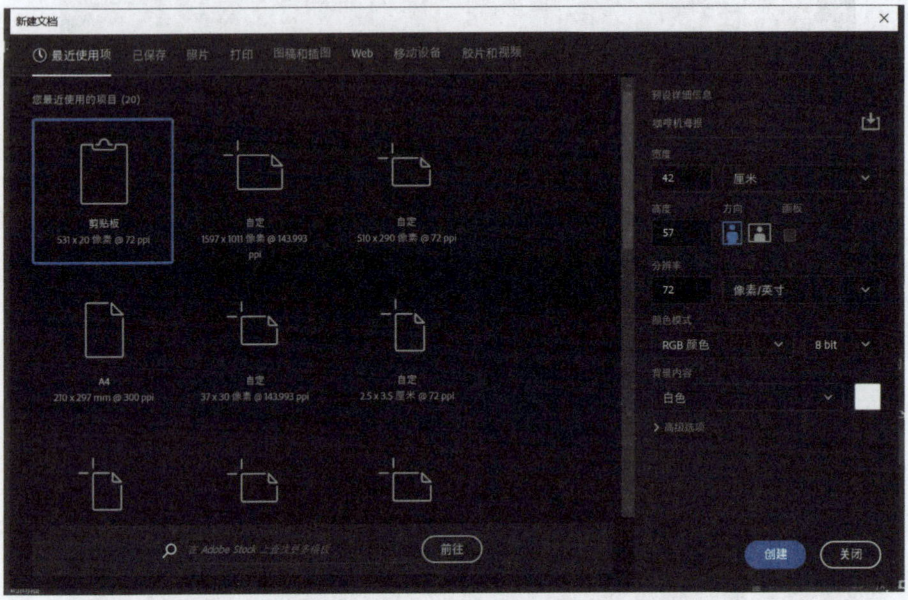

图 3－71　新建空白文档

（2）完成文档创建后，在“图层”面板中单击“创建新图层”按钮，新建空白图层，将前景色更改为咖啡色“# 5d4038”，按快捷键 Alt + Delete 填充颜色至图层，然后将“咖啡机”素材文件拖入文档，调整至合适的位置及大小，如图 3－72 所示。

（3）拖入“咖啡豆”“咖啡杯”“点心”三张素材源文件，调整至合适的位置及大小，如图 3－73 所示。

图 3－72　添加背景色

图 3－73　置入素材

（4）在图层面板中，同时选中“咖啡豆”“咖啡杯”“点心”三个图层，更改图层混合模式为“柔光”，“不透明度”都调整为 50%，效果如图 3－74 所示。

图 3－74　调整混合模式

（5）在工具箱中选择“文字工具” T，字体设置为“华文琥珀”，大小为“72 点”，颜色为白色“#ffffff”，输入文字内容“现磨咖啡　醇香悠久”，利用“字符”控制面板调整文字的间距，效果如图 3－75 所示。

（6）在文字工具菜单栏中，把字体改为“迷你简菱心”，大小改为“180 点”，颜色改为黄色“#ecc87a”，输入文字内容“咖啡机”，调整文字的间距和位置，效果如图 3－76 所示。

图 3－75　输入文字

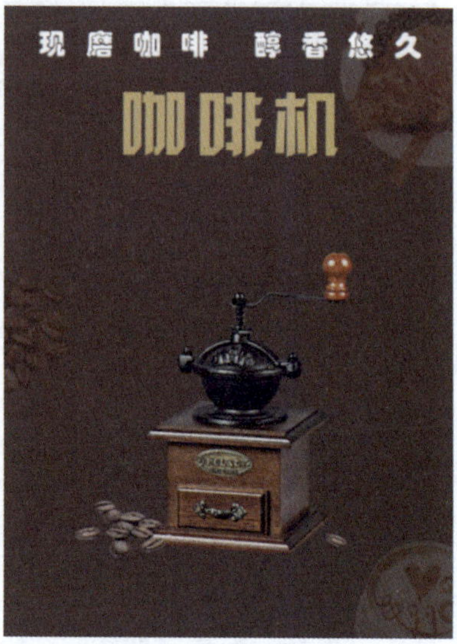

图 3－76　调整主题文字

（7）在图层面板中双击“咖啡机”文字图层，弹出“图层样式”面板，勾选“投影”，调整投影的参数，如图 3－77 所示，文字效果如图 3－78 所示。

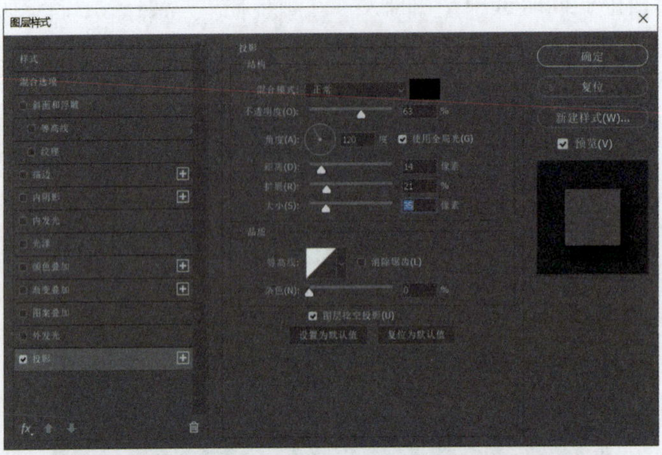

图 3－77　添加图层样式

图 3－78　文字效果

（8）在工具箱中选择“直线工具”，“填充”为白色，“描边”为无，“粗细”改为 3，按住 Shift 键，在文字下方绘制两条直线，如图 3－79 所示。

（9）按照前面的方法，在两条直线的中间和下面添加文字内容，最后效果如图 3－80 所示。

图 3－79　绘制直线

图 3－80　效果图

第4章

选区工具的使用

本章简介

选区在图像编辑过程中起到非常重要的作用，它可以对选定的区域图像进行编辑操作，可以用来对图像的局部进行处理。创建选区是通过选区工具完成的，包括规则的选区工具和不规则的选区工具。其中，规则的选区工具有矩形选框工具、椭圆选框工具、单行选框工具、单列选框工具，而不规则的选区工具有套索工具、多边形套索工具、磁性套索工具、快速选择工具和魔棒工具。

本章重点

本章主要学习选区的基本操作、选框工具组的使用、不规则选区工具的使用和选区的“修改”命令。

技能目标

- 掌握选区的创建、选择、移动、运算等基本操作。
- 熟练掌握选框工具组各工具的使用方法，并学会艺术照片、CD 和格子布的制作方法。
- 熟练掌握不规则选区工具组的操作方法。
- 熟练掌握使用色彩范围对图像创建选区，并学会调整色彩范围对话框的相关设置。
- 掌握“选择并遮住”命令的使用方法和设置。
- 熟练掌握使用选区的“修改”命令对选区进行编辑和加工。

素养目标

在创建与编辑图像选区时，非常注重细节内容，通过运用不同选区工具对各种图形进行选区，再结合“选择并遮住”按钮和“修改”命令进行反复修改调整，在练习过程中培养学生一丝不苟的良好学习态度，以及精益求精的工匠精神。

4.1 认识选区

“选区”指的就是选择的区域或范围。在 Photoshop 中，创建了选区之后，闪烁的选区边界看上去就像一排蚂蚁，因此又称之为蚂蚁线，如图 4－1 所示。在 Photoshop 中处理图像时，经常需要对图像的局部进行调整，通过选择一个特定的区域，就可以对选区中的内容进行编辑，并且保证未选定区域的内容不会被改动，如图 4－2 所示。

图 4 – 1　蚂蚁线

图 4 – 2　缩小选区内容

4.2　选区的基本操作

在学习和使用选择工具和命令之前，先介绍一些与选区基本编辑操作有关的命令，如创建选区前需要设定工具，以及创建选区后进行的简单操作等。

4.2.1　全选与反选

执行“选择”→“全部”命令，或按快捷键 Ctrl + A，即可选择当前文档的整个画布图像，如图 4 – 3 所示。

图 4 – 3　选择整个画布

创建的选区如图 4 – 4 所示，在菜单栏中执行“选择”→“反选”命令，或单击鼠标右键，选择“选择反向”命令，也可以直接按快捷键 Ctrl + Shift + I，还可以反选当前的选区（即取消当前选择的区域，选择未选取的区域），如图 4 – 5 所示。

图 4 – 4　创建选区

图 4 – 5　选区反选

4.2.2　取消选区与重新选区

创建如图 4－6 所示的选区，执行“选择”→“取消选择”命令，或按快捷键 Ctrl＋D，可取消所有创建的选区，如图 4－7 所示。

图 4－6　创建选区

图 4－7　取消选区

Photoshop 会自动保存前一次的选择范围。在取消选择后，在菜单栏中执行“选择”→“重新选择”命令或按快捷键 Ctrl＋Shift＋D，便可回到前一次的选区范围。

4.2.3　载入选区

图像的背景如果是透明状态，可以按住 Ctrl 键的同时，在图层面板中单击图层缩览图，进行载入选区，如图 4－8 所示。

图 4－8　载入选区

4.2.4　选区运算

在图像的编辑过程中，有时需要同时选择多处不相邻的区域，或者增加、减少当前选区的面积。在选择工具的选项栏上，可以看到如图 4－9 所示的按钮，可以通过这些按钮进行选区运算。

图 4－9　运算按钮

新选区：单击该按钮后，可以在图像上创建一个新选区。如果图像上已经有选区了，则新选区会替换掉旧选区，如图 4－10 所示。

添加到选区：单击该按钮或按住 Shift 键，此时的光标会显示“＋”标记，拖动鼠标即可增加选区的范围，如图 4－11 所示。

图 4－10　新建选区

图 4－11　添加选区

从选区减去：对于多余的选取区域，同样可以将其减去。单击该按钮或按住 Alt 键，此时光标会显示“－”标记，使用选区工具绘制需要减去的区域即可，如图 4－12 所示。

与选区交叉：单击该按钮或按住快捷键 Alt＋Shift，此时光标会显示“×”标记，新创建的选区与原选区重叠的部分（即相交的区域）将被保留，产生一个新的选区，而不相交的选区将被删除，如图 4－13 所示。

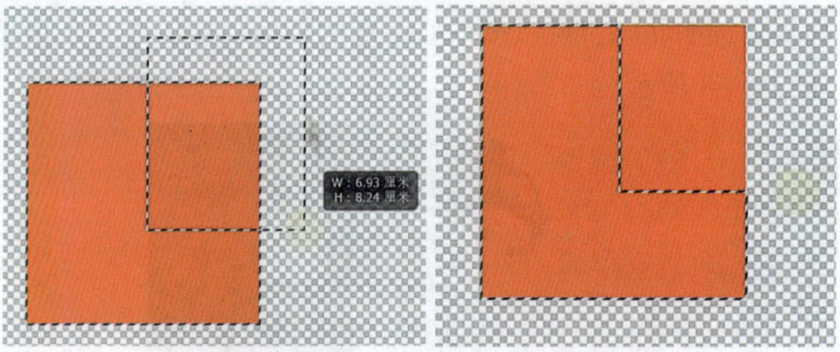

图 4－12　减去选区

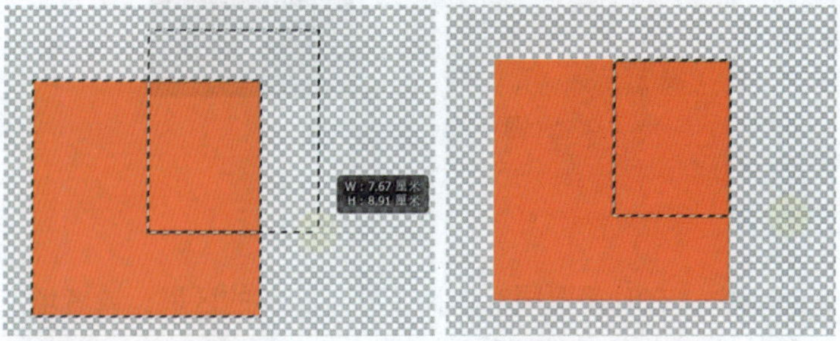

图 4－13　保留交叉区域

4.2.5　移动选区

移动选区操作用于改变选区的位置。首先，在工具箱中选择一种选区工具创建一个选区，然后移动光标至选区内，待光标显示为形状时单击并拖动，即可移动选区。在拖动过程中，光标会显示为形状。

如果只是小范围地移动选区，或要求准确地移动选区，可以使用键盘上的←、→、↑和↓ 4 个方向键来移动选区，按一次键移动一个像素。

4.3　选框工具组

选框工具组

Adobe Photoshop 2022 中的选框工具组包括“矩形选框工具”、“椭圆选框工具”、“单行选框工具”、“单列选框工具”，这些选框工具适用于创建规则的选区。

4.3.1　实战——矩形选框工具

“矩形选框工具”是最常用的选框工具，使用该工具在图像窗口中单击并拖动，即可创建矩形选区。下面利用“矩形选框工具”打造一款极具艺术效果的照片。

（1）打开 Adobe Photoshop 2022 软件，按快捷键 Ctrl + O，打开素材图片“小猫”。

（2）按快捷键 Ctrl + J 复制“背景”图层，得到“图层 1”图层，按快捷键 Ctrl + T 或选择“自由变换”命令打开定界框，按住快捷键 Shift + Alt 拖曳边缘，进行同比例缩放，效果如图 4 – 14 所示。再选择“背景”图层，在菜单栏中选择“滤镜”→“模糊”→“高斯模糊”，半径设置为“5 像素”，效果如图 4 – 15 所示。

图 4 – 14　同比例缩放

图 4 – 15　添加高斯模糊效果

（3）选择“图层 1”，按住 Ctrl 键的同时，鼠标在图层面板中单击图层缩览图，载入选区，效果如图 4 – 16 所示。

图 4 – 16　载入选区

(4) 单击“创建新图层”按钮，新建一个“图层2”，在工具箱中选择“矩形选框工具”，鼠标移动到选区内，单击鼠标右键，在菜单中选择“描边”命令，“宽度”设为2像素，“颜色”为白色，“位置”为居外，具体参数设置如图4-17所示，单击“确定”按钮，效果如图4-18所示。

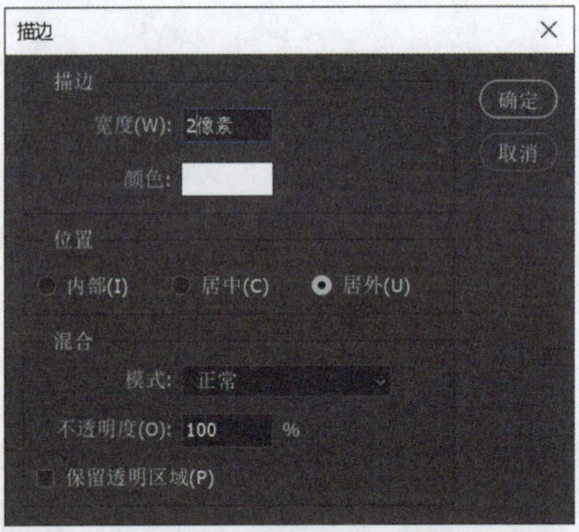

图4-17 “描边”对话框

图4-18 描边效果

(5) 在白色框上绘制一个矩形选区，在工具选项栏上单击“添加到选区”按钮或按快捷键 Shift，竖着再绘制一个矩形选区，效果如图4-19所示。按 Delete 键删除框选的区域，效果如图4-20所示。

图4-19 绘制选区

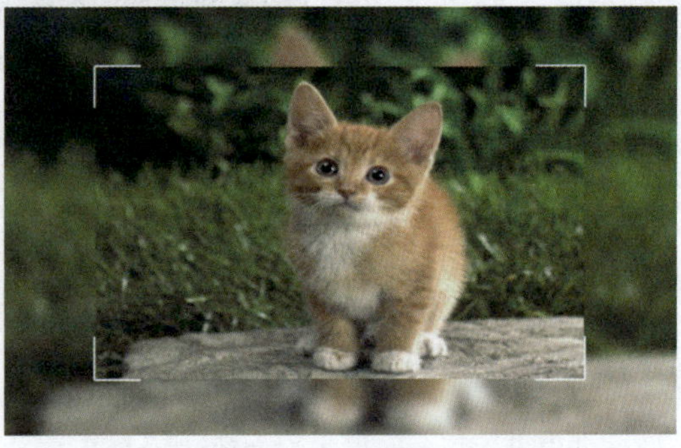

图4-20 删除框选内容

（6）新建一个“图层 3”，利用“矩形选框工具”，按住快捷键 Shift + Alt 在图像的中间绘制一个正方形（可以利用辅助线标注中心点），然后进行描边，效果如图 4－21 所示。用步骤（5）的方法把正方形边框多余的部分去掉，制作聚焦框，如图 4－22 所示。

图 4－21　描边

图 4－22　删除多余内容

（7）选择“横排文字工具”，输入相关文字内容，调整文字大小和位置，如图 4－23 所示。

（8）新建一个“图层 4”，选择“矩形选框工具”，在文字的右边绘制一个电池符号，然后单击鼠标右键，选择“描边”命令，“宽度”改为 1 像素，位置改为“居中”，效果如图 4－24 所示。

图 4－23　输入文字

图 4－24　绘制电池

（9）前景色改为“白色”，使用“矩形选框工具”，在电池里面绘制两个矩形，按快捷键 Alt + Delete 填充白色，效果如图 4－25 所示。拖入素材文件“曝光标尺”，把它放在合适的位置，并调整大小，效果如图 4－26 所示。

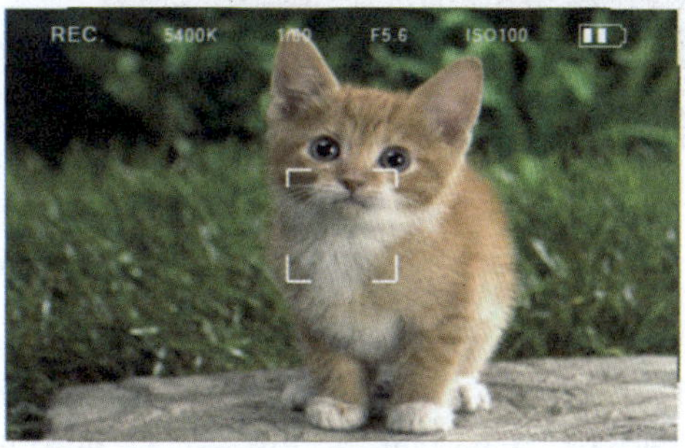

图 4－25　填充白色

图 4－26　置入“曝光标尺”

（10）选择“横排文字工具”，颜色为白色，大小为30，字体自定，输入文字“Cute pet Ipsum”，按快捷键 Ctrl + T 自由变换，光标移动到定界框一角，鼠标向上拖动，将文字进行旋转，效果如图 4 – 27 所示。

图 4 – 27　添加文字效果

4.3.2　实战——椭圆选框工具

“椭圆选框工具”可用于创建椭圆或正圆选区。下面使用“椭圆选框工具”制作一张音乐专辑 CD。

（1）启动 Adobe Photoshop 2022 软件，新建一个文件，“宽度”和“高度”都为 20 厘米，分辨率为 72 像素/英寸，如图 4 – 28 所示。

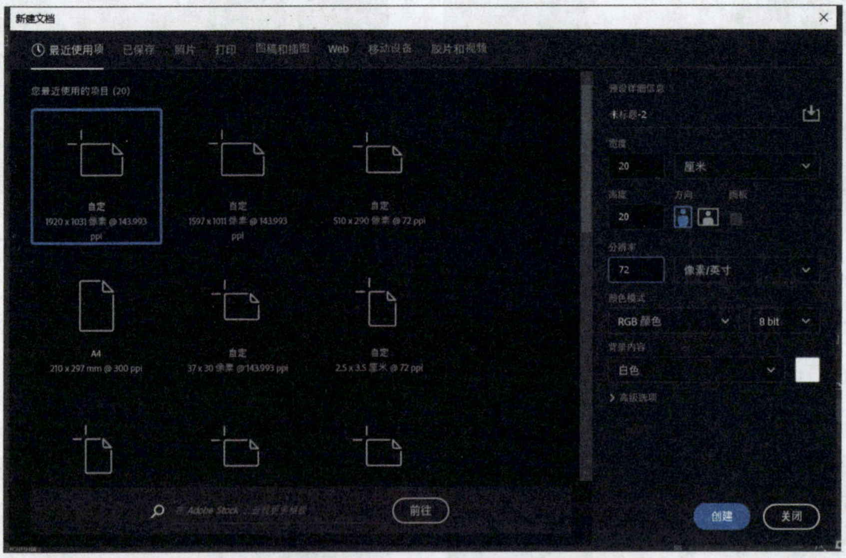

图 4 – 28　新建空白文件

（2）前景色改为橘红色“#fc866a”，按快捷键 Alt + Delete 填充背景图层，效果如图 4 – 29 所示。

（3）单击“创建新图层”按钮，新建一个“图层 1”，前景色改为灰色“#b6b0af”，选择“椭圆选框工具”，按住 Shift 键在“图层 1”上绘制正圆，填充前景色为灰色，“不透明度”改为 40%，效果如图 4 – 30 所示。

图 4－29　填充前景色

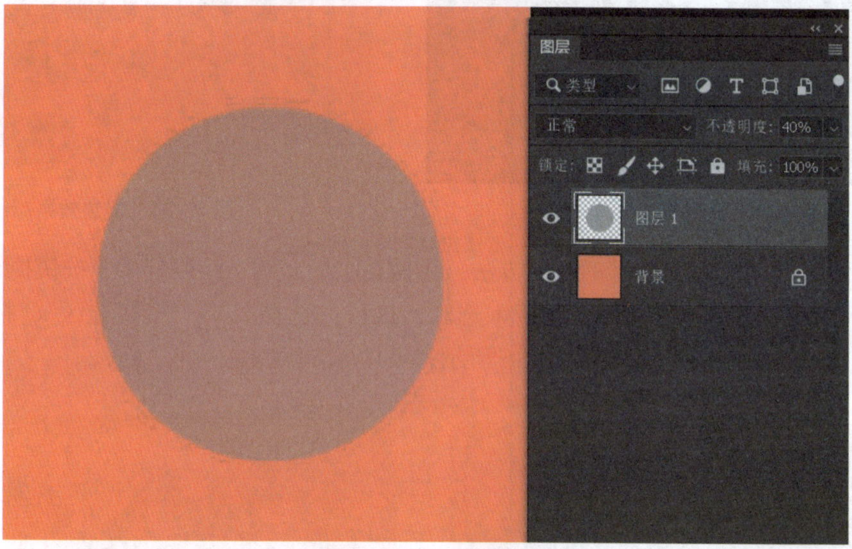

图 4－30　绘制灰色圆形

（4）按 Ctrl 键，同时单击“图层 1”的“图层浏览图”载入选区，如图 4－31 所示。然后单击鼠标右键，在下拉列表中选择“变换选区”，按快捷键 Shift＋Alt，把光标向中间拖动进行缩小，如图 4－32 所示。

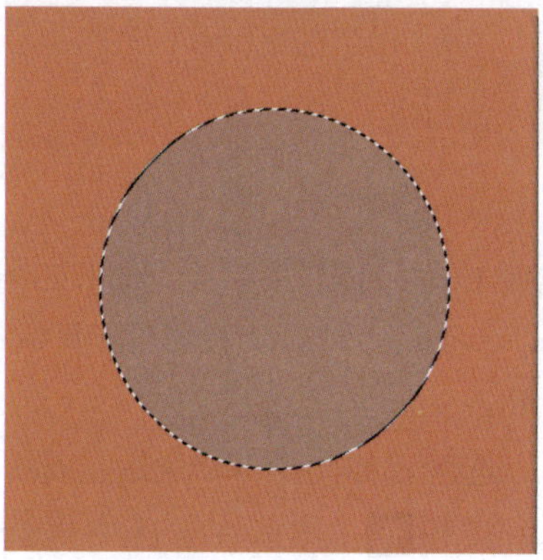

图 4－31　载入选区

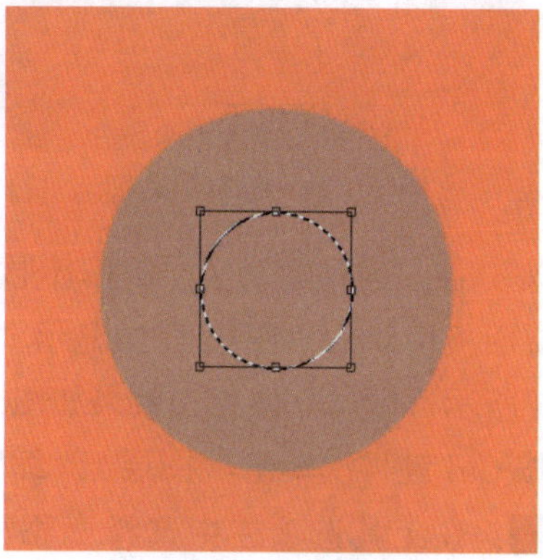

图 4－32　缩小选区

（5）按 Enter 键确定，单击鼠标右键，选择“描边”命令，在对话框中设置“宽度”为 1 像素，“位置”居中，颜色为“#736d6c”，如图 4 – 33 所示，单击“确定”按钮。按快捷键 Ctrl + D 取消选区，效果如图 4 – 34 所示。

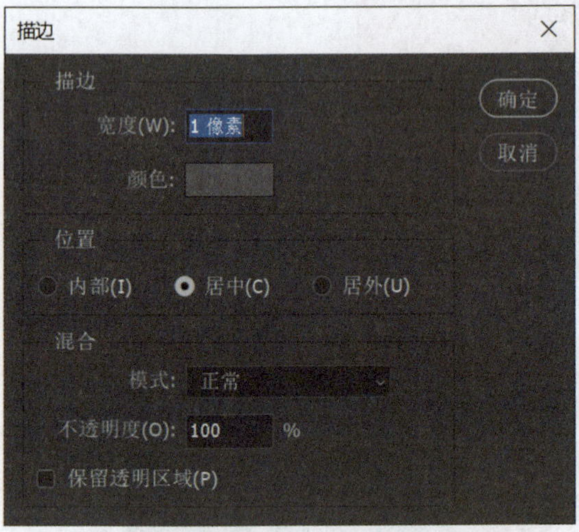

图 4 – 33 “描边”对话框

图 4 – 34 描边效果

（6）用第（4）、（5）步骤的相同方法，再做几个同心圆，绘制好后，按快捷键 Ctrl + D 取消选区，效果如图 4 – 35 所示。再载入选区，执行“选择”→“变换选区”，按住 Alt 键缩小范围，按 Enter 键确定，如图 4 – 36 所示。

图 4 – 35 绘制同心圆

图 4 – 36 缩小选区

（7）按 Delete 键删除选区，制作环形，按快捷键 Ctrl + D 取消选区，效果如图 4 – 37 所示。在图层面板中双击“图层 1”，显示“图层样式”面板，勾选“投影”，调整相关参数，如图 4 – 38 所示，做出立体感，效果如图 4 – 39 所示。

（8）按 Ctrl 键再次单击“图层 1”缩览图，载入选区，如图 4 – 40 所示，选择“椭圆选框工具”，在工具选项栏中选择“添加到选区”按钮，然后在选区中框选最小的圆圈，如图 4 – 41 所示。

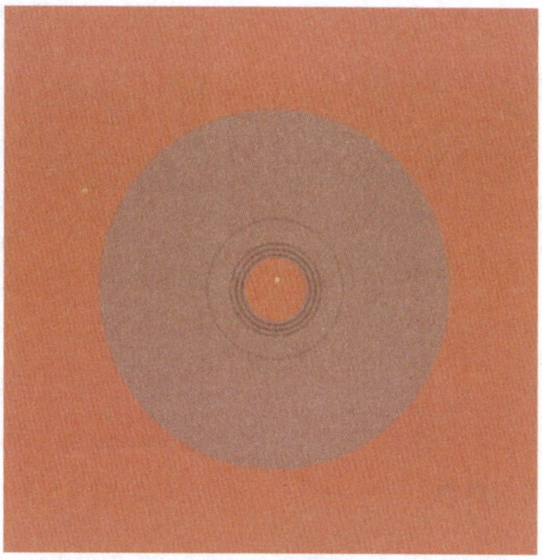

图 4－37　删除选区

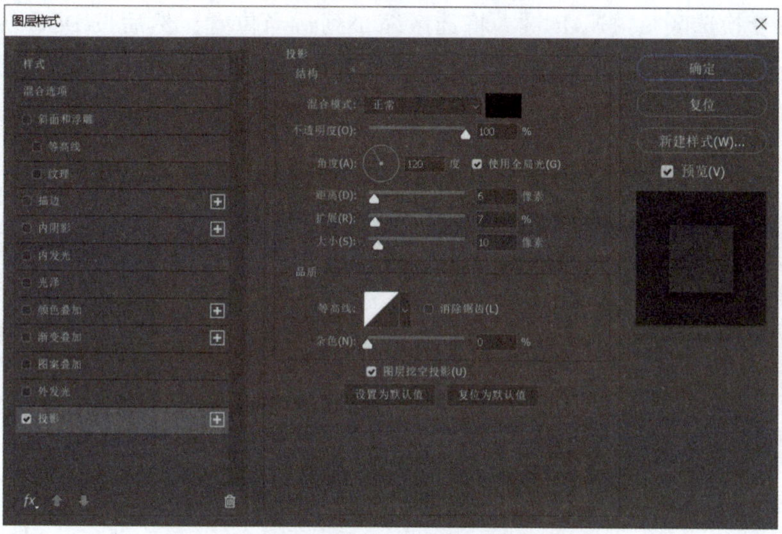

图 4－38　添加投影样式

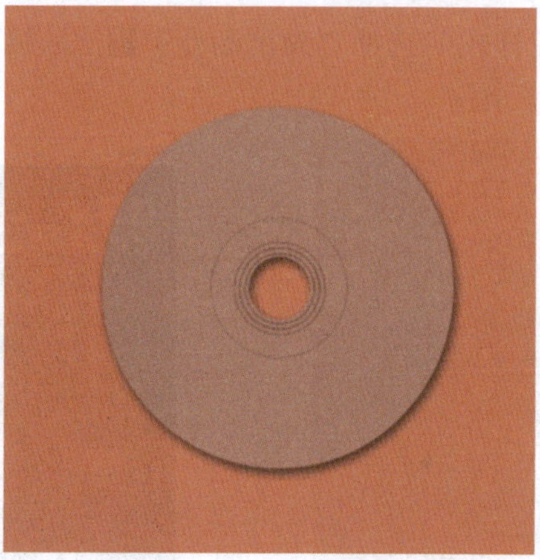

图 4－39　投影效果

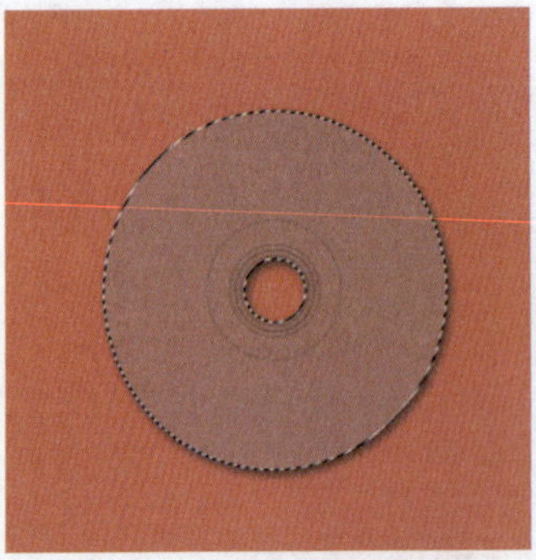

图 4－40　载入选区

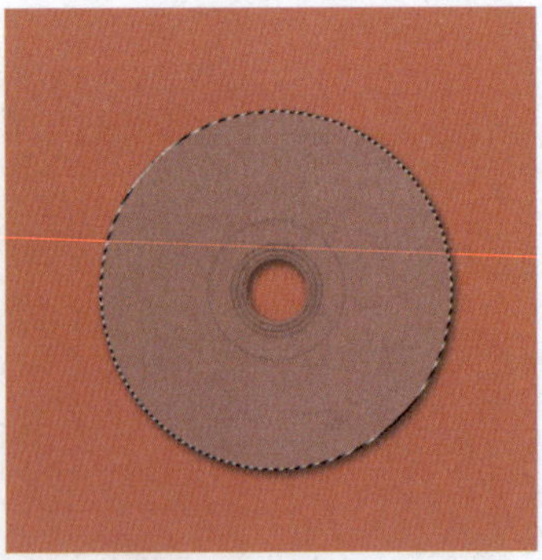

图 4－41　添加选区

（9）单击右键，选择“变换选区”，按 Alt 键，拖动鼠标缩小选区。新建一个“图层 2”，前景色改为“#bdb3a9”，按快捷键 Alt＋Delete 填充选区，如图 4－42 所示。再次单击右键，选择“变换选区”，按 Alt 键，将选区缩小到适当位置，然后按 Delete 键删除选区，如图 4－43 所示。这里可以先降低图层的不透明度，缩小到适当位置，再恢复原透明度。

图 4－42　填充颜色

图 4－43　删除选区

（10）新建一个“图层 3”，利用“变换选区”命令和“从选区减去”按钮绘制一个圆环选区，可以用辅助线标注中心点，如图 4－44 所示。选择“渐变工具”，渐变颜色设置如图 4－45 所示。“渐变样式”选择“角度渐变”，从圆环的中心向外拖动鼠标，填充渐变色，效果如图 4－46 所示。

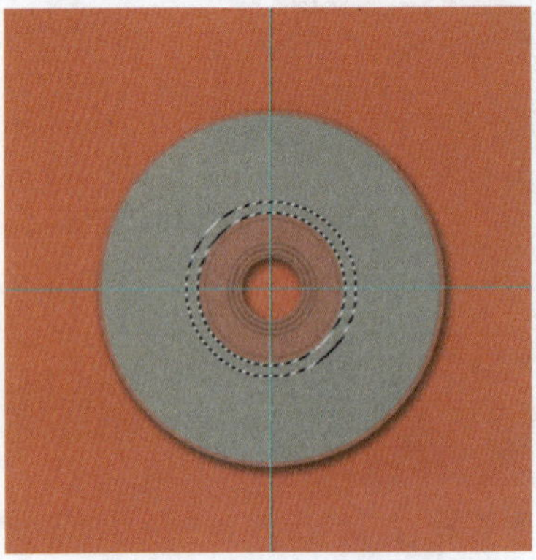

图 4－44　绘制圆环选区

图 4－45　渐变编辑器

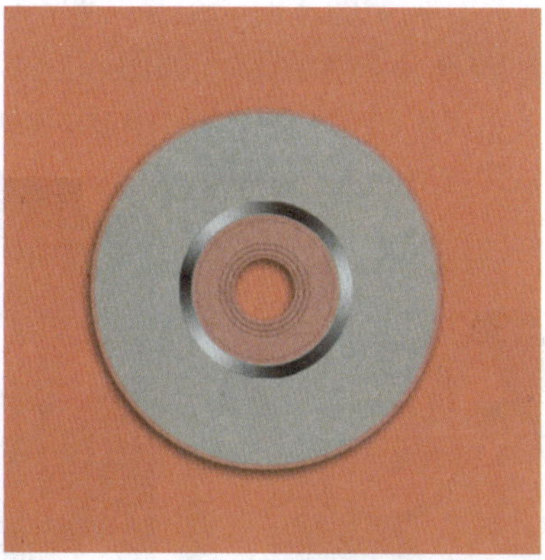

图 4－46　填充渐变色

（11）对“图层 2”载入选区，选择“矩形选框工具”，在工具选项栏中单击“从选区减去”按钮，在选区中绘制矩形，减去一半的环形，如图 4－47 所示。在“图层 2”的上方新建一个“图层 4”，然后填充成白色，效果如图 4－48 所示。

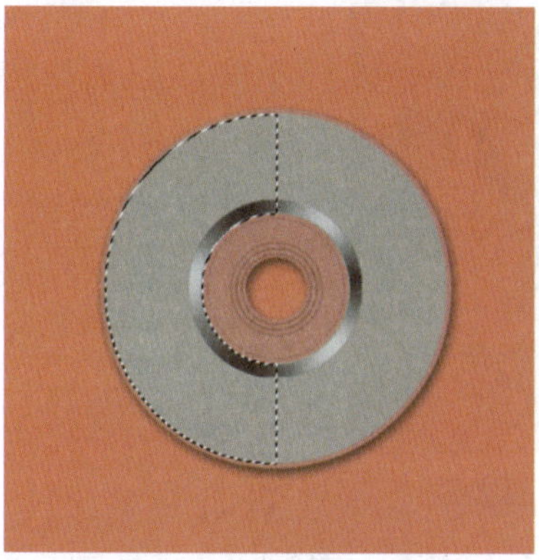

图 4－47　绘制选区

图 4－48　填充白色

（12）拖入素材图片“歌手 1”，调整图片的大小及位置，然后在图层面板中单击右键，选择“创建剪贴蒙版”命令，效果如图 4－49 所示。选择“横排文字工具”，颜色改为“#302e2e”，输入相关文字，效果如图 4－50 所示。

图 4－49　创建剪贴蒙版

图 4－50　输入文字

（13）拖入素材图片“歌手2”，调整图片的大小及位置，在图层面板上单击鼠标右键，选择“栅格化图层”命令，将图片转换为普通图层，如图 4－51 所示。选择“椭圆选框工具”，“羽化”改为 10 像素，按 Shift 键，在“歌手2”图层上绘制正圆，如图 4－52 所示。

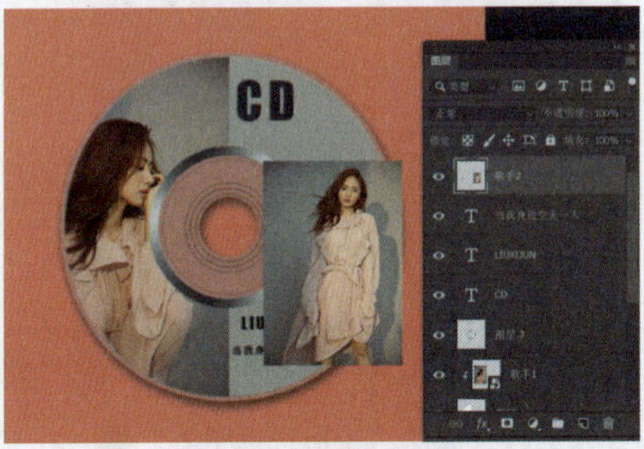

图 4－51　栅格化图层

图 4－52　绘制正圆选区

（14）在选区上单击鼠标右键，选择“选择反向”命令，再按 Delete 键删除选区，按快捷键 Ctrl + D 取消选区，最终效果如图 4－53 所示。

图 4－53　最终效果

4.3.3　实战——单行和单列选框工具

“单行选框工具”与“单列选框工具”主要用于创建高度或宽度为 1 px 的选区，在选区内填充颜色可以得到水平或垂直直线。本案例将结合网格，巧妙地利用单行和单列选框工具制作格子布效果。

（1）启动 Adobe Photoshop 2022 软件，执行“文件”→“新建”命令，新建一个“名称”为格子布，“高度”为 2 000 像素，“宽度”为 3 000 像素，“分辨率”为 300 像素/英寸，颜色模式为“RGB 颜色”的空白文档，如图 4－54 所示。

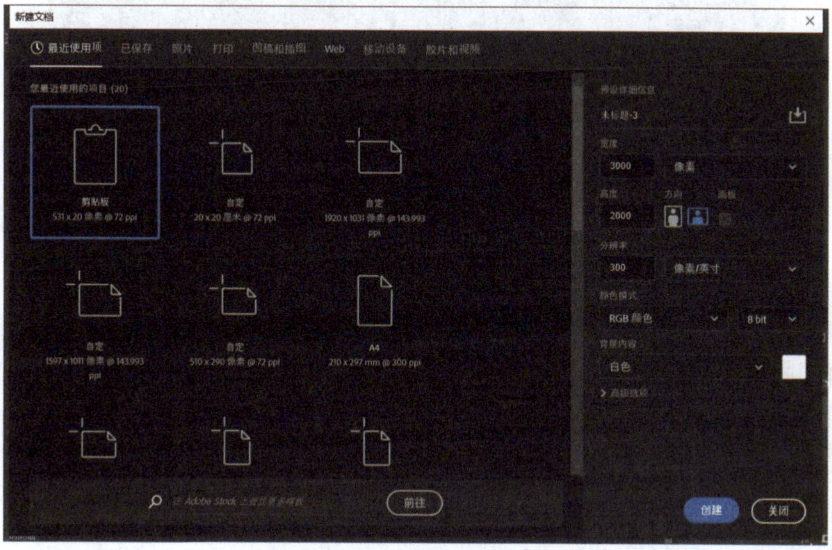

图 4－54　创建空白文档

（2）单击“确定”按钮，再执行“视图”→“显示”→“网格”命令，使网格可见，如图 4－55 所示。

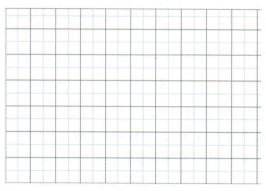

图 4－55　显示网格

（3）按快捷键 Ctrl + K 打开“首选项”对话框并进行网格设置，单击“参考线、网格和切片”选项，设置“网格线间隔”为 3 厘米，设置“子网格”为 4，设置“网格颜色”为玫红色“#c13a93”，设置“样式”为直线，具体如图 4－56 所示。完成设置后，单击“确定”按钮。

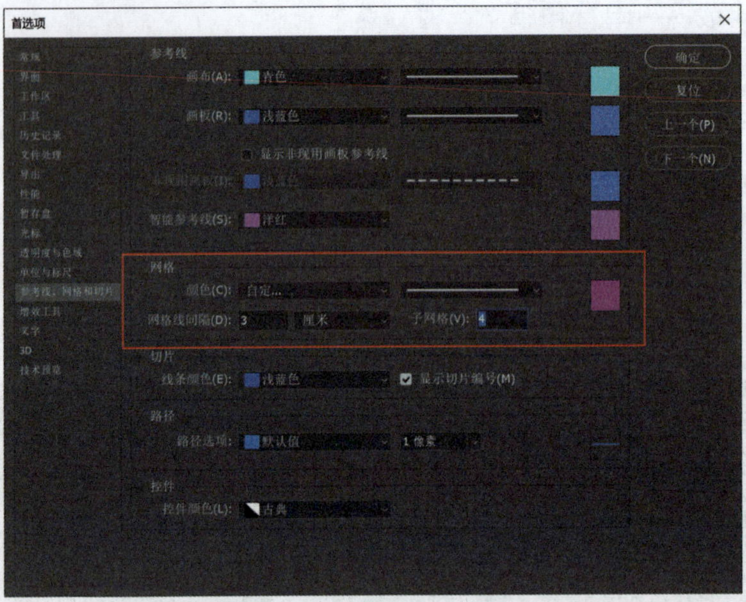

图 4－56 “首选项”对话框

（4）在工具箱中选择“单行选框工具”，单击工具选项栏中的“添加到选区”按钮，然后每间隔 3 条网格线单击，创建多个单行选区，如图 4－57 所示。

（5）在菜单栏中执行“选择”→“修改”→“扩展”命令，在弹出的对话框中输入 80，将 1 像素的单行选区扩展成高度为 80 像素的矩形选框，如图 4－58 所示。

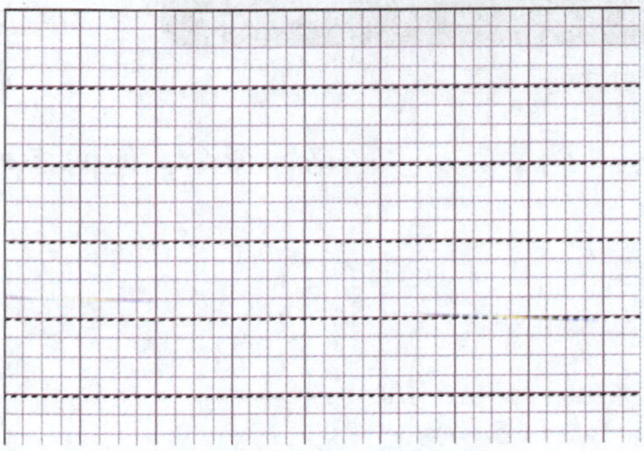

图 4－57 创建单行选区

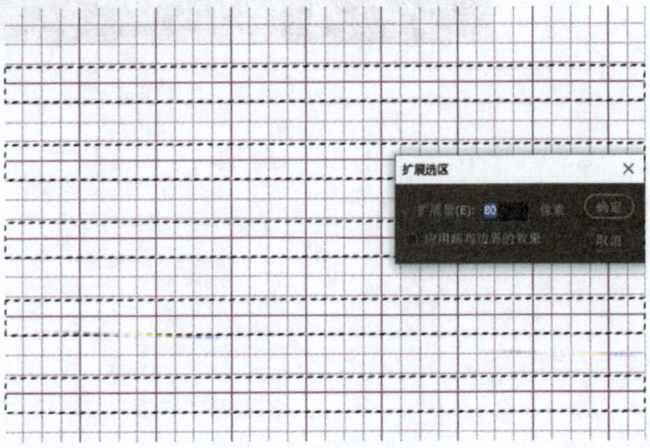

图 4－58 扩展选区

（6）单击“图层”面板中的“创建新图层”按钮，新建空白“图层 1”，修改前景色为红色（#e54cce），按快捷键 Alt＋Delete 快速填充选区，然后在“图层”面板中将该图层的不透明度设置为 50%，按快捷键 Ctrl＋D 取消选择，如图 4－59 所示。

（7）用“单行选框工具”在绘制好的红色条纹两边创建多个单行选区，在“扩展”对话框中输入 3，填充颜色为黄色（#deb23a），效果如图 4－60 所示。

（8）用同样的方法，使用“单列选框工具”绘制黄色（#deb23a）粗竖条和红色（#e54cce）细竖条，如图 4－61 所示。按快捷键 Ctrl＋H 隐藏网格，绘制的格子布效果如图 4－62 所示。

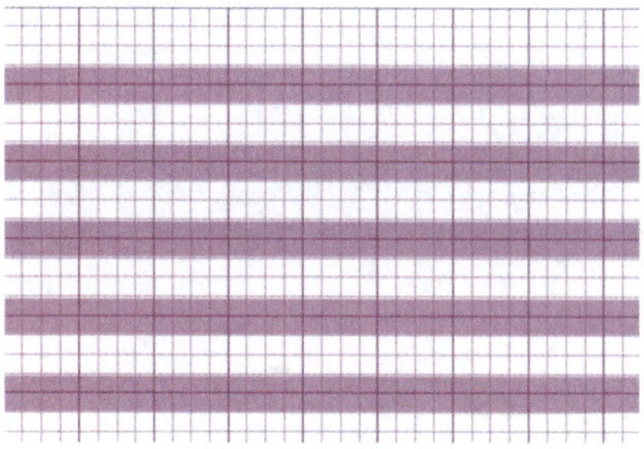

图 4－59　填充红色

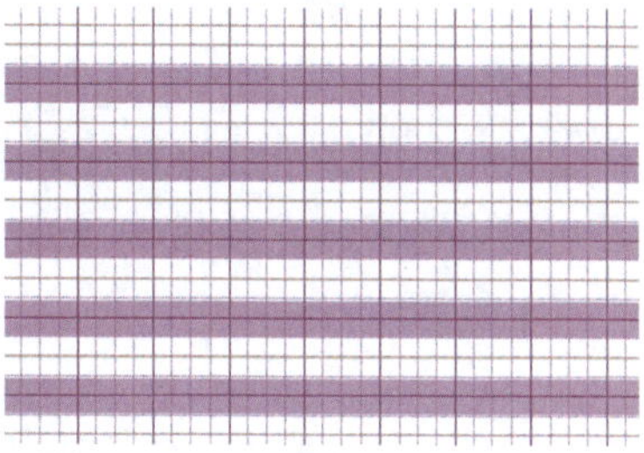

图 4－60　填充黄色

图 4－61　绘制竖条纹

图 4－62　格子布效果

4.4　不规则选区工具

Photoshop 中的不规则选区工具包括套索工具组、魔棒工具与快速选择工具。套索工具组包括“套索工具”、“多边形套索工具”、“磁性套索工具”，这些套索类工具用于创建不规则的选区。“魔棒工具”和“快速选择工具”是基于色调和颜色差异来构建选区的工具。使用“对象选择工具”可以查找并自动选择对象。

4.4.1　套索工具组

套索工具组包括“套索工具”“多边形套索工具”“磁性套索工具”，用于选取不规则形状的图像。

套索工具组

1. 套索工具

“套索工具”是一种使用灵活，可以徒手任意绘制选区的工具。其使用方法是：选择“套索工具”，在图像中适当的位置单击并按住鼠标不放，拖动鼠标在图像上进行绘制，松开鼠标，选择区域自动封闭生成选区，效果如图 4－63 所示。

图 4－63　自由绘制选区

2. 多边形套索工具

“多边形套索工具”常用来创建直线不规则形状的多边形选区，如三角形、四边形、梯形等。设置起点后，再次单击设置转折点，如果双击，则会在双击点与起点间连接一条直线来闭合选区。创建选区时，按住 Shift 键操作，可以锁定水平、垂直或以 45°为增量进行绘制，如图 4－64 所示。

图 4－64　绘制直线选区

3. 磁性套索工具

“磁性套索工具”可以自动识别边缘较清晰的图像，比“多边形套索工具”更智能。

在图像边缘单击绘制起点，然后沿图像的边缘移动鼠标光标，选区会自动吸附在图像中对比最强烈的边缘。如果选区的边缘没有吸附在想要的图像边缘，可以通过单击添加一个点来确定要吸附的位置，在移动光标，直到鼠标光标与起点重合，然后单击即可创建出选区，如图 4－65 所示。

图 4－65　绘制选区

“磁性套索工具”的工具选项栏如图 4－66 所示。

图 4－66　工具选项栏

宽度：用于设定套索监测范围，“磁性套索工具”将在这个范围内选取反差最大的边缘。

对比度：用于设定选取边缘的灵敏度，数值越大，则要求边缘与背景的反差越大。

频率：用于设定选区点的速率，数值越大，标记速度越快，标记点越多。

绘图板压力：用于设定专用绘画板的笔刷压力。

4.4.2　魔棒工具

选择工具组

“魔棒工具”可以用于选取颜色相近的选区，容差值越小，选取的颜色就越接近，选取的范围就越小。

打开素材图片“化妆品”，在工具箱中选择“魔棒工具”，在工具选项栏中设置“容差”值为 10，然后在黑色背景处单击，将背景载入选区，如图 4－67 所示，再按 Delete 键删除选区内，如图 4－68 所示。

图 4－67　创建选区

图 4－68　删除内容

4.4.3　快速选择工具

“快速选择工具”的使用方法与“画笔工具”的类似，该工具能够利用可调整的圆形画笔笔尖快速“绘制”选区，可以像绘画一样创建选区。在拖动鼠标时，选区还会向外扩展并自动查找和跟随图像的边缘。

打开素材“荷花”文件，如图 4－69 所示，在工具箱中选择“快速选择工具”，在要选取的图像上单击并沿着物体轮廓拖动鼠标，创建选区，如图 4－70 所示。

图 4－69　荷花

图 4－70　创建选区

4.4.4　对象选择工具

“对象选择工具”可简化在图像中选择单个对象或对象的某个部分（人物、汽车、家具、宠物、衣服等）的过程。只需要在对象周围绘制矩形区域或套索，对象选择工具就会自动选择已定义区域内的对象。比起没有对比/反差的区域，这款工具更适合处理定义明确的对象。

打开素材“汽车”文件，想要把汽车选出来，可以在工具箱中选择“对象选择工具”。工具选项栏中，模式选择“矩形”，拉出矩形框，只要保证汽车全部在框内即可，如图 4－71 所示。此时可以看到汽车大致的轮廓，都出现了选区蚂蚁线，如图 4－72 所示。

图 4－71　创建矩形框图

图 4－72　效果图

4.5　选择颜色范围

使用“色彩范围”命令可根据图像的颜色范围创建选区。其与“魔棒工具”相似，但是使用“色彩范围”命令创建的选区要比使用“魔棒工具”创建的选区更加精确。

4.5.1　“色彩范围”对话框

打开一个文件，执行“选择”→“色彩范围”命令，可以打开“色彩范围”对话框，如图 4－73 所示。

图 4－73　“色彩范围”对话框

色彩范围
选择工具

“色彩范围”对话框中各选项含义如下：

“选择”下拉列表框：用来设置选区的创建依据。选择“取样颜色”时，以使用对话框中的“吸管工具”拾取的颜色为依据创建选区。选择“红色”“黄色”或者其他颜色时，可以选择图像中特定的颜色，如图 4 – 74 所示。选择“高光”“中间调”和“阴影”时，可以选择图像中特定的色调，如图 4 – 75 所示。

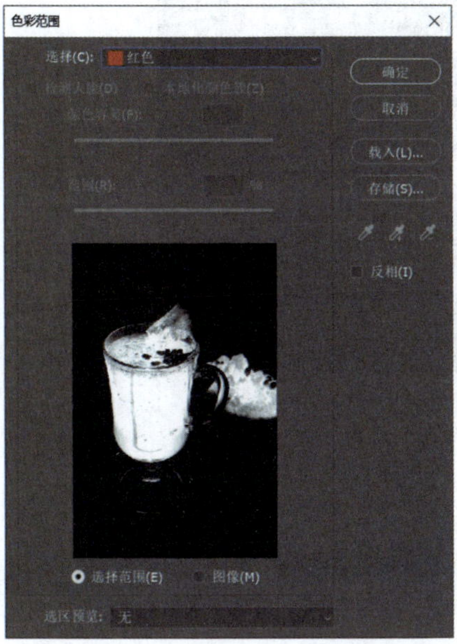

图 4 – 74　选择特定颜色

图 4 – 75　选择特定色调

“检测人脸”复选框：选择人像或人物皮肤时，可勾选该复选框，以便更加准确地选择肤色。

“本地化颜色簇”复选框：勾选该复选框后，可以使当前选中的颜色过渡更平滑。

颜色容差：用来控制颜色的范围，该值越高，包含的颜色范围越广。

范围：在文本框中输入数值或拖曳下方的滑块，可调整本地颜色簇化的选择范围。

选区预览框：显示应用当前设置所创建的选区区域。

“预览效果”选项：选中“选择范围”按钮，选区预览框中显示当前选区的选中效果；选中“图像”按钮；选区预览框中显示该图像的原本效果。

“选区预览”下拉列表框：单击下拉列表框，可以设置图像中选区的预览效果。

存储：单击该按钮，弹出“存储”对话框。在该对话框中可以将当前设置的“色彩范围”参数进行保存，以便以后应用到其他图像中。

吸管工具组：用于选择图像中的颜色，并可对颜色进行增加或减少的操作。

“反相”复选框：勾选该复选框后，即可将当前选区中的图像反相。

4.5.2　实战——用色彩范围命令选区变色

“色彩范围”命令比“魔棒工具”的功能更为强大，使用方法也更为灵活，可以一边预览选择区域，一边进行动态调整。

（1）启动 Adobe Photoshop 2022 软件，按快捷键 Ctrl + O，打开相关素材中的“花墙”文件，效果如图 4 – 76 所示。

图 4 – 76　打开素材

（2）执行“选择”→“色彩范围”命令，在弹出的“色彩范围”面板中，单击“添加到取样”按钮，或直接在取样时按 Shift 键，进行加选，用吸管多次单击画面中要框选的花朵，在面板中可以看到预览效果，将“颜色容差”调整到 22，如图 4 – 77 所示。

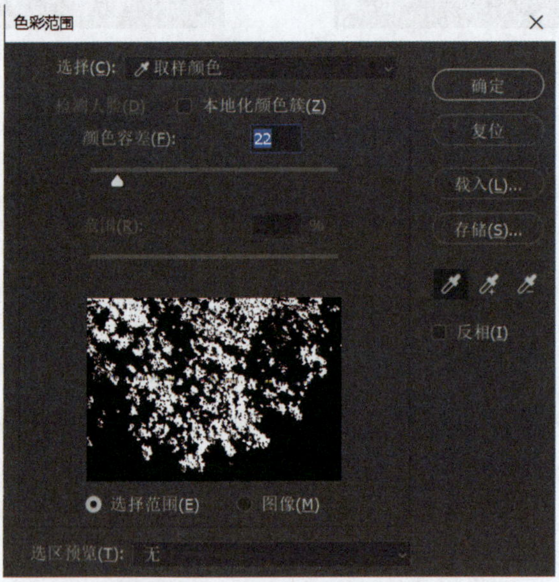

图 4 – 77　“色彩范围”面板

（3）取样完成后，单击“确定”按钮，图像上显示的蚂蚁线区域就是选区范围，如图 4 – 78 所示。

（4）在图层面板中单击“调整图层”按钮，选择“色彩平衡”命令，调整相关参数，如图 4 – 79 所示，将颜色调整成紫色，效果如图 4 – 80 所示。

图 4－78　显示选区

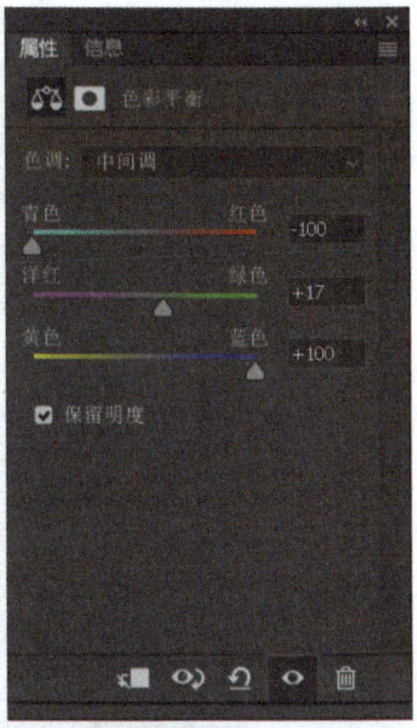

图 4－79　色彩平衡

图 4－80　调色效果

4.6 “选择并遮住”命令

在进行图像处理时，如果画面中有很多微小细节，那么很难精确地创建选区。针对这类情况，在选择类似毛发等细节时，可以先使用“魔棒工具”、“快速选择工具”或“色彩范围”命令等创建大致的选区，再使用“选择并遮住”命令对选区进行细化，从而选中对象。

创建选区后，在工具选项栏中单击“选择并遮住”按钮，或按快捷键 Alt + Ctrl + R，即可切换到“属性”面板，如图 4－81 所示。

1. 视图模式

单击“视图”选项右侧的三角形按钮，在打开的下拉列表中选择一种视图模式，如图 4－82 所示。选项说明如下：

洋葱皮：以被选区透明蒙版的方式查看。

闪烁虚线：可查看具有闪烁边界的标准选区，在羽化的选区边缘，边界将会围绕被选中 50% 以上的像素。

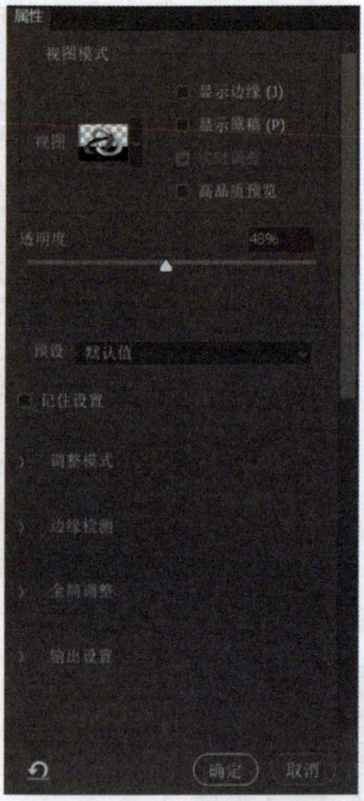

图 4－81 “属性”面板

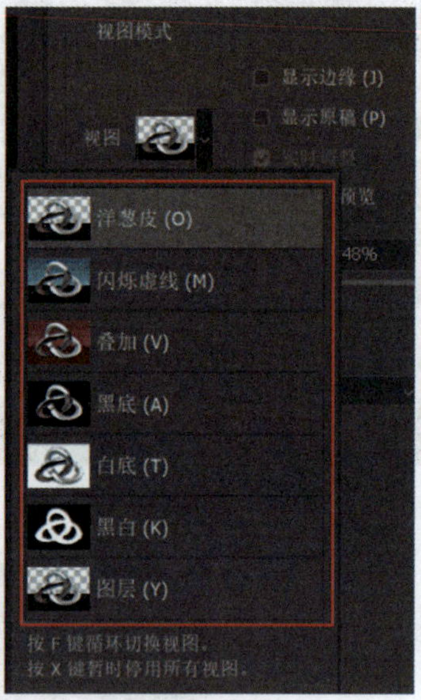

图 4－82 视图模式

叠加：可在快速蒙版状态下查看选区。

黑/白底：在黑/白色背景上查看选区。

黑白：可预览用于定义选区的通道蒙版。

图层：可查看被选区蒙版的图层。

显示边缘：用于显示调整区域。

显示原稿：用于查看原始选区。

高品质预览：勾选该复选框，即可实现高品质预览。

2. 调整选区边缘

在“属性”面板中，“全局调整”选项组用于对选区进行平滑、羽化、对比度等处理，如图 4－83 所示。

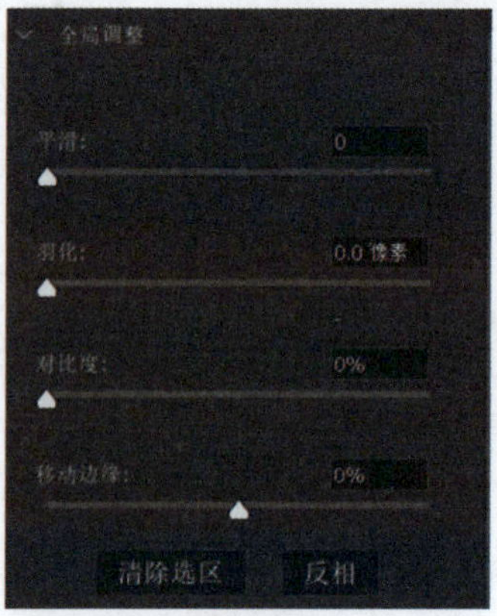

图 4－83 “全局调整”选项

选项说明如下：

平滑：可以减少选区边界中的不规则区域，创建更加平滑的选区轮廓，如图 4－84 所示。

羽化：可为选区设置羽化程度，让选区边缘的图像呈现透明效果，如图 4－85 所示。

图 4－84　平滑选区

图 4－85　羽化选区

对比度：可以锐化选区边缘并去除模糊。对于添加了羽化效果的选区，增加对比度即可减少或消除羽化。

移动边缘：负值表示收缩选区边界，正值表示扩展选区边界。

3. 指定输出方式

“属性”面板中的“输出设置”选项组用于消除选区边缘的杂色、设定选区的输出方式，如图 4－86 所示。

“输出设置”选项说明如下：

净化颜色：勾选该复选框后，拖动“数量”滑块，可以去除图像的彩色杂边。“数量”值越高，消除范围越广。

输出到：在该选项的下拉列表中可以选择选区的输出方式，如图 4－87 所示。

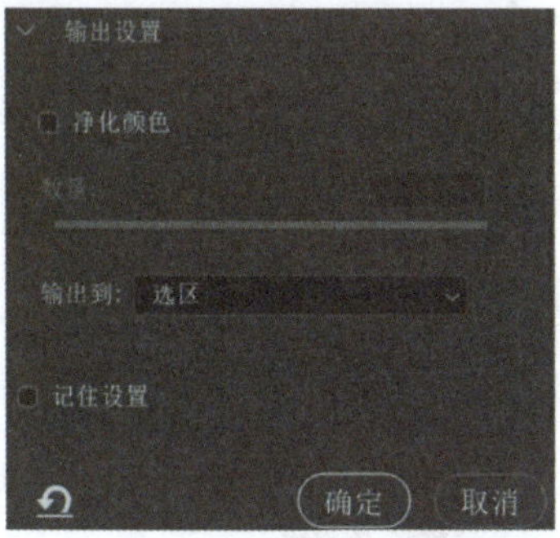

图 4－86　“输出设置”选项

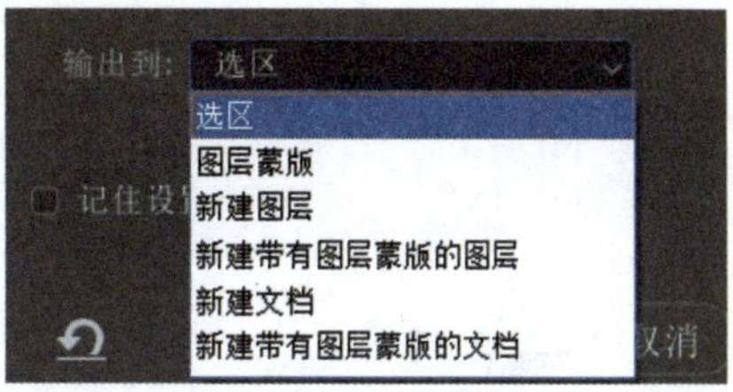

图 4－87　“输出到”选项

4.7 选区的“修改”命令

创建选区之后，往往要对选区进行编辑和加工，才能使选区符合要求。选区的编辑包括边界、平滑、扩展、收缩、羽化等。

创建选区后，在菜单栏中执行“选择”→“修改”命令，在级联菜单中包含了用于编辑选区的命令，如图 4－88 所示。

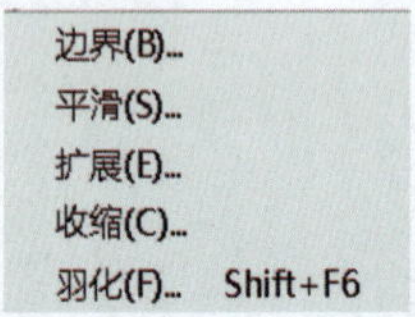

图 4－88 “修改”命令

4.7.1 边界

边界选区以所在选区的边界为中心向内、向外产生选区，以一定像素形成一个环带轮廓。创建如图 4－89 所示的选区，执行“选择”→“修改”→“边界”命令，弹出“边界选区”对话框，设置宽度为 10 像素，边界选区效果如图 4－90 所示。

图 4－89 创建选区

图 4－90 边界选区效果

4.7.2 平滑

平滑选区可使选区边缘变得连续和平滑。执行“平滑”命令时，系统将弹出如图 4－91 所示的“平滑选区”对话框，在“取样半径”文本框中输入平滑数值 20 像素，单击“确定”按钮，平滑后的效果如图 4－92 所示。

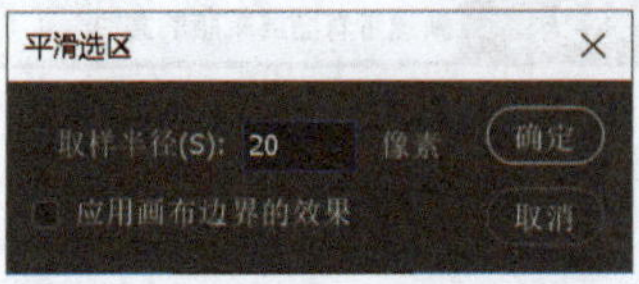

图 4－91 “平滑选区”对话框

图 4－92 平滑后的效果

4.7.3　扩展

“扩展”命令可以在原来选区的基础上向外扩展选区。创建选区后，执行“选择”→“修改”→“扩展”命令，弹出如图 4 – 93 所示的“扩展选区”对话框，设置“扩展量”为 10 像素，单击“确定”按钮。图 4 – 94 所示为扩展 10 像素后的选区效果。

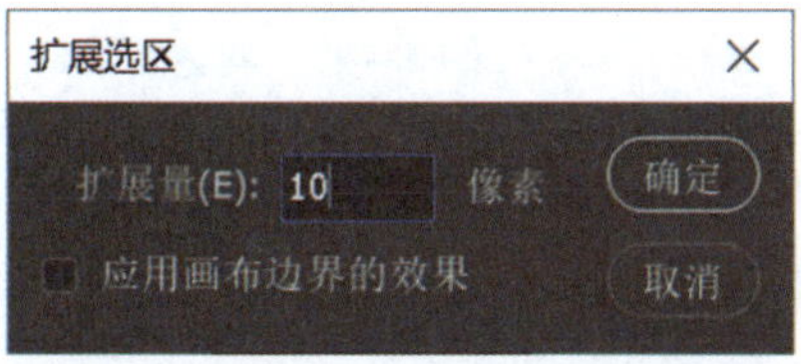

图 4 – 93　“扩展选区”对话框

图 4 – 94　扩展后的效果

4.7.4　收缩

在选区存在的情况下，执行“选择”→“修改”→“收缩”命令，将弹出如图 4 – 95 所示的“收缩选区”对话框，设置“收缩量”为 10 像素，选区将向内收缩相应的像素，收缩后的效果如图 4 – 96 所示。

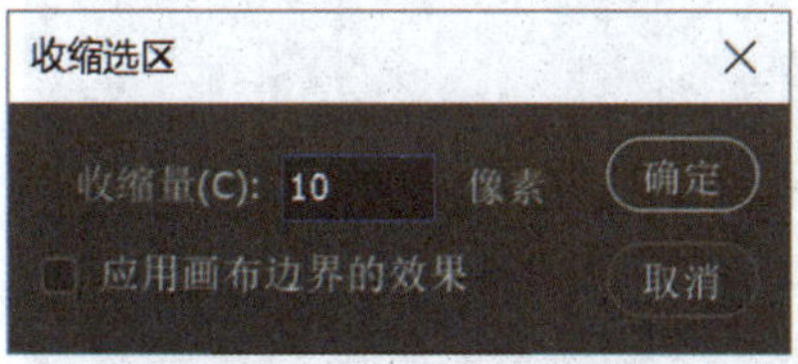

图 4 – 95　“收缩选区”对话框

图 4 – 96　收缩后的效果

4.7.5　羽化

“羽化”是通过建立选区和选区周围像素之间的转换边界来模糊边缘。这种模糊方式会丢失选区边缘的图像细节，选区的羽化功能常用来制作晕边艺术效果。也可以在工具箱中选择一种选区工具，可在工具选项栏的“羽化”文本框中输入羽化值，然后建立具有羽化效果的选区。

创建选区，如图 4 – 97 所示，执行“选择”→“修改”→“羽化”命令，在弹出的“羽化选区”对话框中，设置“羽化半径”为 30 像素，单击“确定”按钮，对选区进行羽化，如图 4 – 98 所示。羽化值的大小控制图像晕边的大小，羽化值越大，晕边效果越明显。

图 4－97　创建选区

图 4－98　羽化效果

4.8　综合实战——制作山水风景徽章

下面将通过运用所学的选区工具进行绘制图形，并结合填色工具和剪贴蒙版制作一款山水风景徽章。

（1）启动 Adobe Photoshop 2022 软件，按快捷键 Ctrl + N 新建一个空白文档，“名称”为徽章，“宽度”为 450 像素，“高度”为 350 像素，“分辨率”为 72 像素/英寸，如图 4－99 所示。

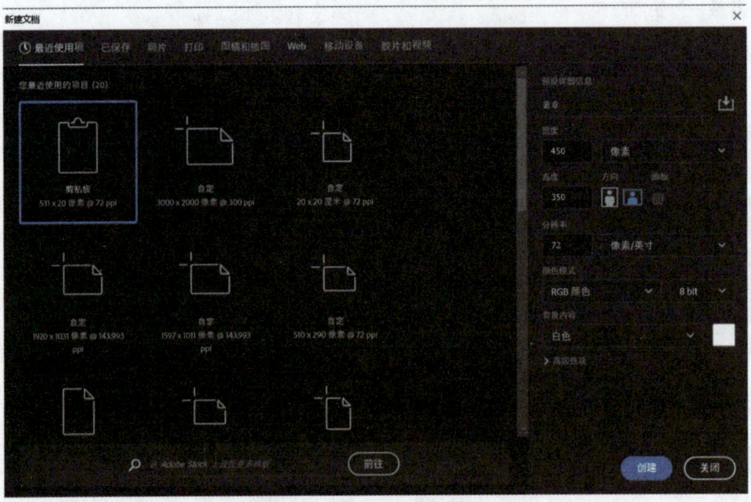

图 4－99　新建空白文档

（2）新建一个空白图层，将前景色改为淡黄色“#f7f6c7”，按快捷键 Alt + Delete 填充颜色，效果如图 4－100 所示。

（3）在工具箱中选择“椭圆选框工具”，在画布中单击，并按住 Shift 键进行拖动，绘制一个正圆选区，如图 4－101 所示。

（4）在图层面板中单击“创建新图层”按钮，新建“图层 2”，在选区中填充白色，效果如图 4－102 所示。

图4－100　填充颜色

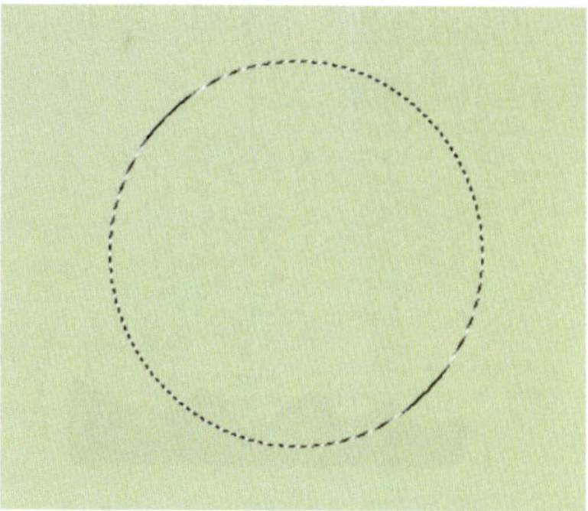

图4－101　绘制正圆选区

（5）在画布中单击鼠标右键，在菜单中选择“变换选区”命令，按住Alt键，向圆中心拖动鼠标，将选区缩小到合适范围，按Enter键确定。新建一个空白“图层3”，填充淡黄色“#f7f6c7”，按快捷键Ctrl＋D取消选区，效果如图4－103所示。

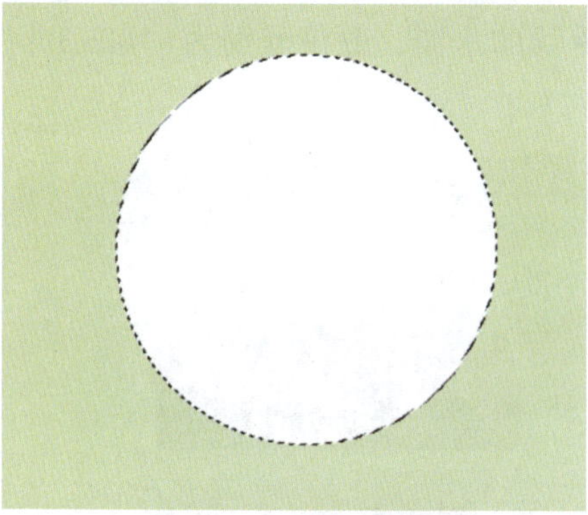

图4－102　填充白色

图4－103　填充淡黄色

（6）在图层面板中双击“图层2”，打开“图层样式”对话框，勾选“投影”，“不透明度”改为52%，“角度”88度，“距离”4像素，“扩展”0%，“大小”6像素，如图4－104所示。设置完成后，单击“确定”按钮，效果如图4－105所示。

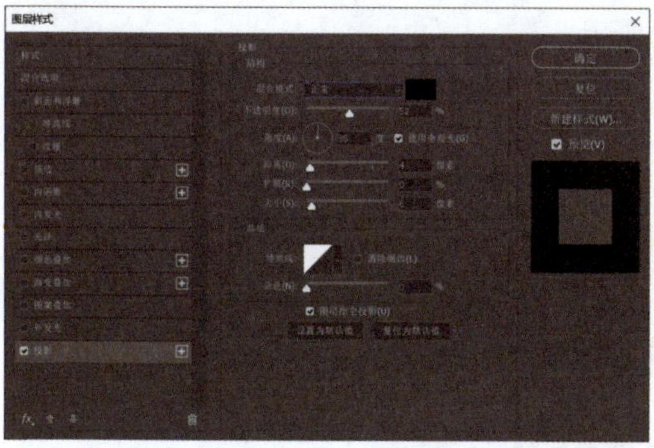

图4－104　“图层样式”对话框

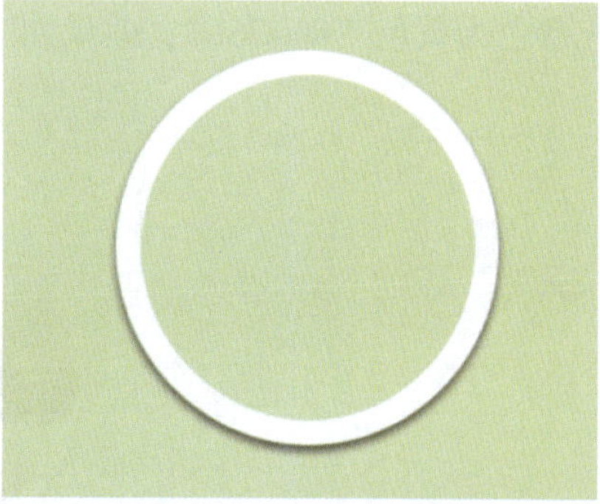

图4－105　添加投影样式

（7）在“图层3”上方新建“图层4”，在工具箱中选择“多边形套索工具”和“套索工具”，绘制山脉，填充颜色为“#ab6d3b”，效果如图4－106所示。用同样的方法，在

“图层 4” 下方再新建两个图层，绘制不同深浅的山脉，颜色分别为 “#f5b27c” 和 “#f3c098”，效果如图 4－107 所示。

图 4－106　绘制山脉

图 4－107　山脉效果

（8）用 “多边形套索工具” 在山脉的下面绘制湖水，填充颜色为 “#f6d98b”，效果如图 4－108 所示。用同样的方法再绘制两层不同深浅的水波，颜色分别为 “#f2c36b” 和 “#eaa73c”，效果如图 4－109 所示。

图 4－108　绘制湖水

图 4－109　整个湖水效果

（9）选择 “椭圆选框工具” ，在山脉的最后一层下面新建一个空白图层，绘制正圆，填充颜色为黄色 “#fae76b”，效果如图 4－110 所示。

图 4－110　绘制月亮

（10）在图层面板中同时选中“月亮”和所有的“山脉”“湖水”图层，如图 4－111 所示。单击鼠标右键，单击“合并图层”命令，将多个图层合并成一个图层，如图 4－112 所示。

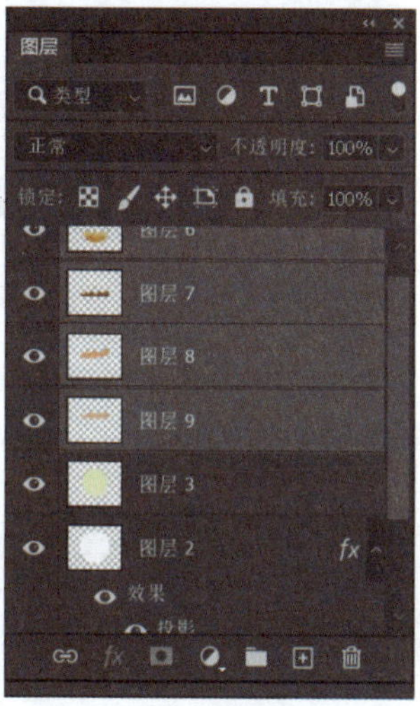

图 4－111　选中图层

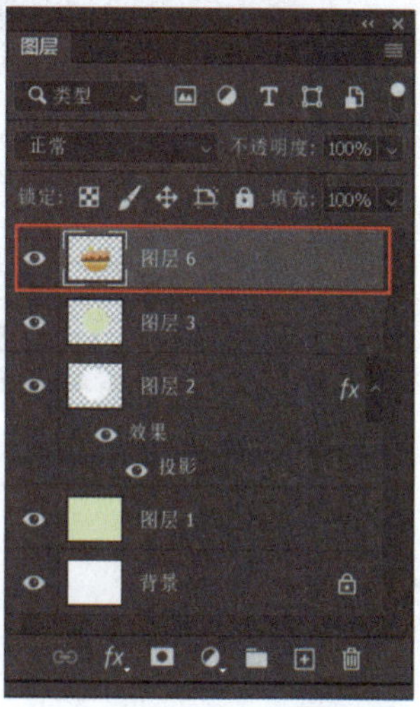

图 4－112　合并图层

（11）选择合并图层，单击鼠标右键，选择“创建剪贴蒙版”命令，效果如图 4－113 所示。

（12）将相关素材中的“划船”文件拖入文档中，如图 4－114 所示。

图 4－113　创建剪贴蒙版

图 4－114　拖入素材

（13）在工具箱中选择“魔棒工具”，单击船和人物，生成选区，配合其他的选区工具调整选区，将没选中的部分进行框选，如图 4－115 所示。新建一个空白图层，在选区中填充黑色，制作“划船”剪影，按快捷键 Ctrl + D 取消选区，然后删除“划船”原图层，如图 4－116 所示。

（14）在文档中选中划船剪影，按快捷键 Ctrl + T 或选择“自由变换”命令，将图形缩小，并移动到合适的位置，如图 4－117 所示。

（15）再新建一个图层，选择“矩形选框工具”，在湖面上绘制不同长短的线条，填充颜色为“#f7eed6”，如图 4－118 所示。

图 4－115　创建选区

图 4－116　制作“划船”剪影

图 4－117　调整大小和位置

图 4－118　绘制线条

（16）水纹绘制好后，在菜单栏中选择“滤镜”→“模糊”→“动感模糊”，在弹出的“动感模糊”对话框中，设置“角度”为 0 度，“距离”为 17 像素，如图 4－119 所示。设置完成后，单击“确定”按钮，效果如图 4－120 所示。

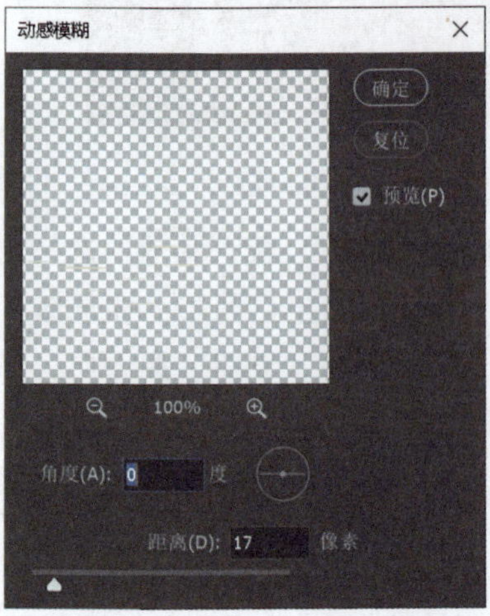

图 4－119　“动感模糊”对话框

图 4－120　最终效果

第5章

图像的绘制与设计

本章简介

Adobe Photoshop 2022 提供了丰富的绘图工具，具有强大的绘图和修饰功能。使用这些绘图工具，再配合“画笔”面板、混合模式、图层样式等功能，可以创作出更有创意的作品。

本章重点

本章主要学习前景色与背景色的设置、绘画工具的使用方法、渐变工具的使用方法、图像的填色与描边和擦除工具的使用方法。

技能目标

- 掌握前景色与背景色的设置与切换，了解“拾色器”对话框的参数的设置。
- 掌握“吸管工具”的使用方法，并学会颜色面板和色板面板的编辑。
- 熟练掌握绘图工具的绘画技巧和编辑图像的基本操作方法。
- 熟练掌握编辑“画笔设置”面板的基本操作和应用。
- 熟练掌握“渐变工具”“油漆桶工具”对图形的填充与描边方法。
- 熟练掌握各种擦除工具的使用方法及应用。

素养目标

本章主要讲解绘画和填充工具的一些使用方法，最后通过制作教师节海报巩固所学知识点，在讲解海报制作过程中，教师可以讲解一下教师节的由来，或者引入一些校园师生文明礼仪规范等，培养学生的礼仪意识和尊师重教的品质，树立良好的学风，营造和谐的师生氛围。

5.1 设置颜色

颜色设置是进行图像修饰与编辑时，应该掌握的基本技能。在 Photoshop 中可以用多种方法来进行颜色设置。例如，可以用吸管、油漆桶、渐变等工具，也可以使用“颜色”面板或“色板”面板来进行颜色设置。

5.1.1 前景色与背景色

前景色与背景色是用户当前使用的颜色。工具箱中包含前景色和背景色的设置选项，它由设置前景色、背景色、切换前景色和背景色以及默认前景色和背景色等部分组成，如图 5－1 所示。

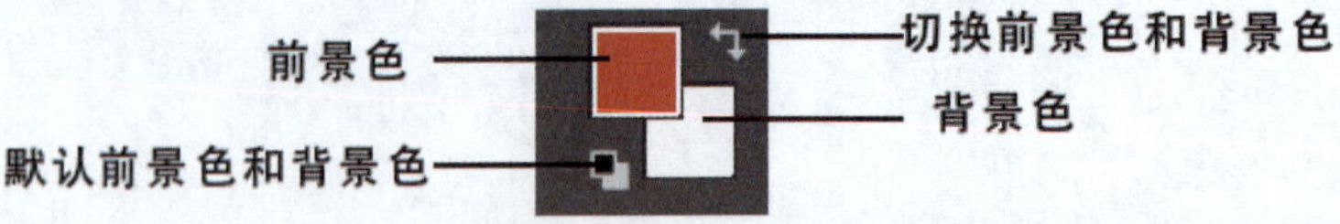

图 5－1　前景色和背景色

“前景色”色块：该色块中显示的是当前使用的前景颜色，通常默认为黑色。单击“前景色”色块，在打开的“拾色器（前景色）”对话框中可以选择所需的颜色。

“默认前景色和背景色”按钮：单击该按钮，或按 D 键，可恢复前景色和背景色为默认的黑白颜色。

“切换前景色和背景色”按钮：单击该按钮，或按 X 键，可切换当前前景色和背景色。

“背景色”色块：该色块中显示的是当前使用的背景颜色，通常默认为白色。单击该色块，即可打开“拾色器（背景色）”对话框，在其中可对背景色进行设置。

5.1.2　拾色器

单击工具箱中的“前景色”或“背景色”色块，都可以打开“拾色器”对话框，如图 5－2 所示。在“拾色器”对话框中有 HSB、RGB、Lab、CMYK 等多种颜色模式，还可以将拾色器设置为只能从 Web 系统中选取颜色。

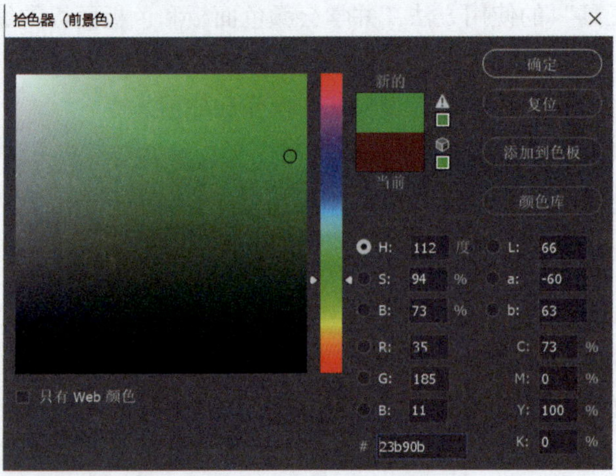

图 5－2　“拾色器”对话框

拾取的颜色：可显示光标的位置就是当前拾取的颜色。

色域：在色域中可通过单击或拖动鼠标来改变当前拾取的颜色。

只有 Web 颜色：勾选该复选框，在色域中只显示 Web 安全色，如图 5－3 所示，此时拾取的任何颜色都是 Web 安全颜色。

添加到色板：单击该按钮，可以将当前设置的颜色添加到“色板”面板中。

颜色滑块：拖动颜色滑块可以调整显示的颜色色相范围。

新的/当前：“新的”颜色块中显示的是当前设置的颜色；“当前”颜色块中显示的是上一次设置的颜色。

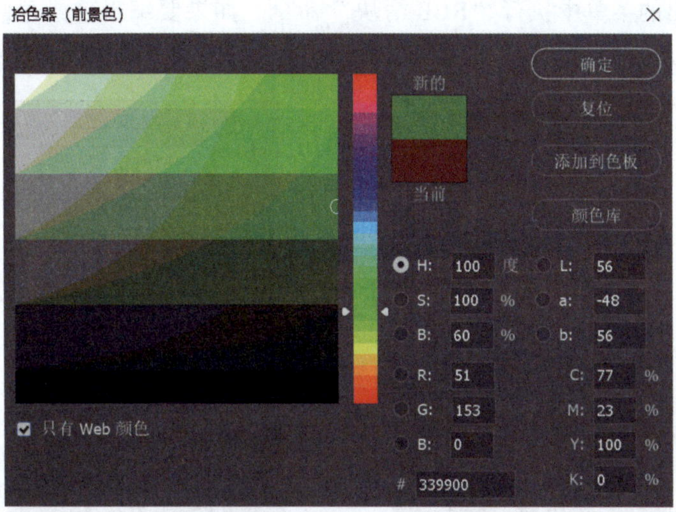

图 5－3　只显示 Web 色

“警告：打印时颜色超出色域”图标：由于 RGB、HSB 和 Lab 颜色模型中的一些颜色在 CMYK 模型中没有等同的颜色，因此无法打印出来。如果当前设置的颜色是不可打印的颜色，便会出现该警告标志。CMYK 中与这些颜色最接近的颜色显示在警告标志的下面，单击色块可以将当前颜色替换为色块中的颜色。

“警告：不是 Web 安全颜色”图标：超出 Web 安全颜色外，便会出现该警告标志。

颜色库：单击该按钮，可以切换到“颜色库”对话框。

颜色值：输入颜色值，可精确设置颜色。例如，在#文本框中输入 000000 是黑色、ffffff 是白色。

5.1.3　“吸管工具”选项栏

在工具箱中选择“吸管工具”后，可打开“吸管工具”选项栏，如图 5－4 所示。

图 5－4　“吸管工具”选项栏

取样大小：用来设置“吸管工具”拾取颜色的范围大小。选择“取样点”选项，可拾取光标所在位置像素的精确颜色；选择“3×3 平均”选项，可拾取光标所在位置 3 个像素区域内的平均颜色，选择“5×5 平均”选项，可拾取光标所在位置 5 个像素区域内的平均颜色，其他选项依此类推。

样本：用来设置“吸管工具”拾取颜色的图层，下拉列表中包括“当前图层”“当前和下方图层”“所有图层”“所有无调整图层”和“当前和下一个无调整图层”5 个选项。

5.1.4　“颜色”面板

除了可以在工具箱中设置前/背景色，也可以在“颜色”面板中设置所需要的颜色。

（1）在菜单栏中执行“窗口”→“颜色”命令，打开“颜色”面板，单击面板右上角的按钮，在弹出的菜单中执行“RGB 滑块”命令。如果要编辑前景色，可单击前景色色块，如图 5－5 所示；如果要编辑背景色，则单击背景色色块，如图 5－6 所示。

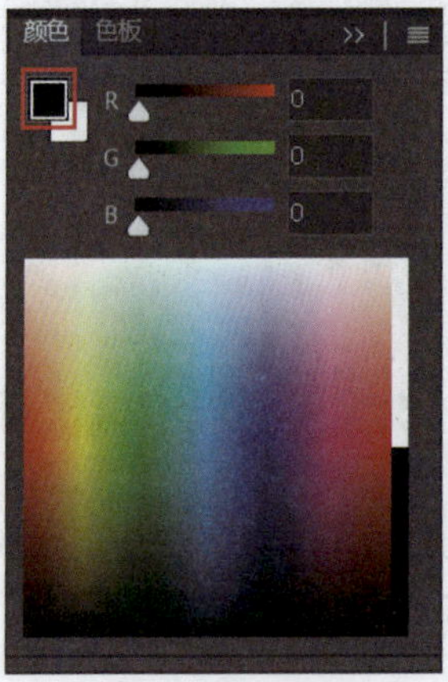

图 5－5　编辑前景色

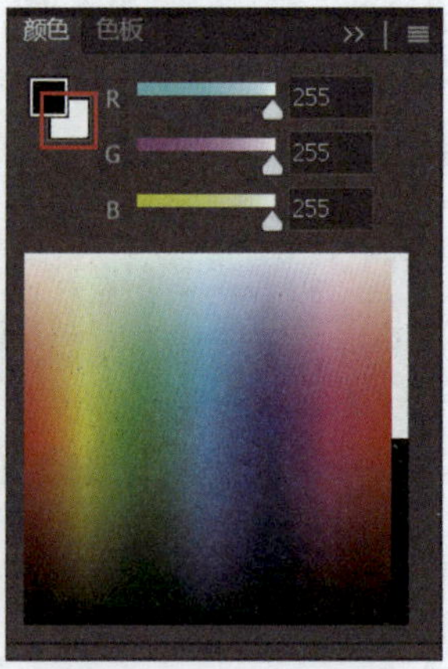

图 5－6　编辑背景色

（2）在 RGB 文本框中输入数值或者拖动滑块，可调整颜色。将光标放在面板下面的四色曲线图上，光标会变为状，此时，单击鼠标左键即可采集色样，如图 5－7 所示。

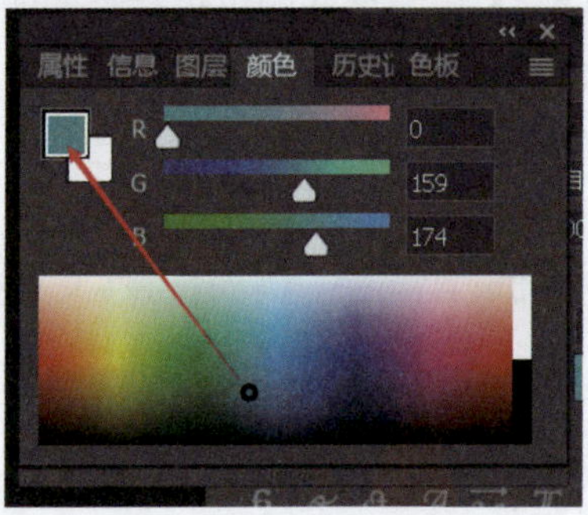

图 5－7　“颜色”面板

（3）单击面板右上角的按钮，打开面板菜单，执行不同的命令可以修改不同色彩模式下的颜色，如图 5－8 所示。

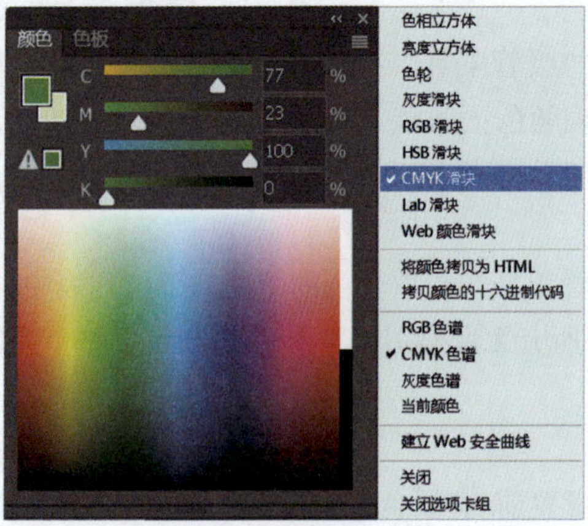

图 5－8　面板菜单

5.1.5 “色板”面板

“色板”面板包含系统预设的颜色，单击相应的颜色即可将其设置为前景色。

（1）执行“窗口”→“色板”命令，打开“色板”面板。“色板”中的颜色都是预先设置好的，单击一个颜色样本，即可将它设置为前景色，如图 5－9 所示，按 Ctrl 键的同时单击某一颜色，则可将它设置为背景色。

（2）如果想删除某个色板或色组，先选中相应色板或色组，单击鼠标右键，在下拉菜单中选择“删除色板”或“删除编组”即可，如图 5－10 所示。

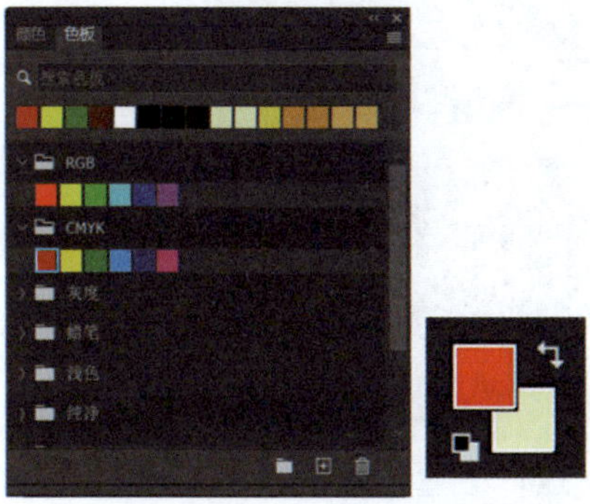

图 5－9　设置为前景色

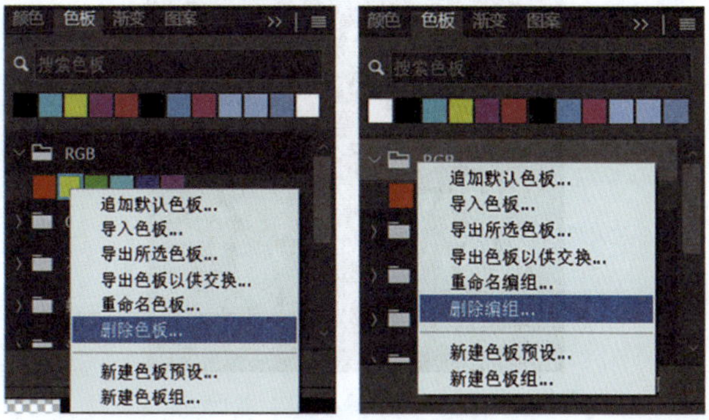

图 5－10　“删除色板”或“删除编组”

5.2 绘画工具

在 Adobe Photoshop 2022 中，使用绘图工具是绘画和编辑图像的基础，“画笔工具”可以绘制出各种绘画效果，“铅笔工具”可以绘制出各种硬边效果，“颜色替换工具”可以将选定的颜色替换掉已有颜色，“混合器画笔工具”可以模拟真实的绘画技巧，改变颜色湿度。

5.2.1 画笔工具

在工具箱中选择“画笔工具”后，可打开“画笔工具”选项栏，如图 5－11 所示。在这里可以设置所需的画笔笔尖形状和大小，还可以设置不透明度、流量、平滑、角度等。

画笔工具

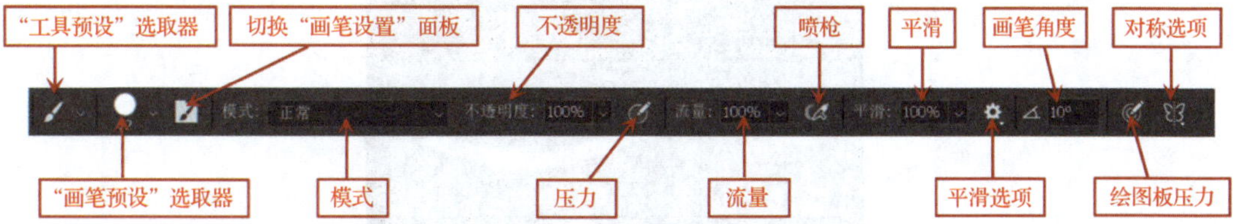

图 5－11　“画笔工具”选项栏

“画笔工具”选项栏中各选项说明如下：

“工具预设”选取器：单击画笔图标可以打开“工具预设”选取器，或者单击面板右上方的快捷箭头，在弹出的快捷菜单中选择 Photoshop 提供的样本画笔预设，或对现有画笔创建“画笔预设”等操作，如图 5 – 12 所示。

“画笔预设”选取器：用于选择和设置画笔，可以打开画笔下拉面板，在面板中可以选择画笔样本，设置画笔的大小和硬度，如图 5 – 13 所示。

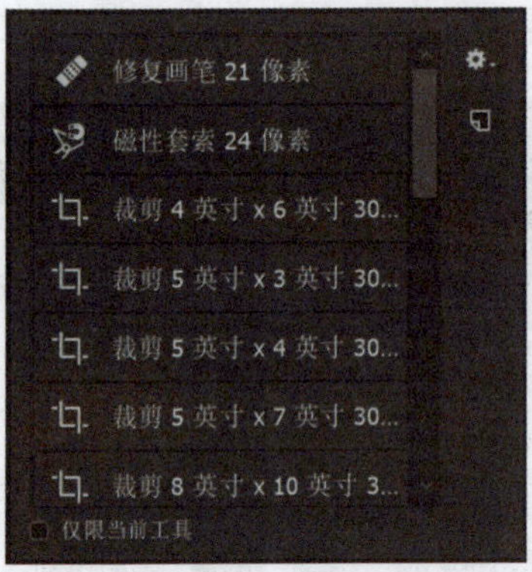

图 5 – 12 “工具预设”选取器

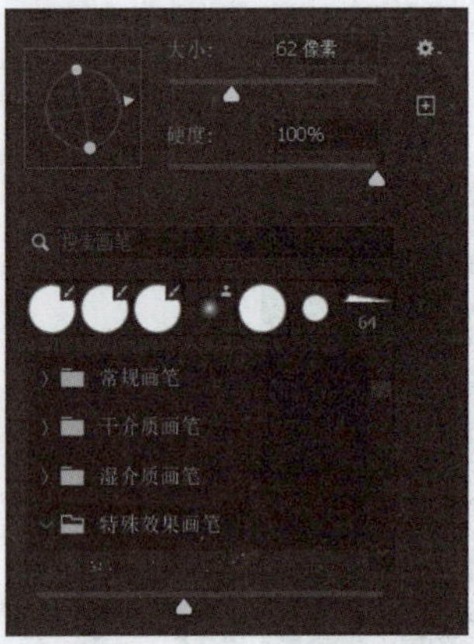

图 5 – 13 “画笔预设”选取器

切换“画笔设置”面板：单击该按钮，可打开画笔面板，如图 5 – 14 所示。该面板用于设置画笔的动态效果。

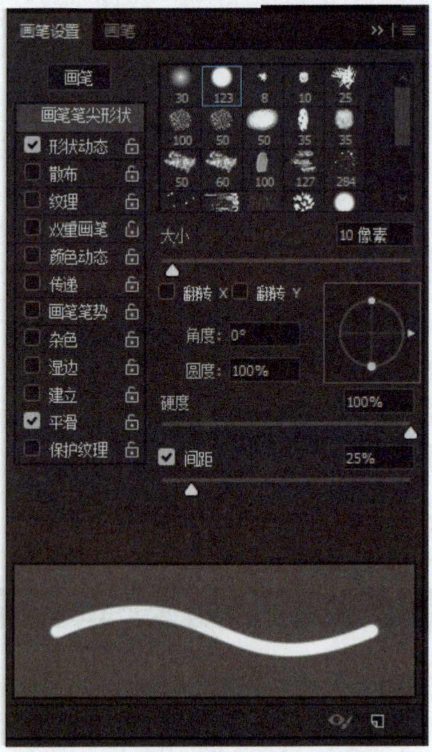

图 5 – 14 “画笔设置”面板

模式：该下拉列表用于设置画笔绘画颜色与底图的混合方式。画笔混合模式与图层混合模式的含义、原理完全相同。

不透明度：该选项用于设置画笔的不透明度，该数值越小，越能透出背景图像，如图 5－15 所示。

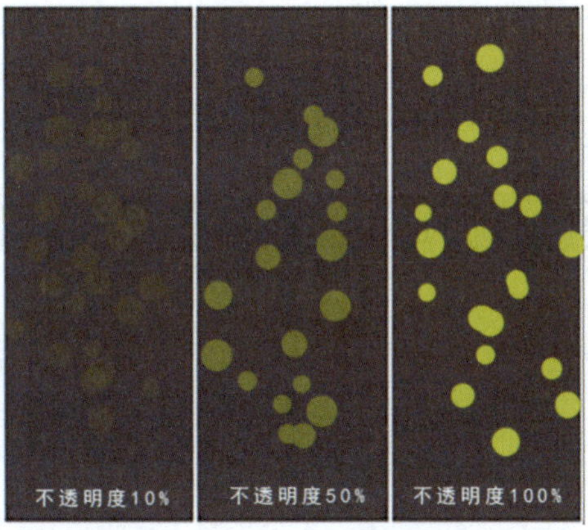

图 5－15　不透明效果对比

流量：用于设置画笔墨水的流量大小，以模拟真实的画笔。该数值越大，墨水的流量越大，当“流量”小于 100% 时，就会发现绘制图形的透明度明显降低。

喷枪：单击该按钮，可转换画笔为喷枪工作状态，在此状态下创建的线条更柔和。使用喷枪工具时，按住鼠标左键不放，前景色将在单击处淤积，直至释放鼠标。

平滑：设置画笔边缘的平滑度。

画笔角度：设置画笔的角度。

绘图板压力：单击该按钮，用绘图板绘画时，光笔压力可覆盖“画笔”面板中的不透明度和大小设置。

对称选项：可以选择和设置绘画的对称样式。

“画笔预设”选取器中各选项说明如下：

大小：拖动滑块或者在文本框中输入数值，可以调整画笔的大小。

硬度：用来设置画笔笔尖的软硬度。

画笔列表：在列表中可以选择画笔样本。

创建新的预设：单击面板右上角的按钮，可以打开“新建画笔”对话框。如图 5－16 所示，设置画笔的名称后，单击“确定”按钮，可以将当前画笔保存为新的画笔预设样本。

设置菜单：单击面板右上角的按钮，将弹出设置菜单。

图 5－16　“新建画笔”对话框

重命名画笔：选中画笔样式，单击鼠标右键，选择“重命名画笔”命令。

删除画笔：在需要删除的画笔上单击鼠标右键，选择“删除画笔”命令。

5.2.2 铅笔工具

在工具箱中选择“铅笔工具”，可打开“铅笔工具”的选项栏，如图 5－17 所示。“铅笔工具”的使用方法与“画笔工具”类似，但“铅笔工具”只能绘制硬边线条或图形，和生活中的铅笔非常相似。

图 5－17 “铅笔工具”选项栏

“自动涂抹”选项是铅笔工具特有的选项。当勾选该复选框时，可将“铅笔工具”当作橡皮擦来使用。一般情况下，“铅笔工具”以前景色绘画，勾选该复选框后，在与前景色颜色相同的图像区域绘画时，会自动擦除前景色而填入背景色。

5.2.3 颜色替换工具

在工具箱中选择“颜色替换工具”后，可打开“颜色替换工具”选项栏，如图 5－18 所示。

图 5－18 “颜色替换工具”选项栏

“颜色替换工具”选项栏中各选项说明如下：

模式：用来设置可以替换的颜色属性，包括“色相”“饱和度”“颜色”和“明度”。默认为“颜色”，它表示可以同时替换色相、饱和度和明度。

取样：用来设置颜色的取样方式。单击“取样：连续”按钮，在拖动鼠标时可连续对颜色取样；单击“取样：一次”按钮，只替换第一次单击的颜色区域中的目标颜色；单击“取样：背景色板”按钮，只替换包含当前背景色的区域。

限制：选择“不连续”选项，只替换出现在光标处（即圆形画笔中心的十字线）的样本颜色；选择“连续”选项，可替换光标，以及与光标处的样本颜色相近的其他颜色；选择“查找边缘”选项，可替换包含样本颜色的连接区域，同时保留形状边缘的锐化程度。

容差：用来设置颜色的识别范围。“颜色替换工具”只替换鼠标单击处颜色容差范围内的颜色。该值越高，对颜色相似性的要求程度就越低，也就是说，可替换的颜色范围越广；反之，该值越低，可替换的颜色范围越小。

消除锯齿：勾选该复选框后，可以为校正的区域定义平滑的边缘，从而消除锯齿。

5.2.4 实战——颜色替换工具

“颜色替换工具”可以用前景色替换图像中的颜色，但该工具不能用于位图、索引或多通道颜色模式的图像。下面将讲解“颜色替换工具”的具体使用方法。

（1）打开软件，按快捷键 Ctrl + O，打开相关素材中的“花 . jpg”文件，效果如图 5 - 19 所示。

图 5 - 19　素材

（2）设置前景色为紫色（#b689de），在工具箱中选择“颜色替换工具”，在工具选项栏中选择一个柔角笔尖并单击“取样：连续”按钮，将“限制”设置为“连续”，将“容差”设置为 30，如图 5 - 20 所示。

图 5 - 20　编辑工具选项栏参数

（3）完成设置后，用工具涂抹花朵，可进行颜色替换。在操作时需要注意，光标中心的十字架符号尽量不要碰到花朵以外的其他地方，可适当将图像放大，单击鼠标右键，在弹出的面板中将画笔调小，在花朵边缘涂抹，使颜色更加细腻。最终效果如图 5 - 21 所示。

图 5 - 21　最终效果图

5.2.5 混合器画笔工具

使用“混合器画笔工具”，可以混合像素，能模拟真实的绘画技术。混合器画笔有两个绘画色管（一个储槽和一个拾取器）。储槽存储最终应用于画布的颜色，并且具有较多的油彩容量。拾取色管接收来自画布的油彩，其内容与画布颜色是连续混合的。

在工具箱中选择“混合器画笔工具”后，可打开“混合器画笔工具”的选项栏，如图 5 – 22 所示。

图 5 – 22 “混合器画笔工具”的选项栏

“混合器画笔工具”选项栏中各选项说明如下：

当前画笔载入：单击选项旁的按钮，弹出一个下拉列表，如图 5 – 23 所示。使用“混合器画笔工具”时，按住 Alt 键单击图像，可以将光标处的颜色载入储槽。如果选择“载入画笔”选项，可以拾取光标处的图像，此时画笔笔尖可以反映出取样区域中的任何颜色变化；如果选择“只载入纯色”选项，则可拾取单色，此时画笔笔尖的颜色比较均匀；如果要清除画笔中的颜色，可以选择“清理画笔”选项。

混合画笔组合：提供了“干燥”“潮湿”等预设的画笔组合，如图 5 – 24 所示。

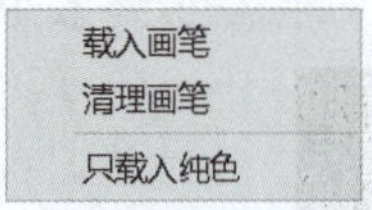

图 5 – 23 当前画笔载入菜单

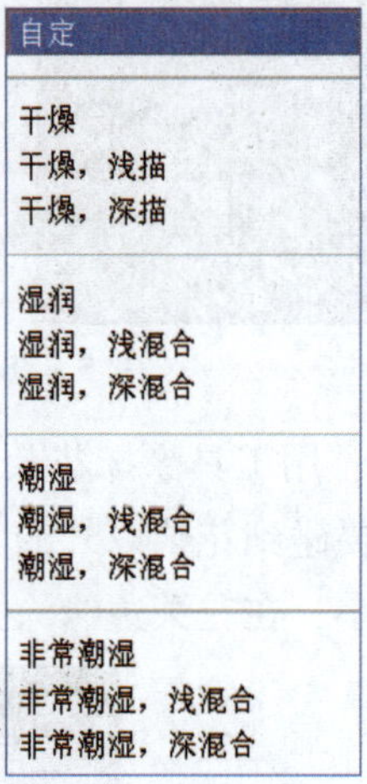

图 5 – 24 混合画笔组合

每次描边后载入画笔，每次描边后清理画笔：单击按钮，可以使光标处的颜色与前景色混合；单击按钮，可以清理颜色。如果要在每次描边后执行这些命令，可以单击这两个按钮。

潮湿：可以控制画笔从画布拾取的油彩量。较高的百分比会产生较长的绘画条痕。

载入：用来指定储槽中载入的油彩量。载入速率较低时，绘画描边干燥的速度会更快。

混合：用来控制画布油彩量同储槽油彩量的比例。

流量：用来设置当将光标移动到某个区域上方时应用颜色的速率。

设置描边平滑度：使用较高的值以减少描边抖动。

5.2.6　实战——打造复古油画效果

“混合器画笔工具”的效果类似于绘制传统水彩或油画时通过改变颜料颜色、浓度和湿度等将颜料混合在一起绘制到画板上。利用“混合器画笔工具”可以绘制出逼真的手绘效果。

（1）启动 Adobe Photoshop 2022 软件，按快捷键 Ctrl + O，打开相关素材“女孩 . jpg”文件，如图 5 – 25 所示。

图 5 – 25　素材

（2）按快捷键 Ctrl + J 复制图层，选择工具箱中的“混合器画笔工具”，在工具选项栏中设置笔尖为 100 像素、柔边圆，“当前画笔载入”选择“清理画笔”选项，单击“每次描边后载入画笔”按钮，选择要用的混合画笔组合为“非常潮湿，深混合”，如图 5 – 26 所示。

图 5 – 26　编辑工具选项栏

（3）在女孩头发上涂抹后，画面出现颜色混合效果，如图 5 – 27 所示。更改画笔的大小、混合画笔组合等一系列的设置，每种设置使画笔产生不同的效果，最终效果如图 5 – 28 所示。

图 5 – 27　涂抹头发

图 5 – 28　颜色混合效果

5.3 画笔设置面板

“画笔设置”面板可以用来设置各种绘画工具、图像修复工具、图像润饰工具和擦除工具的工具属性及描边效果。

5.3.1 认识画笔设置面板

单击“画笔工具”选项栏中的按钮，可以打开“画笔设置”面板，如图 5-29 所示。

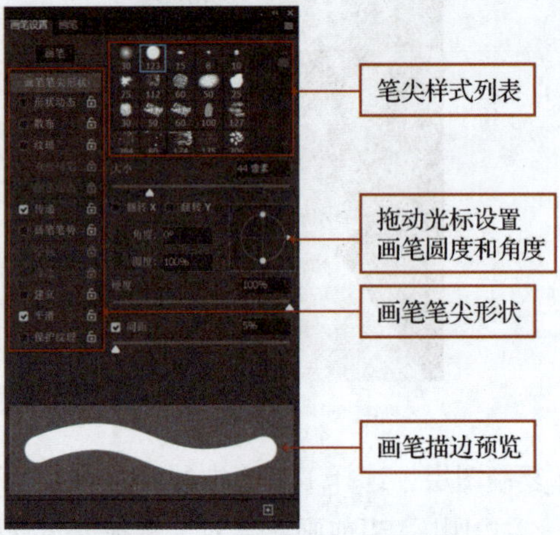

图 5-29 “画笔设置”面板

画笔笔尖形状：单击下面的选项，面板中会显示该选项的详细设置，它们用来改变画笔的形状动态、位置、平滑等，而且可以为其添加纹理、颜色动态等变量。选项后显示锁定图标时，表示当前画笔的笔尖形状属性为锁定状态。

笔尖样式列表：在此列表中有各种画笔笔触样式可供选择，用户可以选择默认的笔触样式，也可以载入自己需要的画笔进行绘制。

大小：用来设置笔触的大小。可以通过拖曳下方的滑块进行设置，也可以在右侧的文本框中直接输入数值来设置。同一笔触设置不同大小后的显示效果如图 5-30 所示。

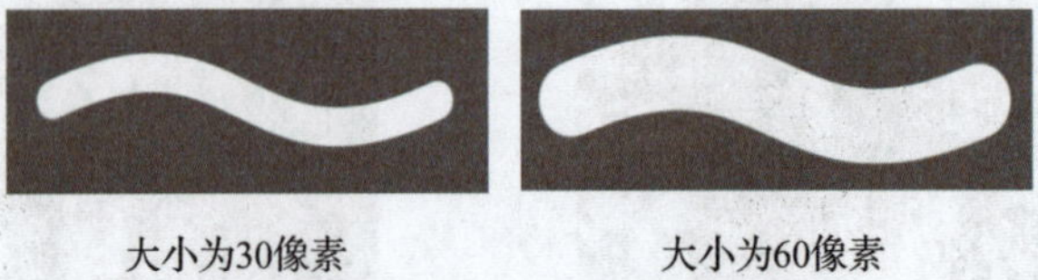

图 5-30 大小笔触对比

翻转 X/翻转 Y：启用水平和垂直方向的画笔翻转，如图 5-31 所示。

角度：通过在此文本框中输入数值可以调整画笔在水平方向上的旋转角度，取值范围为 -180°~180°，也可以通过在右侧的预览框中拖曳水平轴进行设置。不同角度的应用效果如图 5-32 所示。

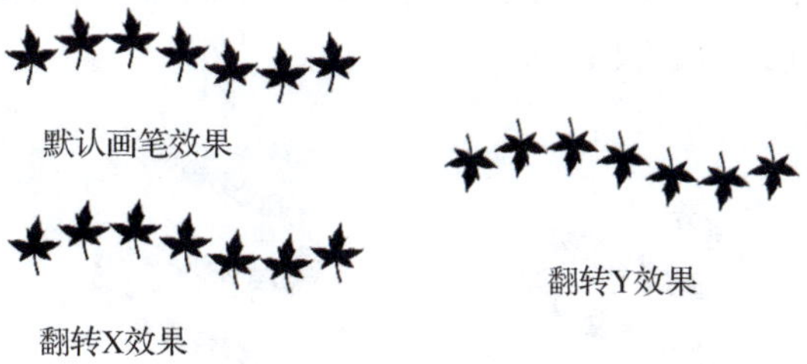

图 5-31　翻转效果

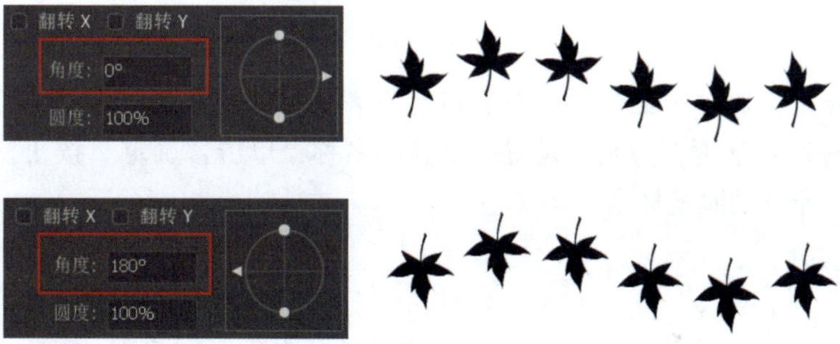

图 5-32　角度对比

圆度：用于控制画笔长轴和短轴的比例，可在“圆度”文本框中输入 0～100% 的数值，或直接拖动右侧画笔控制框中的圆点来调整。不同圆度的画笔效果如图 5-33 所示。

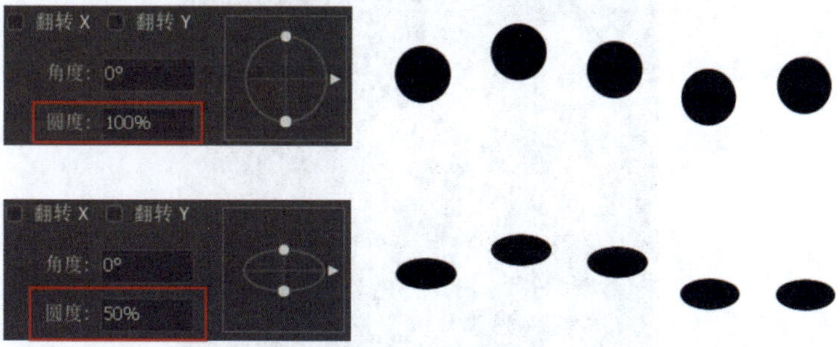

图 5-33　圆角对比

硬度：设置画笔笔触的柔和程度，变化范围为 0～100%。图 5-34 所示是硬度为 0% 和 100% 的对比效果。

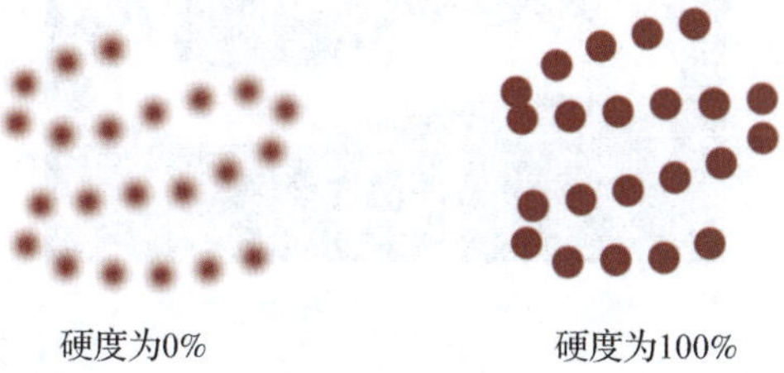

图 5-34　硬度对比

间距：用于设置在绘制线条时，两个绘制点之间的距离。使用该项设置可以得到点化线效果。图 5－35 所示是间距为 0 和 100% 的对比效果。

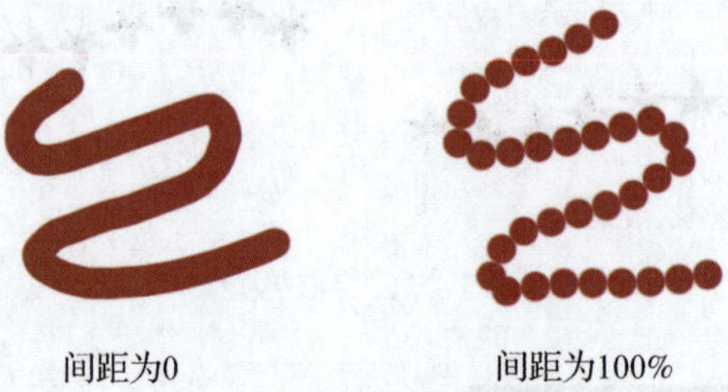

图 5－35　间距对比

画笔描边预览：通过预览框可以查看画笔设置的效果。单击“创建新画笔”按钮，打开“画笔名称”对话框，为画笔设置一个新的名称，单击“确定”按钮，可将当前设置的画笔创建为一个新的画笔样本。

5.3.2　形状动态

“形状动态”选项用于设置绘画过程中画笔笔迹的变化，包括大小抖动、最小直径、角度抖动、圆度抖动和最小圆度等，如图 5－36 所示。

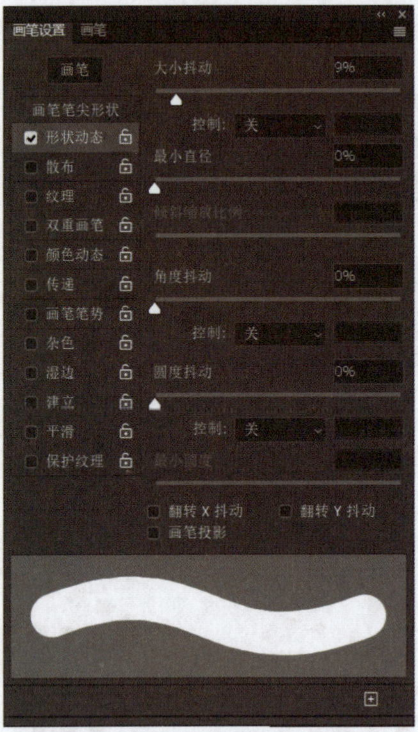

图 5－36　“形状动态”面板

大小抖动：拖动滑块或输入数值，可以控制画笔笔迹大小的波动幅度。数值越大，变化幅度就越大，如图 5－37 所示。

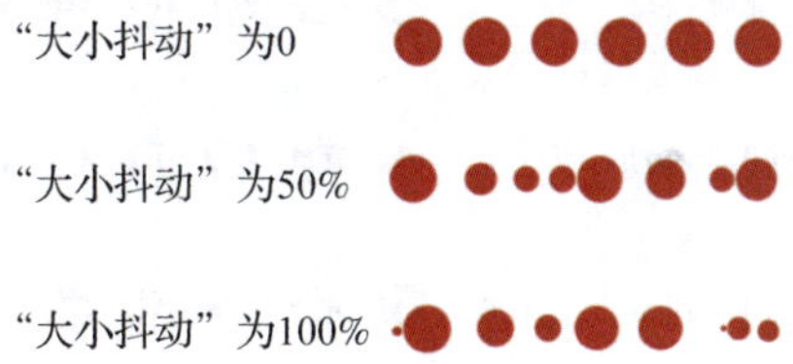

图 5－37　大小抖动

控制：用于选择大小抖动变化产生的方式。选择“关”，在绘图过程中画笔笔迹大小始终波动，不予另外控制。选择“渐隐”，然后在其右侧文本框中输入数值，可控制抖动变化的渐隐步长，数值越大，画笔消失的距离越长，变化越慢，反之，则距离越短，变化越快。当“最小直径”为 0 时，设置不同“渐隐”数值后的效果如图 5－38 所示。

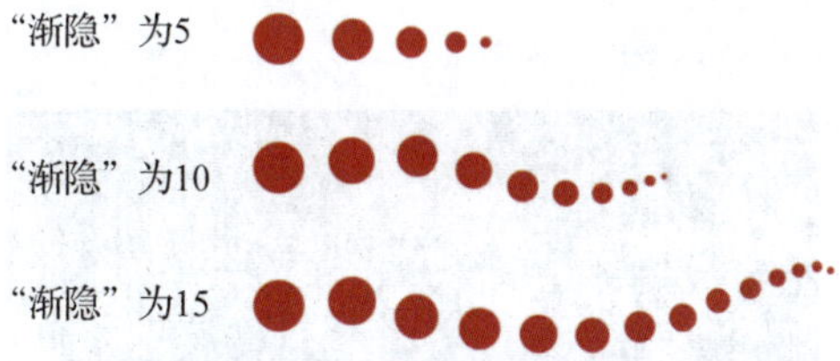

图 5－38　控制效果对比

最小直径：在画笔尺寸发生波动时控制画笔的最小尺寸。数值越大，直径能够变化的范围也就越小。当“渐稳”为 5 时，设置不同“最小直径”数值后的效果如图 5－39 所示。

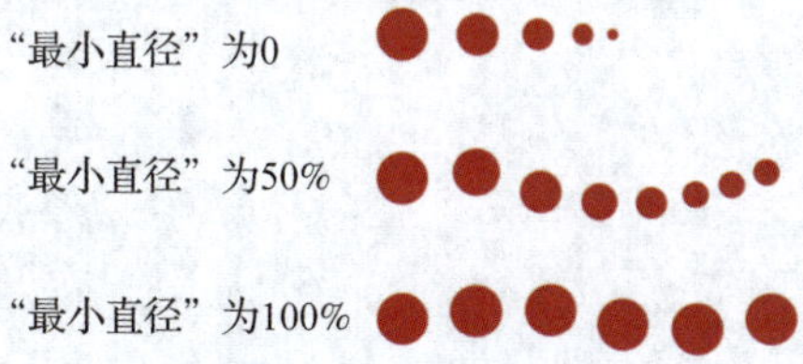

图 5－39　最小直径

角度抖动：控制画笔角度波动的幅度。数值越大，抖动的范围也就越大，如图 5－40 所示。

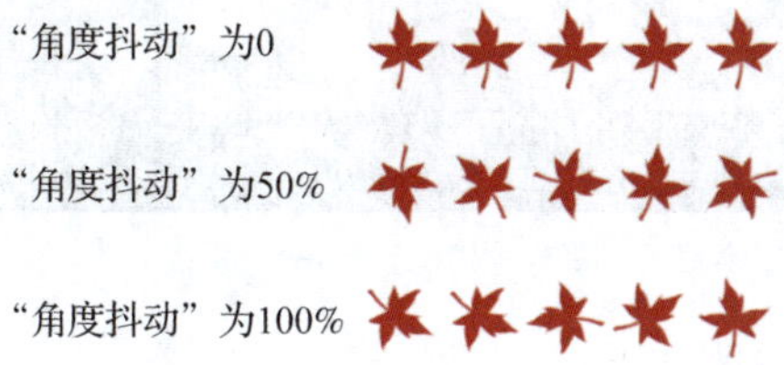

图 5－40　角度抖动

圆度抖动：控制画笔圆度的波动幅度。数值越大，圆度变化的幅度也就越大，如图 5－41 所示。

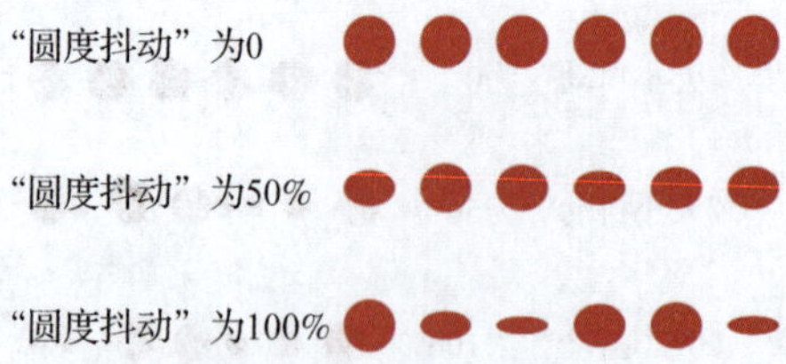

图 5－41　圆度抖动

最小圆度：在圆度发生波动时控制画笔的最小圆度尺寸值。该值越大，发生波动的范围越小，波动的幅度也会相应变小。

5.3.3　散布

“散布”选项决定笔触图案的数目和位置，使笔迹沿绘制的线条扩散，如图 5－42 所示。

图 5－42　“散布”面板

“散布”选项中各参数说明如下：

散布：控制画笔图案分散的程度，数值越大，分散的距离越远，如图 5－43 所示。若勾选“两轴”复选项，则画笔将在 X、Y 两个方向分散，否则仅在一个方向上发生分散。

数量：用来控制画笔点的数量，数值越大，画笔点越多，变化范围为 1～16。

数量抖动：用来控制每个空间间隔中画笔点的数量变化。

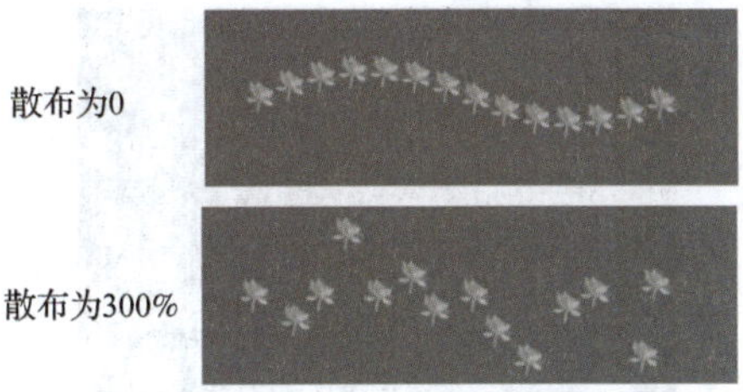

图 5－43　散布对比效果

5.3.4　纹理

“纹理”选项用于在画笔上添加纹理效果，可控制纹理的叠加模式、缩放比例和深度，如图 5－44 所示。

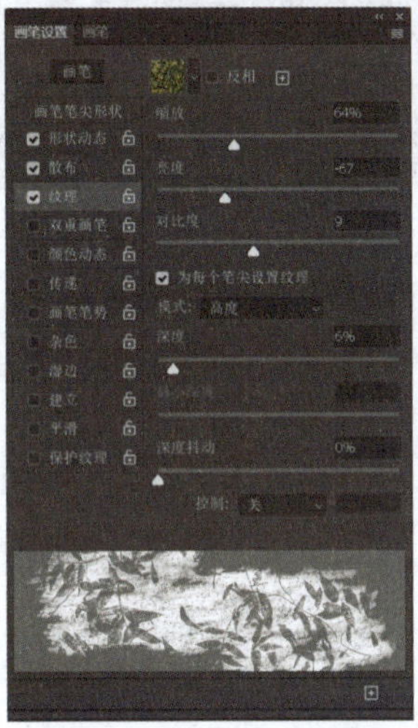

图 5－44　“纹理”面板

“纹理”选项中各参数说明如下：

选择纹理：单击按钮，从纹理列表中选择需要的纹理样式。勾选“反相”复选项，相当于对纹理执行了“反相”命令。

缩放：用于设置纹理的缩放比例。

亮度：用于设置纹理的明暗度。

对比度：用于设置纹理的对比强度。数值越大，对比度越明显。

为每个笔尖设置纹理：用于确定是否对每个笔触都分别进行渲染。若不勾选该复选项，则“深度”“最小深度”及“深度抖动”参数无效。

模式：用于选择画笔和图案之间的混合模式。

深度：用于设置图案的混合程度。数值越大，纹理越明显。

5.3.5　双重画笔

“双重画笔”是指在描绘的图形中呈现出两种画笔效果。要使用双重画笔，首先要在“画笔笔尖形状”选项中设置主笔尖，然后从“双重画笔”选项中选择另一个笔尖，如图 5－45 所示。

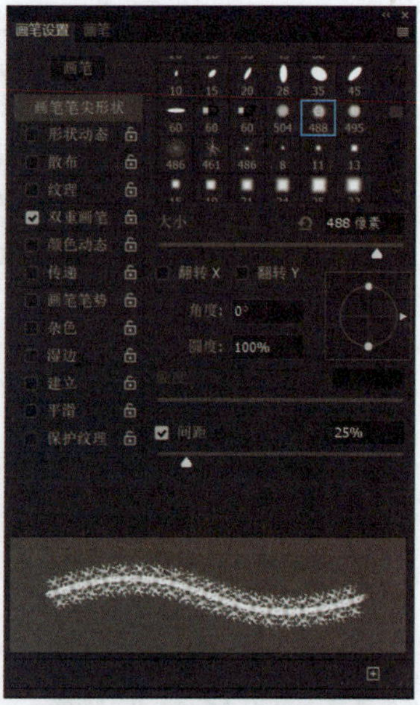

图 5－45　“双重画笔”面板

“双重画笔”选项中各参数说明如下：

模式：在该选项的下拉列表中可以选择两种笔尖在组合时使用的混合模式。

大小：用来设置笔尖的大小。

间距：用来控制描边中双笔笔尖笔迹的分布方式。

数量：用来指定在每个间距间隔应用的双笔笔尖笔迹数量。

5.3.6　颜色动态

“颜色动态”选项用于控制绘画过程中画笔颜色的变化情况，参数如图 5－46 所示。需要注意的是，设置动态颜色属性时，下方的预览框并不会显示相应的效果，动态颜色效果只有当在图像窗口绘画时才会出现。

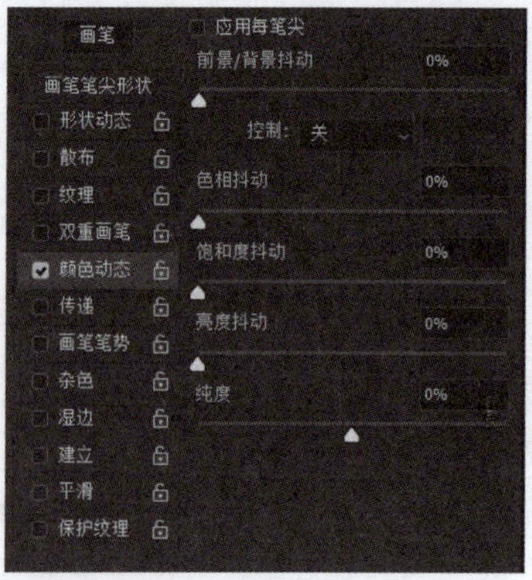

图 5－46　“颜色动态”面板

“颜色动态”选项中各参数说明如下：

前景/背景抖动：设置画笔颜色在前景色和背景色之间变化。例如，将前景色设置为粉红色，背景色设置为深红色，这样就可以得到颜色深浅不一的红色效果。

色相抖动：指定绘制过程中画笔颜色色相的动态变化范围。

饱和度抖动：指定绘制过程中画笔颜色饱和度的动态变化范围。

亮度抖动：指定绘制过程中画笔明暗的动态变化范围。

纯度：设置绘画颜色的纯度变化范围。

5.3.7　传递

“传递”选项用于确定颜色在描边路线中的改变方式，参数如图 5－47 所示。

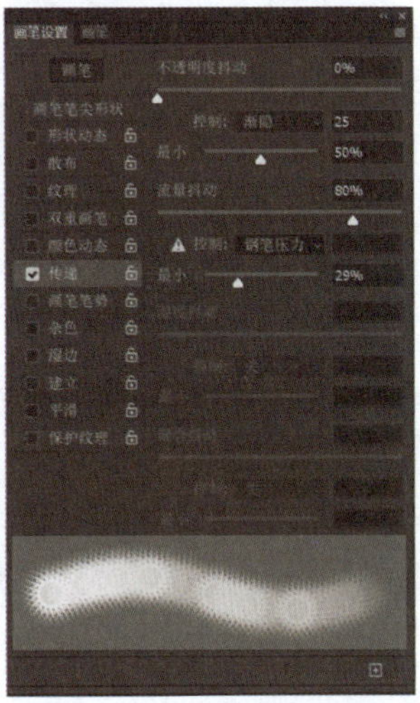

图 5－47　“传递”面板

不透明度抖动：用来设置画笔笔触中颜色不透明度的变化。

流量抖动：用来设置画笔笔触中颜色流量的变化程度。

5.3.8　画笔笔势

“画笔笔势”选项用来调整毛刷画笔笔尖、侵蚀画笔笔尖的角度，如图 5－48 所示。

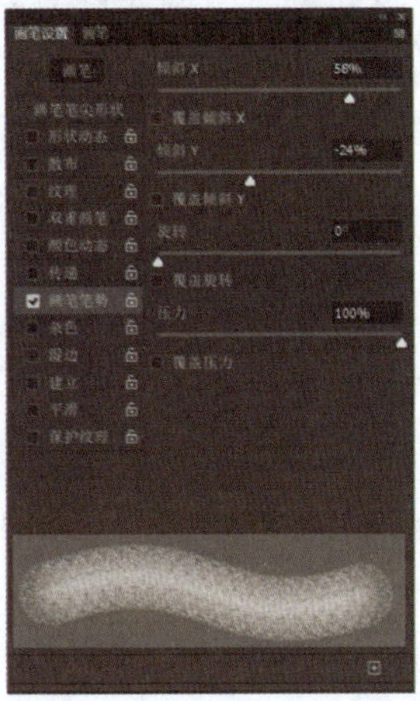

图 5－48　“画笔笔势”面板

“画笔笔势”选项中各参数说明如下：

倾斜 X/倾斜 Y：可以让笔尖沿 X 轴或 Y 轴倾斜。

旋转：用来旋转笔尖。

压力：用来调整笔尖压力，值越高，绘制速度越快，线条越粗犷。

5.3.9　附加选项设置

杂色：在画笔的边缘添加杂点效果。

湿边：沿画笔描边的边缘增大油彩量，从而创建水彩效果。

建立：将渐变色调应用于图像，同时模拟传统的喷枪技术。

平滑：可以使绘制的线条产生更顺畅的曲线。

保护纹理：对所有的画笔使用相同的纹理图案和缩放比例。

5.4　渐变工具

渐变工具

渐变工具用于在画布或选区中填充渐变颜色。渐变工具不仅可以填充图像，还可以填充图层蒙版、通道等。

5.4.1　渐变工具选项栏

在工具箱中选择“渐变工具”，需要先在工具选项栏中选择一种渐变类型，并设置渐变颜色和混合模式等选项，如图 5－49 所示。

图 5－49　“渐变工具”选项栏

渐变颜色条：渐变颜色条显示了当前的渐变颜色。单击颜色条，可以打开渐变编辑器，在“渐变编辑器”中可以编辑渐变颜色，或者保存渐变色。

渐变类型：单击“线性渐变”按钮，可创建以直线方式从起点到终点的渐变；单击“径向渐变”按钮，可创建以圆形方式从起点到终点的渐变；单击“角度渐变”按钮，可创建围绕起点以逆时针方式扫描的渐变；单击“对称渐变”按钮，可创建两侧颜色对称的渐变；单击“菱形渐变”按钮，则会以菱形方式从起点向外渐变。不同渐变类型效果如图 5－50 所示。

图 5－50　渐变类型

模式：设置应用渐变时的混合模式。

不透明度：设置渐变效果的不透明度。

反向：可转换渐变中的颜色顺序，得到反方向的渐变结果。

仿色：使渐变效果更加平滑。主要用于防止打印时出现条带化现象，在屏幕上不能明显地体现其作用。

透明区域：可以创建包含透明像素的渐变。取消勾选，则创建实色渐变。

方法：设置渐变颜色。

5.4.2　渐变编辑器

Photoshop 提供了丰富的预设渐变，但在实际工作中，仍然需要根据自己的需要重新创建渐变颜色，以制作个性的图像效果。单击选项栏中的渐变颜色条，将打开如图 5－51 所示的“渐变编辑器”对话框，在此对话框中可以创建新渐变并修改当前渐变的颜色设置。

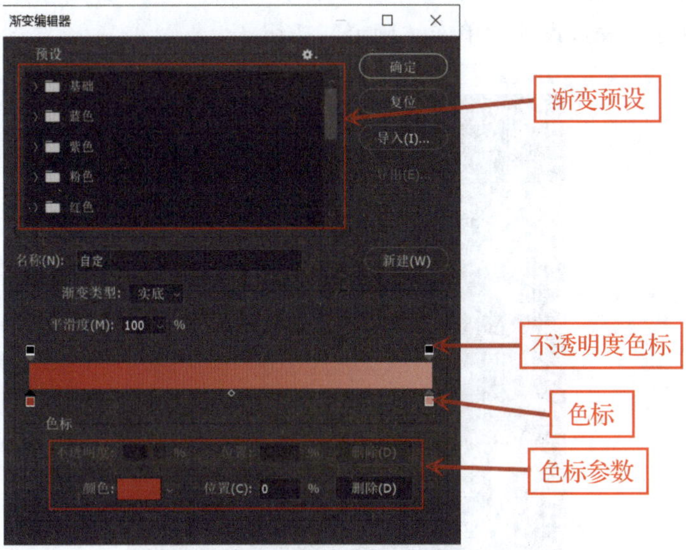

图 5－51　渐变编辑器

预设：在编辑渐变之前可从预设框中选择一个相近的渐变色，再在此基础上进行编辑修改。

渐变类型：设置显示为单色形态的实底或显示为多色带形态的杂色。

平滑度：调整渐变颜色之间的平滑程度。值越大，渐变越柔和；值越小，颜色与颜色之间越分明。

色标：设置颜色、位置和不透明度，也可以通过拖动色标滑块来调整颜色的位置。单击渐变颜色条可以增加色标。

5.4.3　实战——渐变工具

使用“渐变工具” 可以创建多种颜色间的渐变混合，不仅可以填充选区、图层和背景，也能用来填充图层蒙版和通道等。

(1) 启动 Adobe Photoshop 2022 软件，按快捷键 Ctrl＋O，打开相关素材中的“红格子图案 . jpg”文件，效果如图 5－52 所示。

图 5－52　素材

（2）选择工具箱中的“渐变工具”，然后在工具选项栏中单击“线性渐变”按钮，单击渐变色条，弹出“渐变编辑器”对话框，设置一个灰色（#8c8989）到白色的渐变，如图 5－53 所示。完成设置后单击“确定”按钮。

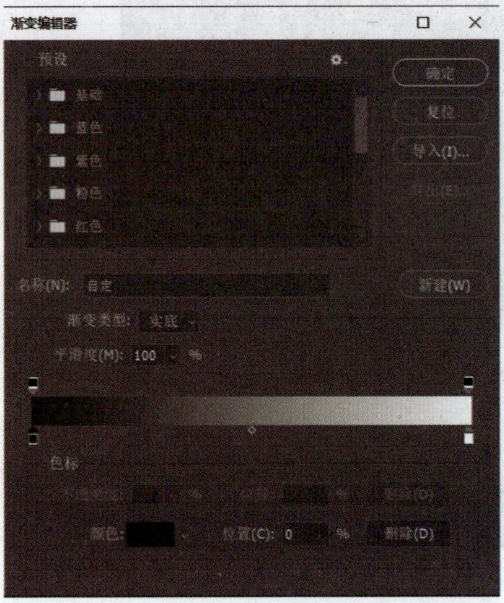

图 5－53　渐变编辑器

（3）单击“图层”面板中的“创建新图层”按钮，创建一个空白图层。选择工具箱中的“椭圆选框工具”，在新图层上创建一个正圆形选框，如图 5－54 所示。

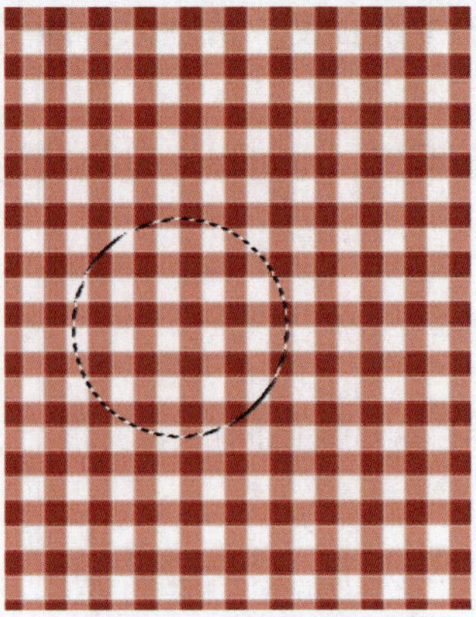

图 5－54　绘制选区

（4）在工具箱中选择“渐变工具”，在画面中按住鼠标左键朝右上方拖动，释放鼠标后，选区内填充定义的渐变效果，再按快捷键 Ctrl + D 取消选择，如图 5－55 所示。

图 5－55　填充渐变色

（5）在工具选项栏中单击“径向渐变”按钮，再单击渐变颜色条，在弹出的“渐变编辑器”对话框中，将白色改为黑色，然后在最左边单击颜色条下方，添加一个灰色（#afacac）的新色标，移动两个渐变色标中间的颜色中点，可调整该点两侧颜色的混合位置，如图 5－56 所示。

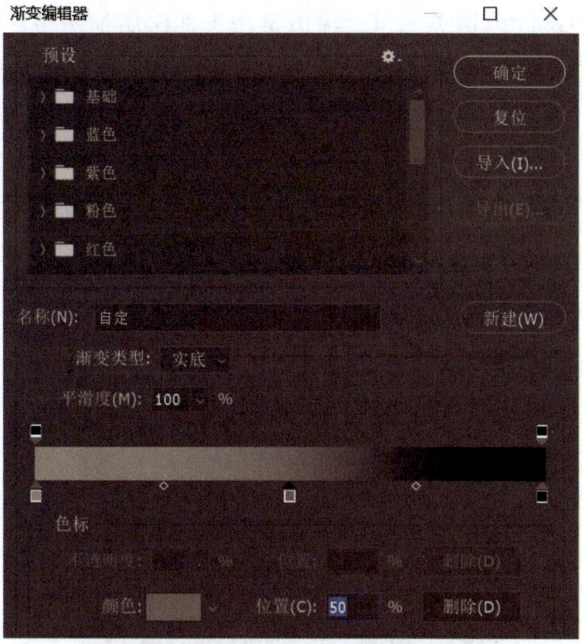

图 5－56　修改渐变编辑器

（6）单击“图层”面板中的“创建新图层”按钮，再次新建图层，选择工具箱中的“椭圆选框工具”，在新图层上创建稍小的圆形选区，在圆心处单击并按住鼠标拖到边缘处后释放鼠标，给选区填充渐变色，按快捷键 Ctrl + D 取消选择，效果如图 5－57 所示。

（7）选择工具箱中的“自定形状工具”，在工具选项栏的“形状”拾色器中选择心形，绘制一个爱心形状，并填充径向渐变。最后设置合适的径向渐变完成蛋黄的制作，用对称渐变绘制锅的手柄。最终效果如图 5－58 所示。

图 5－57　填充颜色

图 5－58　最终效果

5.5　填充与描边

填充是指在图像或选区内填充颜色，描边是指为选区添加边缘。进行填充和描边操作时，可以使用“填充”与“描边”命令，以及工具箱中的“油漆桶工具”。

5.5.1　“填充”命令

“填充”命令可以说是填充工具的扩展，它的一项重要功能是有效地保护图像中的透明区域，可以有针对性地填充图像。执行“编辑”→“填充”命令，或按快捷键 Shift + F5，打开“填充”对话框，如图 5－59 所示。

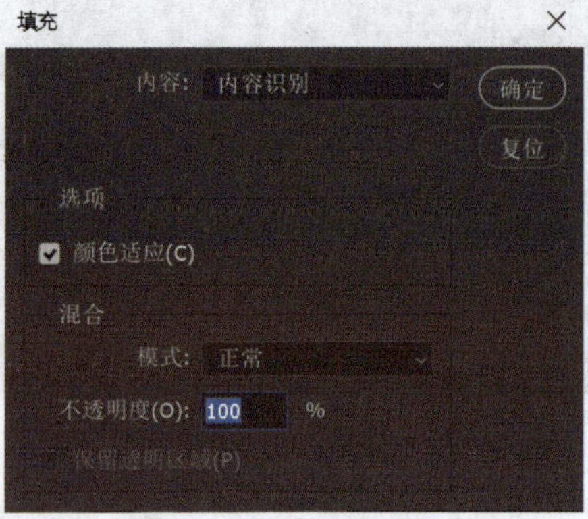

图 5－59　“填充”对话框

填充与描边命令

内容：用于选择填充内容，包括前景色、背景色、颜色、内容识别等。

混合：用于设置填充的模式和不透明度。

保留透明区域：勾选该复选项，填充时保留图像中的透明区域不被填充。其与“图层”面板中的“锁定透明像素”按钮的作用相同。

5.5.2 “描边”命令

执行“编辑”→“描边”命令，将弹出如图 5－60 所示的“描边”对话框，在该对话框中可以设置描边的宽度、位置和混合方式。

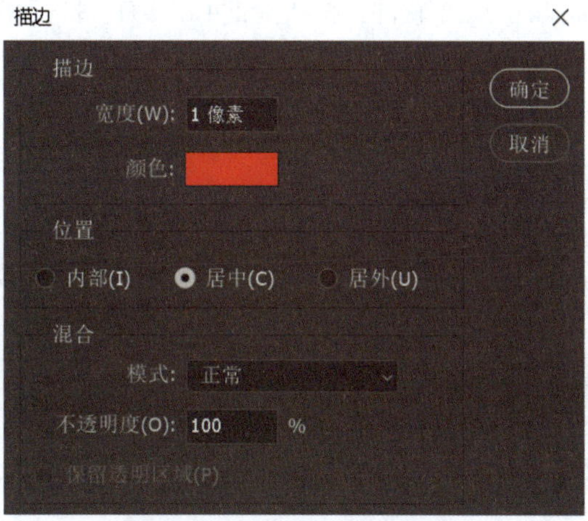

图 5－60 “描边”对话框

描边：设置描边的宽度和颜色。

位置：设置描边相对于边缘的位置。

混合：设置描边的混合模式和不透明度。

油漆桶工具

5.5.3 油漆桶工具

“油漆桶工具”用于在图像或选区中填充颜色或图案，但“油漆桶工具”在填充前会对单击位置的颜色进行取样，从而只填充颜色相同或相似的图像区域。“油漆桶工具”选项栏如图 5－61 所示。

图 5－61 “油漆桶工具”选项栏

“填充”列表框：可选择填充的内容。当选择“前景”作为填充内容时，填充的是前景色；当选择图案作为填充内容时，“图案”列表框被激活，单击其右侧的按钮，可打开图案下拉面板，从中选择所需的填充图案。

“图案”列表框：通过图案列表定义填充的图案，并可进行图案的载入、复位、替换等操作。

模式：设置前景色或图案填充的色彩模式。

不透明度：用来设置填充内容的不透明度。

容差：用来定义必须填充的像素的颜色相似程度。

消除锯齿：可以平滑填充选区的边缘。

连续的：只填充与鼠标单击处相邻的像素；取消勾选时，可填充图像中的所有相似像素。

所有图层：表示基于所有可见图层中的合并颜色数据填充像素；取消勾选，仅填充当前图层。

5.5.4 实战——填充选区图形

“填充”命令和“油漆桶工具”的功能类似，两者都能为当前图层或选区填充颜色或图案。不同的是，“填充”命令可以利用内容识别进行填充。

（1）启动 Adobe Photoshop 2022 软件，按快捷键 Ctrl + O，打开相关素材中的“房子 .jpg”文件，效果如图 5 – 62 所示。

（2）按快捷键 Ctrl + J 复制图层，选择工具箱中的“魔棒工具”，在屋顶处单击，将屋顶载入选区，如图 5 – 63 所示。

图 5 – 62　素材“房子”

图 5 – 63　载入选区

（3）设置前景色为蓝色（#3bc6e9），执行“编辑”→“填充”命令或按快捷键 Alt + Delete 填充前景色，如图 5 – 64 所示。

（4）单击“确定”按钮，屋顶便填充为蓝色，按快捷键 Ctrl + D 取消选择，如图 5 – 65 所示。

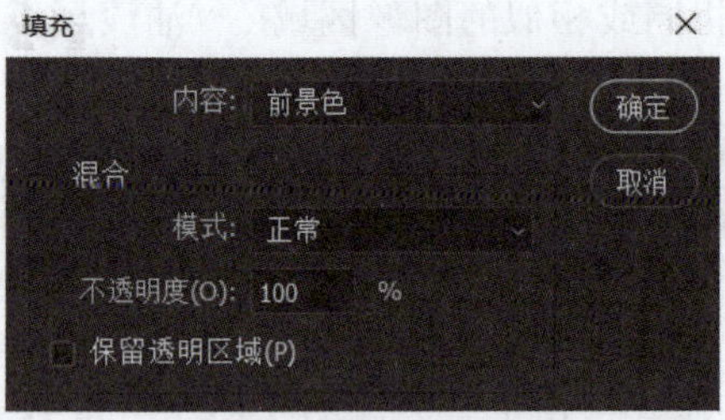

图 5 – 64　“填充”对话框

图 5 – 65　填充蓝色

（5）继续使用“魔棒工具”将墙体部分载入选区，按住 Shift 键可加选多面墙体，如图 5 – 66 所示。

（6）选择“油漆桶工具”，在工具选项栏中“设置填充区域的源”为“图案”，打开图案下拉面板中，单击图标，在下拉列表中选择“彩色纸”，将“彩色纸”追加到自定图案中，如图 5 – 67 所示。

（7）在自定图案中选择“格子”图案，单击“确定”按钮，选区便填充了图案，如图 5 – 68 所示，按快捷键 Ctrl + D 取消选择。

（8）用同样的方法，对房子的其他部分进行填充，最终效果如图 5 – 69 所示。

图 5－66　墙体载入选区

图 5－67　图案下拉面板

图 5－68　填充图案

图 5－69　最终效果

5.6　擦除工具

橡皮檫工具组

在 Adobe Photoshop 2022 中包含了“橡皮擦工具”、“背景橡皮擦工具”和“魔术橡皮擦工具”这 3 种擦除工具，主要用于擦除图像或背景颜色。

其中，“背景橡皮擦工具”和“魔术橡皮擦工具”主要用于抠图（去除图像背景），而“橡皮擦工具”因设置的选项不同，具有不同的用途。

5.6.1　橡皮擦工具

“橡皮擦工具”用于擦除图像。如果在“背景”图层上使用橡皮擦，Photoshop 会在擦除的位置用背景色填充；如果当前图层为非“背景”图层，那么擦除的位置就会变为透明。在工具箱中选择“橡皮擦工具”，可打开“橡皮擦工具”选项栏。

模式：设置橡皮擦的笔触特性，可选择画笔、铅笔和块 3 种方式来擦除图像。

抹到历史记录：抹除指定历史记录状态中的区域。

5.6.2　背景橡皮擦工具

“背景橡皮擦工具”和“魔术橡皮擦工具”主要用来擦除和抠取图像。“背景橡皮擦工具”能智能地采集画笔中心的颜色，并删除画笔内出现的该颜色的像素。

打开素材“人脸 . jpg”文件，如图 5－70 所示，选择工具箱中的“背景橡皮擦工具”

，在工具选项栏中将“笔尖大小”设置为 100 像素，单击“取样：连续”按钮，并将“容差”设置为 15%，在人物边缘和背景处涂抹，去掉背景，如图 5－71 所示。

图 5－70　素材“人脸”

图 5－71　擦除背景

5.6.3　魔术橡皮擦工具

“魔术橡皮擦工具”的效果相当于用“魔棒工具”创建选区后删除选区内像素。

打开素材“荷花.jpg”，如图 5－72 所示，选择“魔术橡皮擦工具”，在工具选项栏中将“容差”设置为 32，将“不透明度”设置为 100%，在荷叶处单击，即可擦除荷叶背景，如图 5－73 所示。

图 5－72　素材“荷花”

图 5－73　擦除荷叶背景

5.7　综合实战——教师节海报

本案例使用“描边”命令绘制海报边框，用“横排文字蒙版工具”创建文字选区，再用“画笔工具”绘制粉笔字效果，制作一张教师节海报。

(1) 启动 Adobe Photoshop 2022 软件，按快捷键 Ctrl + N 新建一个空白文档，“名称”为教师节海报，“宽度”为 50 厘米，“高度”为 70 厘米，“分辨率”为 100 像素/英寸，如图 5－74 所示。

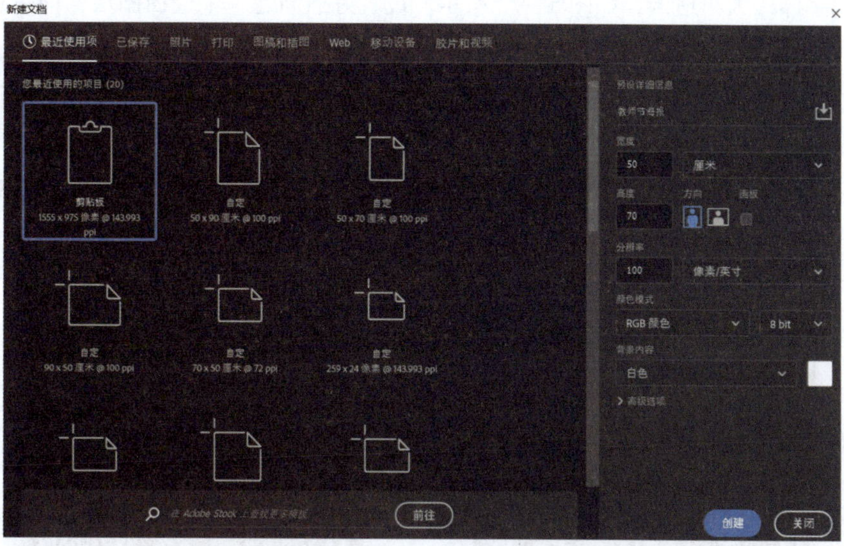

图 5－74　新建空白文档

（2）将前景色改为深绿色（#093431），选择“油漆桶工具”填充背景图层，单击“创建新图层”按钮，新建空白图层。使用“矩形选框工具”在画布中绘制一个矩形，单击鼠标右键，在下拉列表中单击“描边”命令，打开“描边”对话框，设置“宽度”为 12 像素，“颜色”为白色，“位置”居中，如图 5－75 所示，单击“确定”按钮。

（3）再新建一个空白图层，将鼠标移动到画面中，单击鼠标右键，在下拉列表中单击“变换选区”命令，按住快捷键 Shift＋Alt 的同时鼠标从其中一个角向内拖动，将选区向中心缩小，按 Enter 键。用步骤（2）相同方法进行描边，“宽度”为 30 像素，其他不变，按快捷键 Ctrl＋D 取消选区。选中所有图层，选择“移动工具”，在工具选项栏中选择“水平居中对齐”和“垂直居中对齐”，效果如图 5－76 所示。

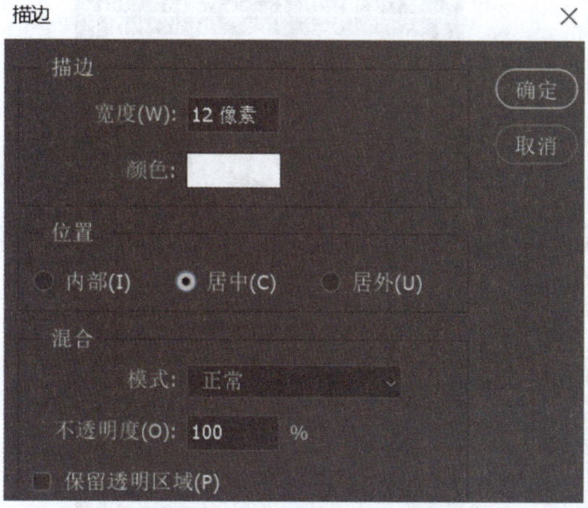

图 5－75　“描边”对话框

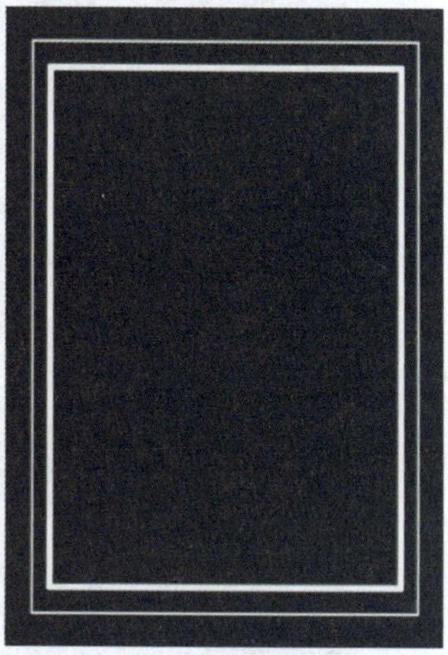
图 5－76　绘制白色边框

（4）选择“横排文字蒙版工具”，在画布上方输入文字内容“老师”，选择一个圆润、可爱一点的字体，大小适当，如图 5－77 所示。设置好后新建一个空白图层，前景色设置为白色，选择“画笔工具”，在“画笔预设”面板中选择一个喷溅状的笔刷，将笔刷调整到合适大小，单击“画笔设置”按钮，调整“间距”为 35%，然后在文字选区中进行涂抹，注意要适当留白，这样才更像粉笔效果。然后单击鼠标右键，选择“描边”命令，“宽度”为 5 像素，“颜色”为白色，位置居中，单击“确定”按钮，取消选区。效果如图 5－78 所示。

图 5－77　制作文字选区

图 5－78　绘制粉笔效果

（5）用步骤（4）的方法绘制其他文字内容，可以添加不同的颜色和字体效果进行设计，如图 5－79 所示。新建一个空白图层，在工具箱中选择“自定形状工具”，“模式”改为“路径”，“形状”选择一个桃心图案，在“老师”的上面绘制桃心，调整角度，然后单击工具选项栏中的“选区”，将路径转换为选区，用绘制文字的方法填充桃心，效果如图 5－80 所示。

图 5－79　绘制文字

图 5－80　绘制桃心图案

(6) 在菜单栏中单击“文件”→“打开”命令，选择素材“读书”文件，生成一个新的文档，如图 5－81 所示。执行“编辑”→“定义画笔预设”命令，打开对话框，名称改为“读书”，单击“确定”按钮，再回到“教师节海报”文档中。新建一个空白图层，前景色改为白色，选择“画笔工具”笔刷效果，选择刚才制作的“读书”笔刷，调整笔刷大小为 1 400 像素，在海报的下方绘制图形，效果如图 5－82 所示。

图 5－81　创建新文档“读书”

图 5－82　制作定义画笔

(7) 用步骤 (6) 的方法再绘制一本书，效果如图 5－83 所示。使用“直排文字工具”，在海报的边框处再添加一些文字，效果如图 5－84 所示。

图 5－83　绘制一本书

图 5－84　最终效果

第6章 颜色与色调调整

本章简介

Adobe Photoshop 2022 拥有强大的颜色调整功能，使用 Photoshop 的“曲线”和“色阶”等命令可以轻松调整图像的色相、饱和度、对比度和亮度，修正有色彩失衡、曝光不足或曝光过度等缺陷的图像，甚至能为黑白图像上色，调整出光怪陆离的特殊图像效果。

本章重点

本章主要学习颜色模式的种类、调整命令的分类及应用和设置信息面板选项的方法。

技能目标

- 熟悉颜色模式的种类、特点以及它们的应用。
- 掌握调整图像色彩和色调的一系列命令的使用方法。
- 熟练掌握运用多个色彩调整命令来修复光线过暗的室内人像的方法。

素养目标

通过本章内容的学习，使学生具备能够利用 Photoshop 软件对图像进行色彩调整的基本应用能力，解决实际工作的相关问题，掌握现代社会职业所需的图像处理知识和技能，充分激发学生的学习兴趣，启发学生的学习自信心，以及提高学生的审美能力。

6.1 图像的颜色模式

颜色模式是将颜色翻译成数据的一种方法，使颜色能在多种媒体中一致地描述。Photoshop 支持的颜色模式主要包括 CMYK、RGB、灰度、双色调、Lab、多通道和索引颜色模式，较常用的是 CMYK、RGB、Lab 颜色模式等，不同的颜色模式有不同的作用和优势。

颜色模式不仅影响可显示颜色的数量，还影响图像的通道数和图像的文件大小，本节将对图像的颜色模式进行详细介绍。

6.1.1 查看图像的颜色模式

查看图像的颜色模式，了解图像的属性，可以方便地对图像进行各种操作。执行“图像”→“模式”命令，在打开的下拉菜单中，被勾选的选项即为当前图像的颜色模式，如图 6－1 所示。另外，在图像的标题栏中可直接查看图像的颜色模式，如图 6－2 所示。

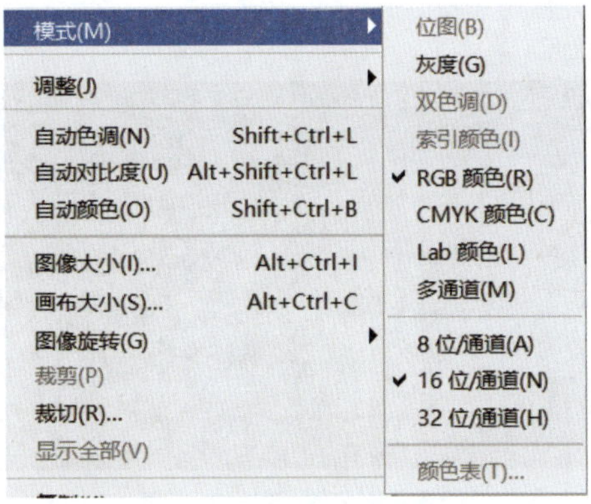

图 6－1　“模式”命令下拉菜单

图 6－2　标题栏

1. 位图模式

位图模式使用两种颜色（黑色或白色）来表示图像的色彩，又称为 1 位图像或黑白图像。位图模式图像要求的存储空间很少，但无法表现色彩、色调丰富的图像，仅适用于一些黑白对比强烈的图像。

打开一张 RGB 模式的彩色图像，如图 6－3 所示。执行“图像”→“模式”→“灰度”命令，先将其转换为灰度模式，如图 6－4 所示，再执行“图像”→“模式”→“位图”命令，弹出“位图”对话框，如图 6－5 所示。

在“位图”对话框中的“输出”文本框中输入图像的输出分辨率，然后在“使用”下拉列表中选择一种转换方法，单击“确定”按钮，将得到对应的位图模式。5 种不同转换方法的应用效果如图 6－6 所示。

图 6－3　原图

图 6－4　灰度模式

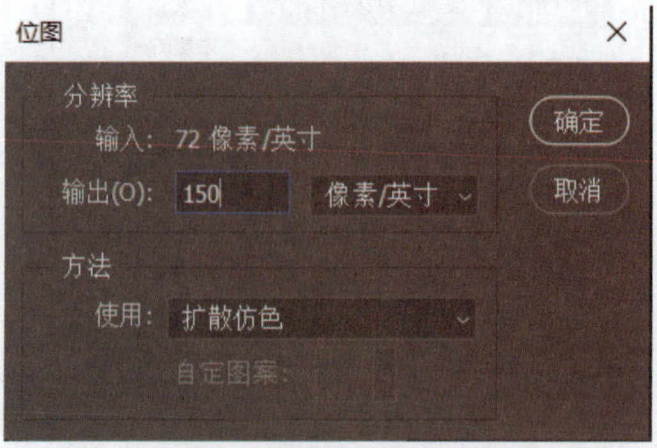

图 6－5 “位图”对话框

图 6－6 “位图”5 种转换方式

2. 灰度模式

灰度模式的图像由 256 级灰度组成，不包含彩色。彩色图像转换为该模式后，Photoshop 将删除原图像中所有颜色信息，留下像素的亮度信息。

灰度模式图像的每一个像素能够用 0～255 的亮度值来表现，因而其色调表现力较强。0 代表黑色，255 代表白色，其他值代表了黑、白中间过渡的灰色。在 8 位图像中，最多有 256 级灰度；在 16 位和 32 位图像中，级数比 8 位图像的要大得多。图 6－7 所示为将 RGB 模式图像转换为灰度模式图像的效果对比。

图 6－7　灰度模式效果对比

3. 双色调模式

在 Photoshop 中可以分别创建单色调、双色调、三色调和四色调的图像。其中，双色调是由两种油墨构成的灰度图像。在这些图像中，使用彩色油墨来重现图像中的灰色，而不是重现不同的颜色。彩色图像转换为双色调模式时，必须首先转换为灰度模式。

4. 索引模式

索引模式的图像最多可使用 256 种颜色的 8 位图像文件。当图像转换为索引模式时，Photoshop 将构建一个颜色查找表（CLUT），以存放图像中的颜色。如果原图像中的某种颜色没有出现在该表中，则程序会选取最接近的一种，或使用仿色以现有颜色来模拟该颜色。在索引颜色模式下，只能进行有限的图像编辑。若要进一步编辑，需临时转换为 RGB 模式。

5. RGB 模式

RGB 模式为彩色图像中每个像素的 RGB 分量，指定一个介于 0（黑色）~255（白色）的强度值，例如，亮红色的 R 值可能为 246，G 值为 20，而 B 值为 50。当这 3 个分量的值相等时，颜色是中性灰色。当所有分量的值均为 255 时，颜色是纯白色；当所有分量的值均为 0 时，颜色是纯黑色。

在该模式下，图像的颜色由红（R）、绿（G）、蓝（B）三原色混合而成，通过调整这 3 种颜色的值就可表示不同的颜色，RGB 图像通过 3 种颜色或通道，可以在屏幕上重新生成多达约 1 678 万种颜色。新建的 Photoshop 图像一般默认为 RGB 模式。

6. CMYK 模式

CMYK 模式以打印在纸上的油墨的光线吸收特性为基础。当白光照射到半透明油墨上时，一部分光线被吸收，而另一部分光线被反射回眼睛。理论上，纯青色（C）、洋红（M）和黄色（Y）合成的颜色吸收所有光线并呈现黑色，这些颜色也称为减色。但由于所有打印油墨都包含些杂质，因此这 3 种油墨混合实际生成的是土灰色。为了得到真正的黑色，必须在油墨中加入黑色（K）油墨（为避免与蓝色混淆，黑色用 K 而非 B 表示）。将这些油墨混合重现颜色的过程称为四色印刷。减色（CMYK）和加色（RGB）是互补色。

用印刷色打印的图像时，应使用 CMYK 模式。将 RGB 模式转换为 CMYK 模式即产生分色。如果创作由 RGB 模式开始，最好先编辑，然后转换为 CMYK 模式。图 6－8 和图 6－9 所示分别为 RGB 模式和 CMYK 模式的示意图。

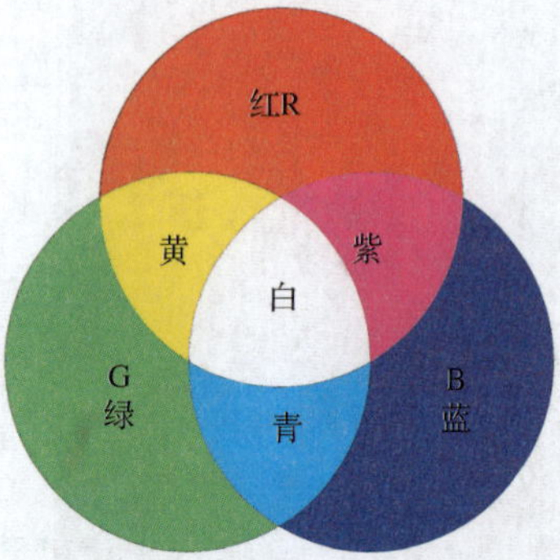

图 6－8　RGB 模式

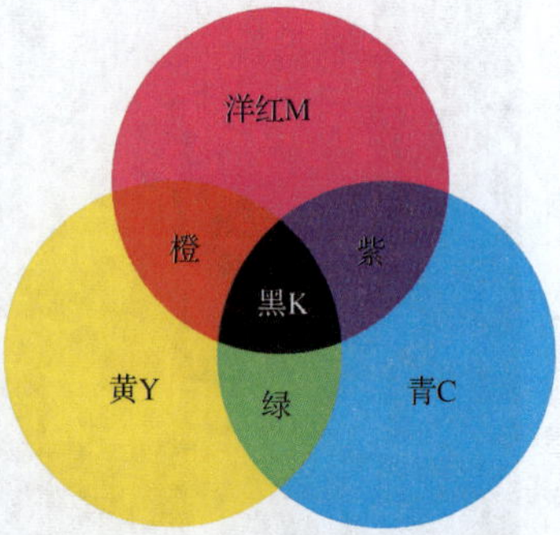

图 6－9　CMYK 模式

7. Lab 模式

Lab 模式是目前包括颜色数量最多的模式，也是 Photoshop 在不同颜色模式之间转换时使用的中间模式。

Lab 颜色由亮度（光亮度）分量和两个色度分量组成。L 代表光亮度分量，范围为 0～100，a 分量表示从绿色到红色，再到黄色的光谱变化，b 分量表示从蓝色到黄色的光谱变化，两者范围都是＋120～－120。如果只需要改变图像的亮度而不影响其他颜色值，可以将图像转换为 Lab 颜色模式，然后在 L 通道中进行操作。

Lab 颜色模式最大的优点是颜色与设备无关，无论使用什么设备（如显示器、打印机、计算机或扫描仪）创建或输出图像，这种颜色模式产生的颜色都可以保持一致。

8. 多通道模式

多通道模式是一种减色模式，将 RGB 模式转换为多通道模式后，可以得到青色、洋红和黄色通道。此外，如果删除 RGB、CMYK、Lab 模式的某个颜色通道，图像会自动转换为多通道模式。在多通道模式下，每个通道都使用 256 级灰度。图 6－10 所示为 RGB 模式转换为多通道模式的效果对比。

图 6－10　RGB 模式转换为多通道模式效果

6.1.2　实战——添加蓝色色调效果

本例通过将 RGB 颜色模式的图像转换为 Lab 颜色模式的图像，来制作复古色调的效果。

（1）启动 Adobe Photoshop 2022 软件，按快捷键 Ctrl + O，打开相关素材中的“人物 jpg”文件，效果如图 6 – 11 所示。

（2）执行“图像”→“模式”→“Lab 颜色”命令，将图像转换为 Lab 颜色模式。再执行“窗口”→“通道”命令，打开“通道”面板，在该面板中选择“b 通道”，如图 6 – 12 所示。

图 6 – 11　素材“人物”

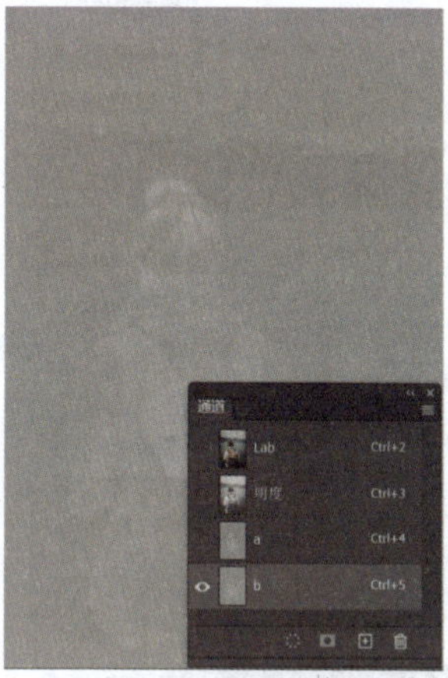

图 6 – 12　“通道”面板

（3）按快捷键 Ctrl + L 打开色阶，调整色阶参数为 0、0.87、255，单击“确定”按钮。按快捷键 Ctrl + 2，切换到复合通道，得到如图 6 – 13 所示的图像效果。

图 6 – 13　图像效果

颜色调整

6.2　调整命令

在“图像”菜单中包含了调整图像色彩和色调的一系列命令。在最基本的调整命令中，“自动色调”“自动对比度”和“自动颜色”命令可以自动调整图像的色调或者色彩，而“亮度/对比度”和“色彩平衡”命令则可通过对话框进行调整。

6.2.1 调整命令的分类

在 Adobe Photoshop 2022 的“图像”菜单中包含用于调整图像色调和颜色的各种命令，如图 6－14 所示。其中，部分常用命令集成在“调整”面板中，如图 6－15 所示。

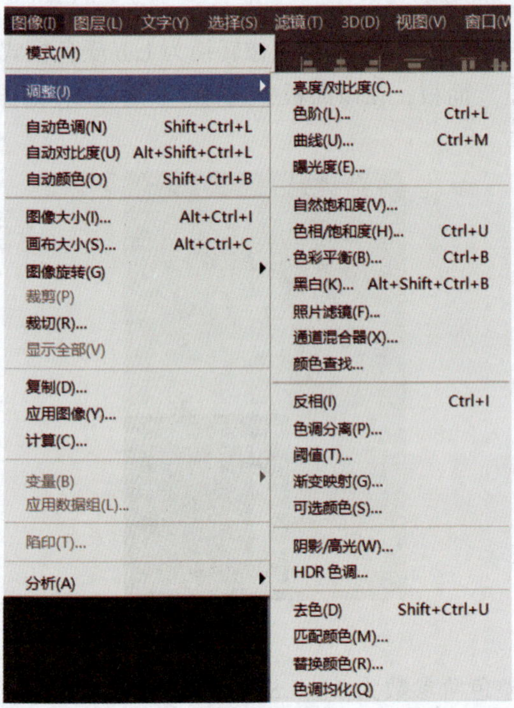

图 6－14 “调整”命令下拉菜单

图 6－15 “调整”面板

调整颜色和色调的命令：“色阶”和“曲线”命令用于调整颜色和色调，它们是最重要的调整命令；“色相/饱和度”和“自然饱和度”命令用于调整色彩；“阴影/高光”和“曝光度”命令只能调整色调。

匹配、替换和混合颜色的命令：“匹配颜色”“替换颜色”“通道混合器”和“可选颜色”命令用于匹配多个图像之间的颜色，替换指定的颜色或者对颜色通道做出调整。

快速调整命令：“自动色调”“自动对比度”和“自动颜色”命令用于自动调整图片的颜色和色调，可以进行简单的调整，适合初学者使用；“照片滤镜”“色彩平衡”和“变化”命令用于调整色彩，使用方法简单且直观；“亮度/对比度”和“色调均化”命令用于调整色调。

应用特殊颜色调整命令：“反相”“阈值”“色调分离”和“渐变映射”是特殊的颜色调整命令，用于将图片转换为负片效果、简化为黑白图像、分离色彩或者用渐变颜色转换图片中原有的颜色。

6.2.2 亮度/对比度

“亮度/对比度”命令用来调整图像的亮度和对比度，它只适用于粗略地调整图像。在调整时，有可能丢失图像细节，对于高端输出，最好使用“色阶”或“曲线”命令来调整。

打开一张图像，执行“图像”→“调整”→“亮度/对比度”命令，在弹出的“亮度/对比度”对话框中，向左拖曳滑块可降低亮度和对比度，向右拖曳滑块可增加亮度和对比度，如图 6－16 所示。

图 6－16　调整亮度/对比度

6.2.3　色阶

使用“色阶”命令可以调整图像的阴影、中间调和高光，从而校正图像的色调范围和色彩平衡。“色阶”命令常用于修正曝光不足或曝光过度的图像，同时可对图像的对比度进行调节。执行“图像”→“调整”→“色阶”命令，或者按快捷键 Ctrl + L 打开“色阶”对话框，如图 6－17 所示。

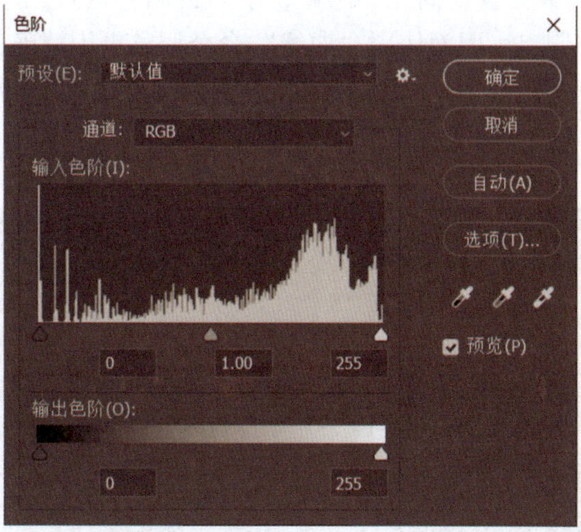

图 6－17　“色阶”对话框

“色阶”对话框中各选项说明如下。

通道：选择需要调整的颜色通道，系统默认为复合颜色通道。在调整复合通道时，各颜色通道中的相应像素会按比例自动调整，以避免改变图像色彩平衡。

输入色阶：拖动输入色阶下方的三个滑块，或直接在输入色阶框中输入数值，分别设置阴影、中间色调和高光色阶值，以调整图像的色阶。

输出色阶：拖动输出色阶的两个滑块，或直接输入数值，以设置图像最高色阶和最低色阶。向右拖动黑色滑块，可以减少图像中的阴影色调，从而使图像变亮；向左侧拖动白色滑块，可以减少图像的高光，从而使图像变暗。

自动：单击该按钮，可自动调整图像的对比度与明暗度。

选项：单击该按钮，可弹出“自动颜色校正选项”对话框，如图 6－18 所示，用于快速调整图像的色调。

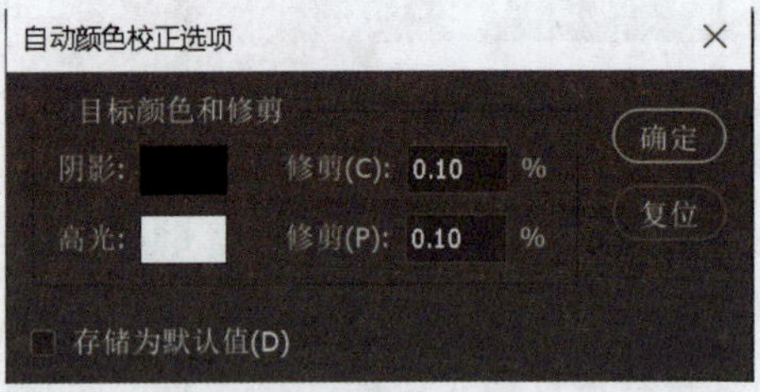

图 6－18 “自动颜色校正选项”对话框

取样吸管：从左到右，3 个吸管依次为黑色吸管、灰色吸管和白色吸管，单击其中任一个吸管，然后将光标移动到图像窗口中，光标会变成相应的吸管形状，此时单击鼠标即可完成色调调整。

6.2.4 曲线

与“色阶”命令类似，使用“曲线”命令也可以调整图像的整个色调范围。不同的是，“曲线”命令不是使用 3 个变量（高光、阴影、中间色调）进行调整，而是使用调节曲线，它最多可以添加 14 个控制点，因而使用“曲线”命令调整更为精确、更为细致。

执行“图像”→“调整”→“曲线”命令，或按快捷键 Ctrl + M，打开“曲线”对话框，如图 6－19 所示。

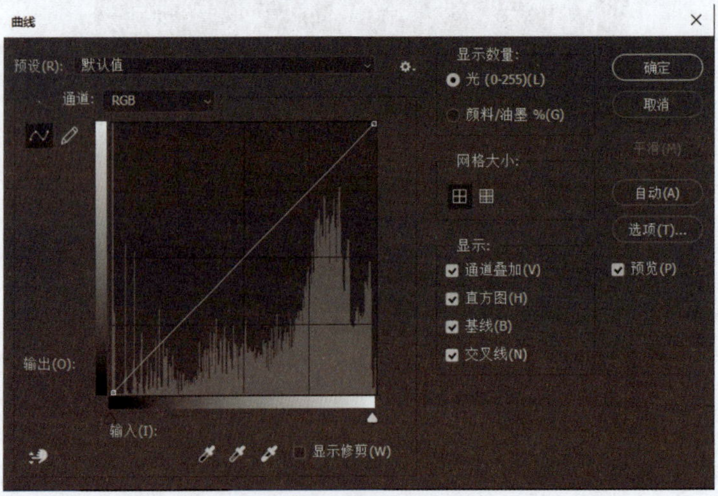

图 6－19 “曲线”对话框

通道：在下拉列表中可以选择要调整的颜色通道，调整通道可以改变图像颜色。

预设：包含 Photoshop 提供的各种预设调整文件，可用于调整图像。

编辑点以修改曲线：该按钮默认为激活状态，此时在曲线上单击可添加新的控制点。拖动控制点可调节曲线，将控制点拖动到对话框以外可删除控制点。按住 Ctrl 键的同时，在图像的某个位置单击，曲线上会出现一个控制点，调整该点可以调整指定位置的图像。

通过绘制来修改曲线：激活该按钮后，可绘制手绘效果的自由曲线。绘制完成后，单击该按钮，曲线上会显示控制点。

平滑：使用工具绘制曲线后，单击该按钮，可以对曲线进行平滑处理。

曲线调整工具点：选择该工具后，将光标放在图像上，曲线上会出现一个空的圆形，它代表了光标处的色调在曲线上的位置，此时在画面中单击并拖动鼠标，可添加控制点并调整相应的色调。

输入色阶/输出色阶："输入色阶"显示了调整前的像素值，"输出色阶"显示了调整后的像素值。

设置黑场/设置灰场/设置白场：这几个工具与"色阶"对话框中的相应工具完全一样。

自动：单击该按钮，可对图像应用"自动颜色""自动对比度"或"自动色调"校正。具体的校正效果取决于"自动颜色校正"对话框中的设置。

选项：单击该按钮，可以打开"自动颜色校正选项"对话框。该对话框用来控制由"色阶"和"曲线"中的"自动颜色""自动色调""自动对比度"和"自动"选项应用的色调和颜色校正。它允许指定阴影和高光剪切百分比，并为阴影、中间调和高光指定颜色值。

显示数量：可反转强度值和百分比的显示。

简单网格/详细网格：单击"简单网格"按钮，会以 25% 的增量显示网格；单击"详细网格"按钮，则以 10% 的增量显示网格。在详细网格状态下，可以更加准确地将控制点对齐到直方图上。按住 Alt 键单击网格，也可以在这两种网格间切换。

通道叠加：可在复合曲线上方叠加各个颜色通道的曲线。

直方图：可在曲线上叠加直方图。

基线：网格上显示以 45°角绘制的基线。

交叉线：调整曲线时，显示水平线和垂直线，在相对于直方图或网格进行拖曳时，可将点对齐。

6.2.5　曝光度

"曝光度"命令用于模拟数码相机内部的曝光处理，常用于调整曝光不足或曝光过度的数码照片。执行"图像"→"调整"→"曝光度"命令，打开"曝光度"对话框，如图 6－20 所示。

"曝光度"对话框中各选项说明如下。

曝光度：向右拖动滑块或输入正值，可以增加图像的曝光度；向左拖动滑块或输入负值，可以降低图像的曝光度。

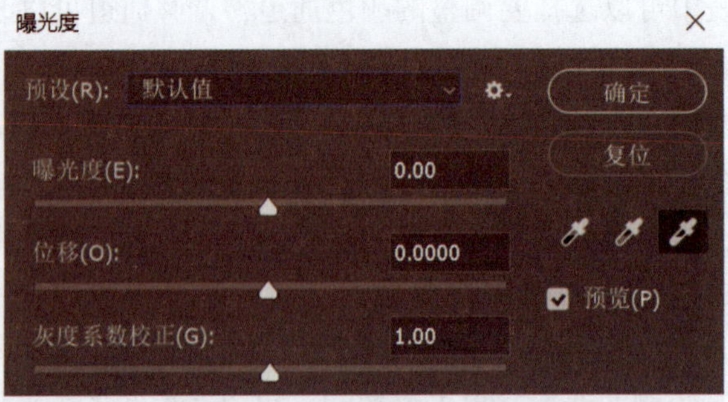

图 6－20 “曝光度”对话框

位移：该选项使阴影和中间调变暗，对高光的影响很轻微。

灰度系数校正：使用简单的乘方函数调整图像灰度系数。

吸管工具：用于调整图像的亮度值（与影响所有颜色通道的“色阶”吸管工具不同）。“设置黑场”吸管工具将设置“位移”，同时将吸管选取的像素颜色设置为黑色；“设置白场”吸管工具将设置“曝光度”，同时将吸管选取的像素设置为白色（对于 HDR 图像为 1.0）；“设置灰场”吸管工具将设置“曝光度”，同时将吸管选取的像素设置为中度灰色。

6.2.6　自然饱和度

“自然饱和度”命令用于对画面进行选择性的饱和度调整，它会对已经接近完全饱和的色彩降低调整程度，而对不饱和度的色彩进行较大幅度的调整。另外，它还用于对皮肤肤色进行一定的保护，确保不会在调整过程中变得过度饱和。

执行“图像”→“调整”→“自然饱和度”命令，弹出“自然饱和度”对话框，如图 6－21 所示。

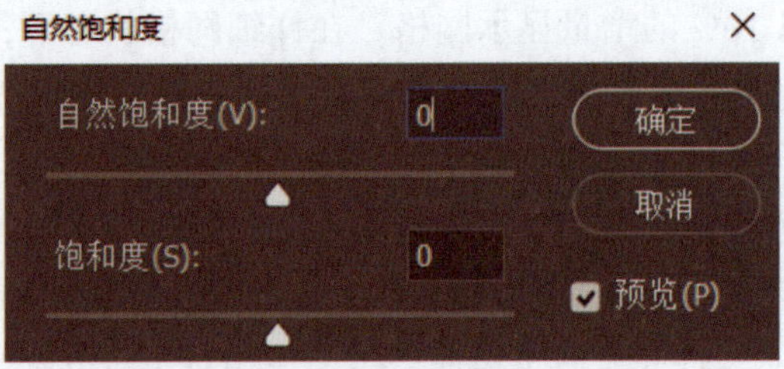

图 6－21 “自然饱和度”对话框

自然饱和度：如果要提高不饱和的颜色的饱和度，并且保护那些已经很饱和的颜色或者肤色，不让它们受较大的影响，那么就向右拖动滑块。

饱和度：同时提高所有颜色的饱和度，不管当前画面中各个颜色的饱和度程度如何，全部都进行同样的调整。这个功能与“色相/饱和度”命令类似，但是比后者的调整效果更加准确自然，不会出现明显的色彩错误。

6.2.7　色相/饱和度

“色相/饱和度”命令用于调整图像中特定颜色分量的色相、饱和度和亮度，或者同时调整图像中的所有颜色。该命令适用于微调 CMYK 图像中的颜色，以便它们处在输出设备的色域内。执行“图像”→“调整”→“色相/饱和度”命令，打开“色相/饱和度”对话框，如图 6－22 所示。

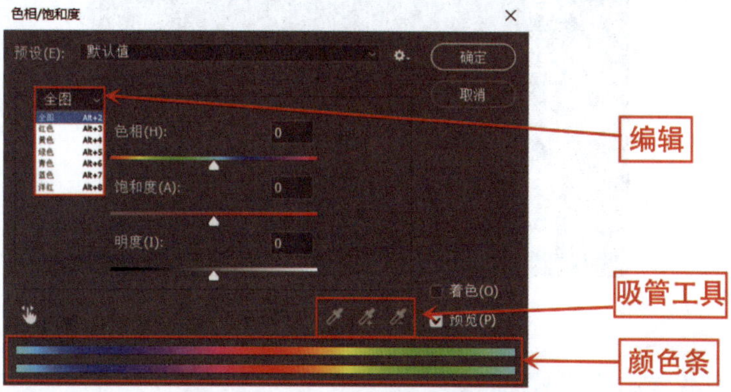

图 6－22　“色相/饱和度”对话框

预设：选择 Photoshop 提供的色相/饱和度预设或自定义预设。

编辑：在该下拉列表中可以选择要调整的颜色。选择“全图”，可调整图像中的所有颜色；选择其他选项，则可以单独调整红色、黄色、绿色和青色等颜色。

色相：拖动该滑块，可以改变图像的色相。

饱和度：向右侧拖动滑块，可以增加饱和度；向左侧拖动滑块，可以减少饱和度。

明度：向右侧拖动滑块，可以增加亮度；向左侧拖动滑块，可以降低亮度。

着色：勾选该复选项后，可以将图像转换为只有一种颜色的单色图像。变为单色图像后，拖动“色相”滑块可以调整图像的颜色。

吸管工具：如果在“编辑”选项中选择了一种颜色，便可以用吸管工具拾取颜色。使用“吸管工具”在图像中单击可选择颜色范围；使用“添加到取样”工具在图像中单击可以增加颜色范围；使用“从取样中减去”工具在图像中单击可减少颜色范围。设置了颜色范围后，可以拖动滑块，以调整颜色的色相、饱和度或明度。

颜色条：在对话框底部有两个颜色条，它们以各自的顺序表示色轮中的颜色。

6.2.8　色彩平衡

“色彩平衡”命令可用于校正图像中的颜色缺陷，通过使用“色彩平衡”更改复合图像的整体色彩混合来创建生动的效果。在“色彩平衡”对话框中，相互对应的两个色互为补色（如青色和红色）。提高某种颜色的比重时，位于另一侧的补色的颜色就会减少。执行“图像”→“调整”→“色彩平衡”命令，打开“色彩平衡”对话框，如图 6－23 所示。

调节图像的“色彩平衡”属性时，拖动“色彩平衡”对话框中的滑块可在图像中增加或减少颜色，从而使图像展现不同的颜色风格。

色阶：设置色彩通道的色阶值，范围为－100～＋100。

色调平衡：可选择一个色调范围来进行调整，包括“阴影”“中间调”和“高光”。

保持明度：勾选“保持明度”复选框，可防止图像的亮度值随着颜色的更改而改变，从而保持图像的色调平衡。

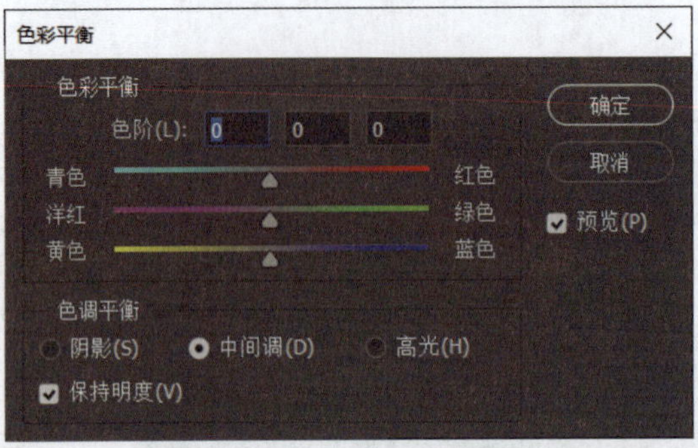

图 6－23 “色彩平衡”对话框

6.2.9 “照片滤镜”调整命令

“照片滤镜”命令的功能相当于摄影中滤光镜的功能，即模拟在机镜头前加上彩色滤光镜，以便调整到达镜头光线的色温与色彩的平衡，从而使胶片产生特定的曝光效果。

打开素材“风景.jpg”文件，如图 6－24 所示。执行“图像”→“调整”→“照片滤镜”命令，打开“照片滤镜”对话框，在“滤镜”下拉列表中选择“加温滤镜（85）”选项，调整“浓度”为68%，勾选“保留明度”复选项，如图 6－25 所示。设置好后，单击“确定”按钮，效果如图 6－26 所示。

图 6－24 素材“风景”

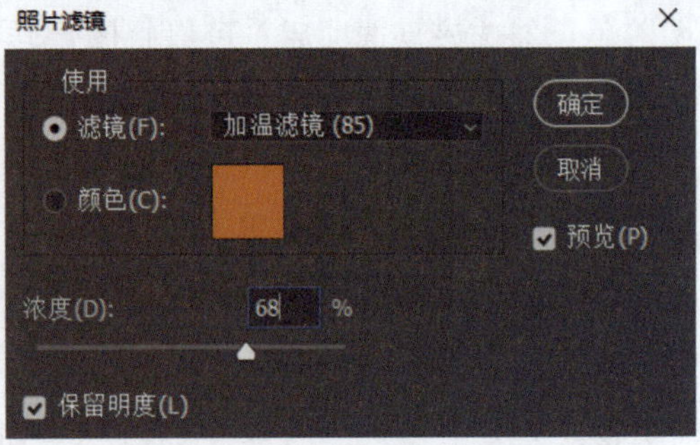

图 6－25 “照片滤镜”对话框

图 6－26 效果

6.2.10　“通道混和器”调整命令

“通道混和器”命令利用存储颜色信息的通道混合通道颜色，从而改变图像的颜色。

打开素材“风景 jpg”文件，如图 6－27 所示。执行“图像”→“调整”→“通道混和器”命令，打开“通道混和器”对话框，在“输出通道”下拉列表中选择“红”通道，向右拖动红色滑块，或直接输入数值＋144 ，如图 6－28 所示。单击“确定”按钮，此时得到的图像效果如图 6－29 所示。

图 6－27　素材“风景”

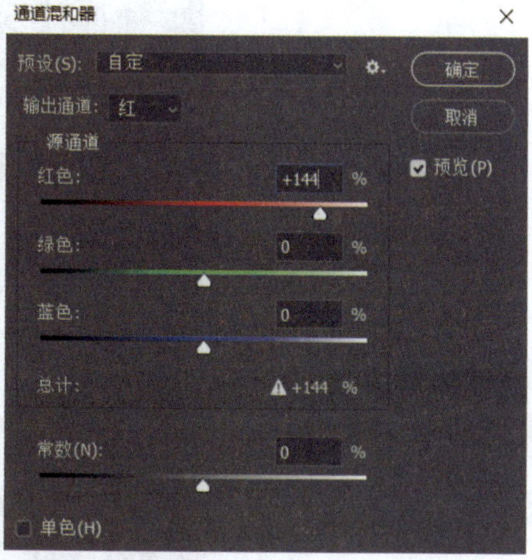

图 6－28　“通道混和器”对话框

图 6－29　效果

6.3　特殊调整命令

“去色”“反相”“色调均化”“阈值”“渐变映射”和“色调分离”等命令用于更改图像中的颜色或亮度值，主要用于创建特殊颜色和色调效果，一般不用于颜色校正。本节将详细讲解几种常用特殊调整命令的应用。

6.3.1 黑白调整命令

“黑白”调整命令专用于将彩色图像转换为黑白图像，其控制选项可以分别调整6种颜色（红、黄、绿、青、蓝、洋红）的亮度值，从而制作出高质量的黑白照片。

启动Adobe Photoshop 2022软件，打开素材图，执行“图像”→“调整”→“黑白”命令，打开“黑白”对话框，如图6-30所示。

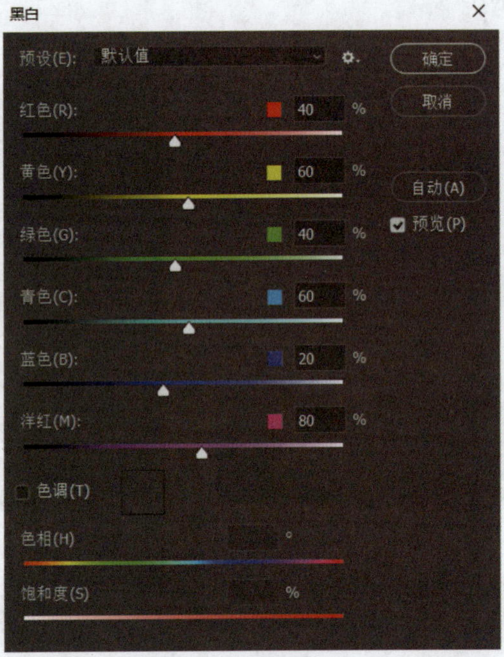

图6-30 “黑白”对话框

单击“预设”下拉按钮，出现下拉列表，如图6-31所示，这些模式分别应用到图像上，会产生不同的效果，例如“蓝色滤镜”与“红外线”的对比效果如图6-32所示。

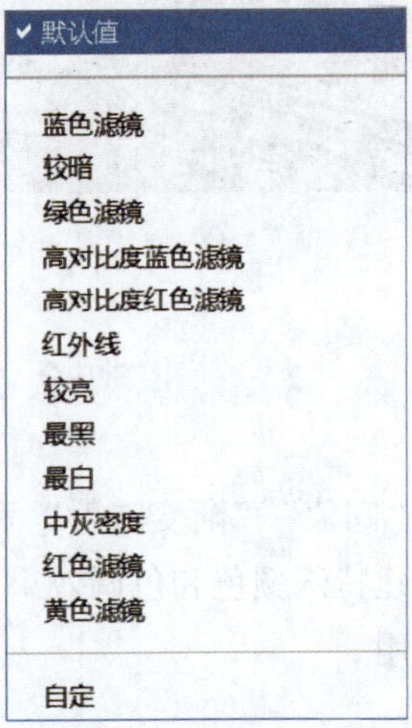

图6-31 “预设”下拉列表

（a）　　　　　　　　　　　（b）

图 6－32　“蓝色滤镜”与“红外线”对比效果

（a）蓝色滤镜；（b）红外线

在“黑白”对话框中勾选“色调”复选项，再选择一种颜色，如图 6－33 所示，对图像中的灰度应用颜色，图像效果如图 6－34 所示。

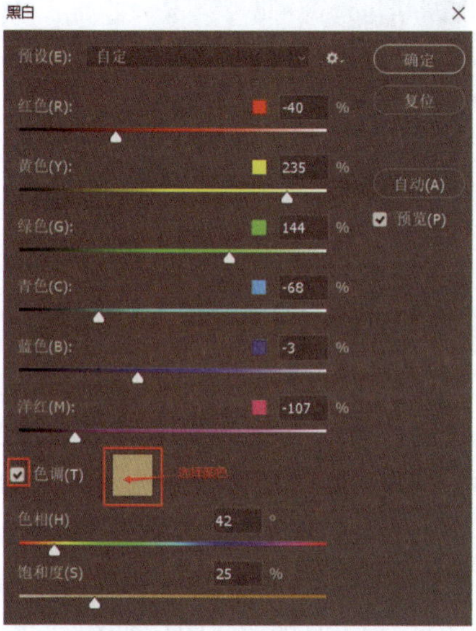

图 6－33　“色调”复选框

图 6－34　应用颜色图像效果

6.3.2　“渐变映射”调整命令

“渐变映射”命令用于将彩色图像转换为灰度图像，再用设定的渐变色替换图像中的各级灰度。如果指定的是双色渐变，图像中的阴影就会映射到渐变填充的一个端点颜色，高光则映射到另一个端点颜色，中间调映射为两个端点颜色之间的渐变，如图 6－35 所示。

图 6－35　“渐变映射”效果对比

6.3.3 “去色”调整命令

使用“去色”命令可以删除图像的颜色，将彩色图像变成黑白图像，但不改变图像的颜色模式。“去色”处理后效果对比如图 6－36 所示。

图 6－36 “去色”对比

6.3.4 “阈值”调整命令

“阈值”命令用于将灰度或彩色图像转换为高对比度的黑白图像，可以指定某个色阶作为阈值，所有比阈值色阶亮的像素转换为白色，而所有比阈值暗的像素转换为黑色，从而得到纯黑白图像。使用“阈值”命令，可以调整得到具有特殊艺术效果的黑白图像效果。

打开相关素材，如图 6－37 所示。执行“图像”→“调整”→“阈值”命令，打开“阈值”对话框，在该对话框中显示了“阈值色阶”为 128 的效果图，如图 6－38 所示。

图 6－37 素材

图 6－38 “阈值色阶”为 128 的效果图

6.4　综合实战——人像颜色调整

本实例将使用多个色彩调整命令来修复光线过暗的室内人像。

（1）启动 Adobe Photoshop 2022 软件，按快捷键 Ctrl + O，打开相关素材中的“人物 . jpg”文件，效果如图 6 – 39 所示。

（2）按快捷键 Ctrl + J 复制“背景”图层，得到“图层 1”图层。在图层面板下方单击“创建调整图层”按钮，在下拉菜单中选择“曲线”命令，这时在“图层”面板中自动生成“曲线 1”调整图层，在“属性”面板中，颜色选择“RGB”，将曲线向上拖动，如图 6 – 40 所示。

图 6 – 39　素材“人物”

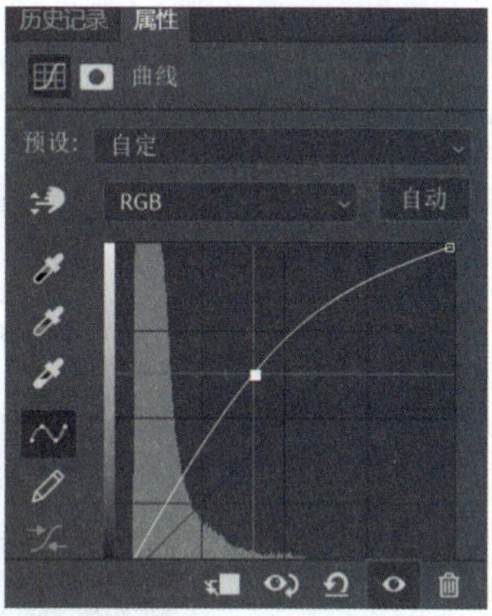

图 6 – 40　调整曲线

（3）创建“色阶 1”调整图层，在打开“色阶 – 属性”面板中调整中间调和高光区域的数值，如图 6 – 41 所示，将人物整体提亮，显示出画面中更多的细节，效果如图 6 – 42 所示。

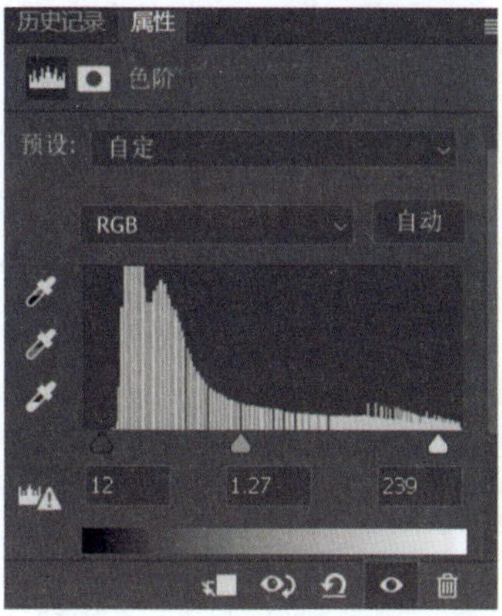

图 6 – 41　调整色阶

图 6 – 42　图片提亮效果

（4）在“色阶 1”图层上方创建“色彩平衡 1”调整图层，在弹出的对话框中调整“阴影”“中间调”和“高光”的参数，如图 6 – 43 ~ 图 6 – 45 所示。

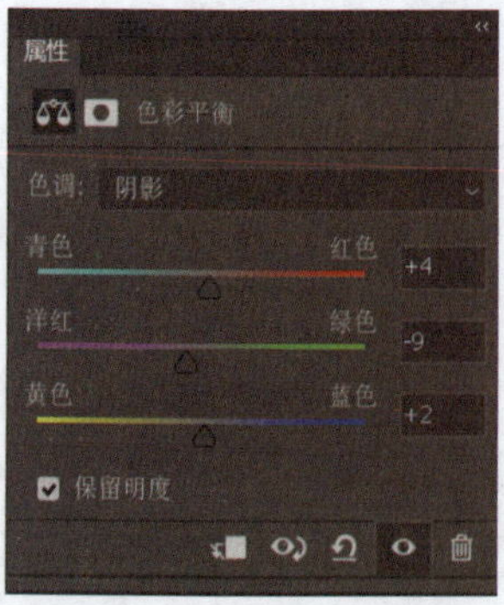

图 6 – 43 “阴影”参数

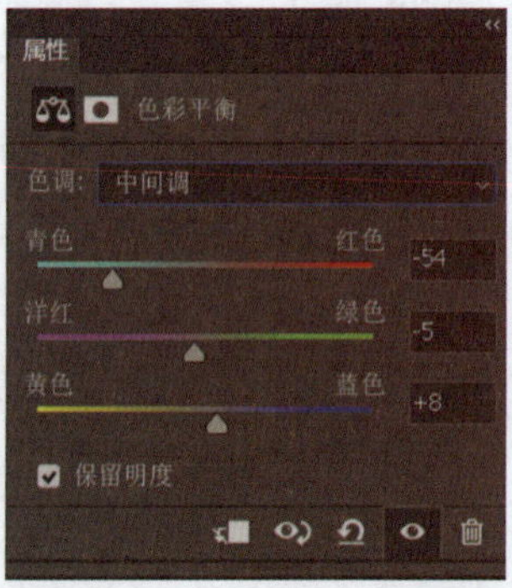

图 6 – 44 “中间调”参数

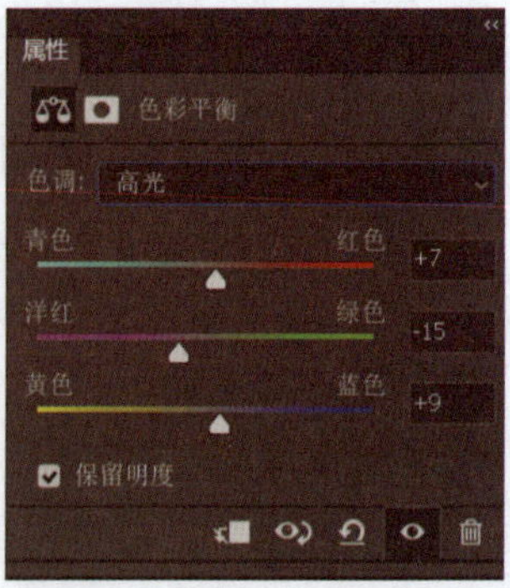

图 6 – 45 “高光”参数

(5) 调整完成后，按快捷键 Ctrl + Alt + Shift + E 盖印图层，图像最终效果如图 6 – 46 所示。

图 6 – 46 最终效果

第7章 修饰图像的应用

本章简介

本章将继续介绍 Adobe Photoshop 2022 在美化、修复图像方面的强大功能。通过简单、直观的操作，可以将各种有缺陷的数码照片加工为美轮美奂的图片，也可以基于设计需要为普通的图像添加特殊的艺术效果。

本章重点

掌握修饰工具组、颜色调整工具组和修复工具组的使用方法。

技能目标

- 熟练掌握各种修饰工具的使用方法和工具选项栏的设置。
- 熟练掌握使用各种颜色调整工具对图像的局部色调和颜色进行调整的方法。
- 熟练掌握各种修复工具的使用方法及“仿制源”面板的设置。

素养目标

通过本章内容的学习和实际操作示范，让学生尝试修复图片的瑕疵，掌握相关工具的使用方法，同时引导学生树立正确的修复图像观念，告知学生不能恶搞图片，更不能侵害自然人的肖像权和人格权益，严重的还可能危害国家安全和社会公共利益，触犯国家法律法规。

7.1 修饰工具

修饰工具

修饰工具包括“模糊工具”、“锐化工具”和“涂抹工具”，使用这些工具，可以对图像的对比度、清晰度进行控制，以创建真实、完美的图像。

7.1.1 模糊工具

“模糊工具”主要用来对照片进行修饰，通过柔化图像，减少图像杂乱的细节，达到突出主体的效果。

打开相关素材文件，如图 7 - 1 所示，在工具箱中选择“模糊工具”后，在工具选项栏设置合适的笔触大小，并设置“模式”为“正常”，“强度”为 100%，如图 7 - 2 所示。

图 7－1　原图

图 7－2　“模糊工具”选项栏

“模糊工具”选项栏中各选项说明如下：

画笔：可以选择一个笔尖，模糊或锐化区域的大小取决于画笔的大小。单击按钮，可以打开“画笔预设”选取器。

模式：用来设置涂抹效果的混合模式。

强度：用来设置工具的修改强度。

对所有图层取样：如果文档中包含多个图层，勾选该复选项，表示对所有可见图层中的数据进行处理；取消勾选，则只处理当前图层中的数据。

将光标移至需要修改的位置，单击并长按鼠标左键进行反复涂抹，可以看到涂抹处产生模糊效果，如图 7－3 所示。

图 7－3　模糊效果

7.1.2　锐化工具

“锐化工具”通过增大图像相邻像素之间的反差锐化图像，从而使图像看起来更为清晰。

打开相关素材文件，如图 7－4 所示，可以看到人物比较模糊。在工具箱中选择“锐化工具”后，在工具选项栏设置合适的笔触大小，并设置“模式”为“正常”，“强度”为 50%，然后对人物五官进行反复涂抹，将其逐步锐化，效果如图 7－5 所示。

图7-4　原图

图7-5　锐化效果

7.1.3　涂抹工具

使用“涂抹工具”绘制出来的效果，类似于在未干的油画上涂抹，会出现色彩混合扩展的现象。

打开相关素材文件，如图7-6所示。在工具箱中选择“涂抹工具”后，在工具选项栏中选择一个湿介质笔刷，并设置“笔触大小”为22像素，“硬度”为65%，“强度”为100%，取消勾选“对所有图层取样”复选项，如图7-7所示，然后在斑马的彩色条纹上进行涂抹，绘制颜料流动的效果，如图7-8所示。

图7-6　原图

图7-7　设置“涂抹工具”选项栏

“涂抹工具”还可以制作毛发效果，打开素材“紫色球体”，如图7-9所示。在工具箱中选择“涂抹工具”后，在工具选项栏中选择一个“圆扇形”笔刷，笔触不要设置过大，模式为“正常”，“强度”为50%~80%，取消勾选“对所有图层取样”复选项，然后在球体上用画弧线的方式向四周进行涂抹。毛发绘制完成后，可以添加一些表情和装饰品，可爱的毛球就绘制好了，效果如图7-10所示。

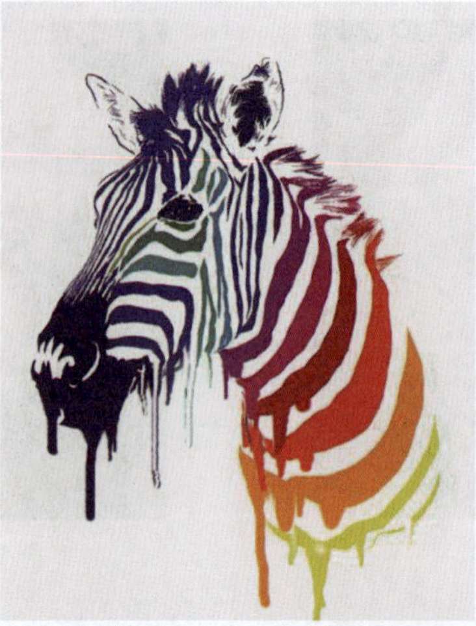

图 7－8　颜料流动效果

图 7－9　紫色球体

图 7－10　毛球效果

7.2　颜色调整工具

颜色调整工具

颜色调整工具包括“减淡工具”、“加深工具”和“海绵工具”，可以对图像的局部色调和颜色进行调整。

7.2.1　减淡工具与加深工具

在传统摄影技术中，调节图像特定区域曝光度时，摄影师通过遮挡光线以使照片中的某个区域变亮（减淡），或增加曝光度使照片中的某个区域变暗（加深）。Photoshop 中的“减淡工具”和“加深工具”正是基于这种技术处理照片的曝光的。这两个工具的选项栏基本相同，如图 7－11 所示。

（a）

（b）

图 7－11　“减淡工具”（a）和“加深工具”（b）选项栏

工具选项栏中各选项说明如下：

范围：可以选择要修改的色调。选择“阴影”选项，可以处理图像中的暗色调；选择“中间调”选项，可以处理图像的中间调（灰色的中间范围色调）；选择“高光”选项，可以处理图像的亮部色调。

曝光度：可以为“减淡工具”或“加深工具”指定曝光。该值越高，效果越明显。

喷枪：单击该按钮，可以为画笔开启喷枪功能。

保护色调：勾选该复选框后，可以减少对图像色调的影响，还能防止色偏。

7.2.2　减淡工具

“减淡工具”主要用来增加图像的曝光度，通过减淡涂抹，可以提亮照片中部分区域，增加质感。

打开素材“风景.jpg”文件，如图 7－12 所示，选择“减淡工具”，在工具选项栏中设置合适的笔触大小，将“范围”设置为“阴影”，并将“曝光度”设置为 70%，在画面中反复涂抹，涂抹后，雪地阴影处的曝光增加了，如图 7－13 所示。

图 7－12　素材“风景”

图 7－13　阴影减淡效果

如果在“减淡工具”选项栏中设置“范围”为“中间调”，然后在画面中反复涂抹，涂抹后，中间调减淡，效果如图 7－14 所示。如果在“减淡工具”选项栏中设置“范围”为“高光”，然后在画面中反复涂抹，涂抹后，高光减淡，图像更亮，效果如图 7－15 所示。

图 7－14　“中间调”减淡效果

图 7－15　“高光”减淡效果

7.2.3 加深工具

“加深工具”主要用来降低图像的曝光度，使图像中的局部亮度变得更暗。

打开素材“美女.jpg”文件，如图 7－16 所示，选择“加深工具”，在选项栏中设置合适的笔触大小，将“范围”设置为“阴影”，并将“曝光度”设置为50%，在画面中反复涂抹，涂抹后，阴影加深，如图 7－17 所示。

图 7－16　素材“美女”

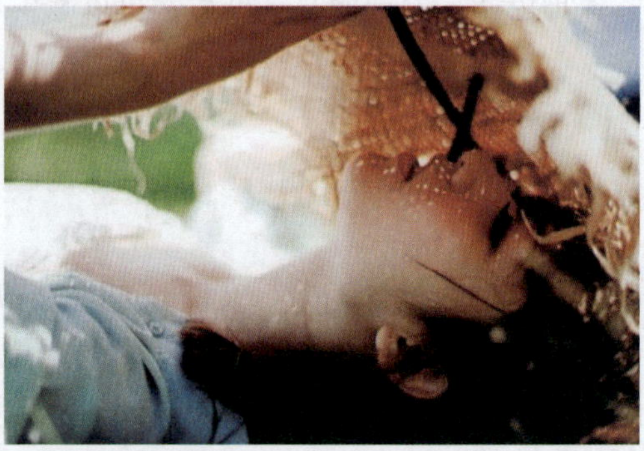

图 7－17　“阴影”加深效果

如果在工具选项栏中设置“范围”为“中间调”，然后在画面中反复涂抹，涂抹后中间调曝光度降低，如图 7－18 所示。如果在工具选项栏中设置“范围”为“高光”，然后在画面中反复涂抹，涂抹后亮部曝光度降低，效果如图 7－19 所示。

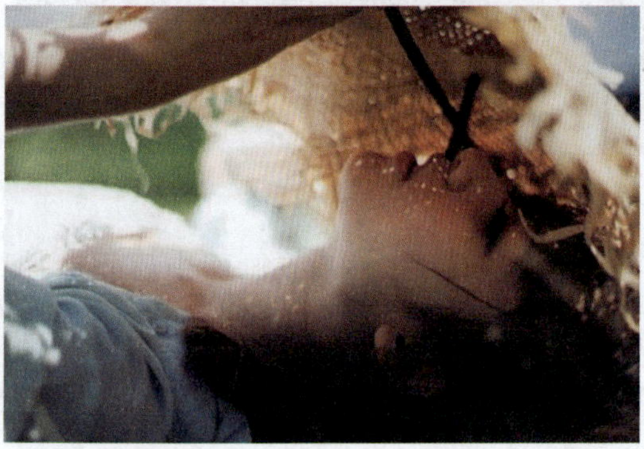

图 7－18　“中间调”加深效果

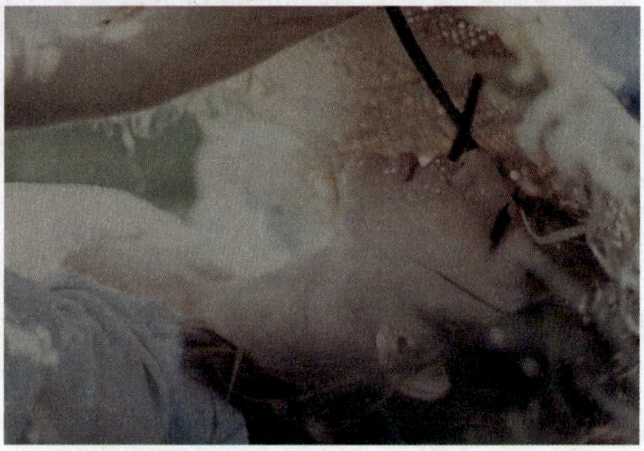

图 7－19　“高光”加深效果

7.2.4 海绵工具

“海绵工具”主要用来改变局部图像的色彩饱和度，但无法为灰度模式的图像上色。

打开素材“海.jpg”文件，如图 7－20 所示，选择“海绵工具”，在选项栏中设置合适的笔触大小，将“模式”设置为“去色”，并将“流量”设置为50%，如图 7－21 所示。

“海绵工具”选项栏中各选项说明如下：

模式：选择“去色”模式，涂抹图像后，将降低图像饱和度；选择“加色”模式，涂抹图像后，将增加图像饱和度。

图 7－20　素材“海”

图 7－21　“海绵工具”选项栏

流量：数值越高，修改的强度越大。

喷枪：激活该按钮后，启用画笔喷枪功能。

自然饱和度：勾选该复选项后，可避免因饱和度过高而出现溢色。

完成上述设置后，按住鼠标左键在画面中反复涂抹，即可降低图像饱和度，如图 7－22 所示。如果工具选项栏将“模式”设置为“加色”，然后在画面中反复涂抹，则可增加图像饱和度，如图 7－23 所示。

图 7－22　降低图像饱和度

图 7－23　增加图像饱和度

7.3　修复工具

Adobe Photoshop 2022 提供了大量专业的图像修复工具，包括“仿制图章工具”、“污点修复画笔工具”、“修复画笔工具”、“修补工具”和“红眼工具”等，使用这些工具可以快速修复图像中的污点和瑕疵。

7.3.1　“仿制源”面板

“仿制源”面板主要用于放置“仿制图章工具”或“修复画笔工具”，使这些工具的使用更加便捷。在对图像进行修饰时，如果需要确定多个仿制源，使用该面板进行设置，即可在多个仿制源中进行切换，并可对克隆源区域的大小、缩放比例、方向进行动态调整，从而提高“仿制工具”的工作效率。

执行“窗口”→“仿制源”命令，或在“仿制图章工具”和“修复画笔工具”工具选项栏中单击“切换仿制源面板”按钮，即可在视图中显示“仿制源”面板，如图 7－24 所示。

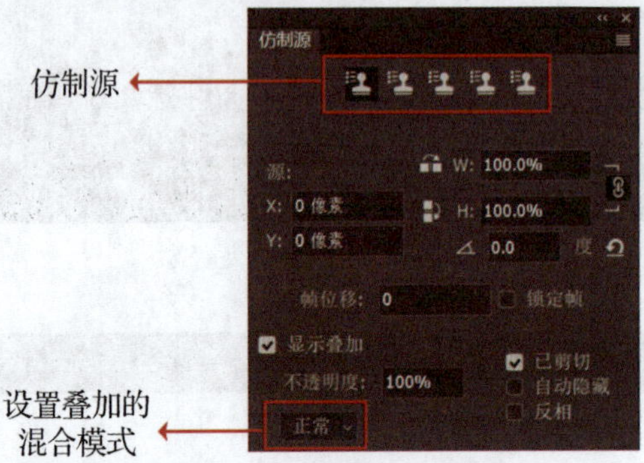

图 7－24 “仿制源”面板

“仿制源”面板中各选项说明如下：

仿制源：单击该按钮，然后设置取样点，最多可以设置 5 个不同的取样源。通过设置不同的取样点，可以更改“仿制源”按钮的取样源。“仿制源”面板将存储本源，直到关闭文件。

位移：输入 W（宽度）或 H（高度）值，可缩放所仿制的源，默认情况下将约束比例。如果要单独调整尺寸或恢复约束选项，可单击“保持长宽比”按钮。指定 X 和 Y 像素位移时，可在相对于取样点的精确位置进行绘制；输入旋转角度时，可旋转仿制的源。

显示叠加：要显示仿制源的叠加，可选择“显示重叠”并指定叠加选项。

不透明度：在使用“仿制图章工具”和“修复画笔工具”进行绘制时，调整样本源叠加选项，能够更好地查看叠加效果。在“不透明度”选项中可以设置叠加的不透明度。

自动隐藏：勾选“自动隐藏”复选项，可在应用绘画描边时隐藏叠加。

设置叠加的混合模式：如果要设置叠加的外观，可以在该下拉列表中选择“正常”“变暗”“变亮”或“差值”混合模式。

反相：勾选“反相”复选项，可反相叠加颜色。

7.3.2 仿制图章工具

仿制图章工具

“仿制图章工具”，从源图像复制取样，通过涂抹的方式将仿制的源复制出新的区域，以达到修补、仿制的目的。

打开素材文件，如图 7－25 所示，选择工具箱中的“仿制图章工具”，在工具选项栏中设置一个柔边圆笔触，如图 7－26 所示。

然后将光标移动至取样处，按住 Alt 键并单击鼠标左键即可进行取样，如图 7－27 所示。释放 Alt 键，此时涂抹笔触内将出现取样图案，单击并进行拖动，在需要仿制的地方涂抹，即可去除图像，如图 7－28 所示。

图 7－25　素材

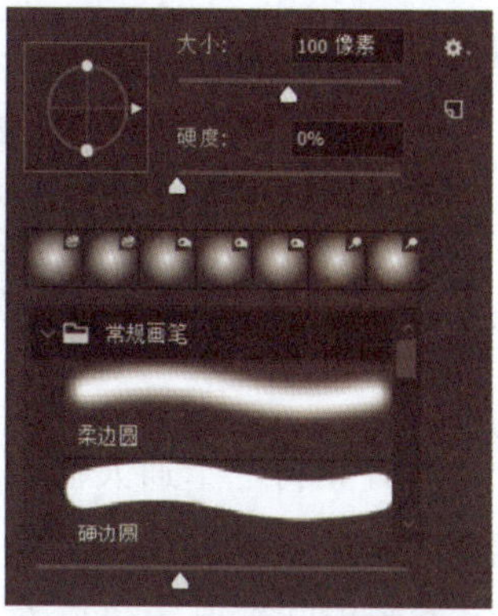

图 7－26　设置柔边圆笔触

图 7－27　进行取样

图 7－28　去除图像

7.3.3　实战——图案图章工具

“图案图章工具” 的功能和图案填充效果类似，都可以使用 Photoshop 软件自带的图案或自定义图案对选区或者图层进行图案填充。

（1）打开素材“卷发.jpg”文件，效果如图 7－29 所示，用矩形选框工具 选取所要复制的部分，如图 7－30 所示。执行“编辑”→“定义图案”命令，弹出“图案名称”对话框，如图 7－31 所示，单击“确定”按钮，便自定义好了一个图案。

图 7－29　素材“卷发”

图 7－30　绘制选区

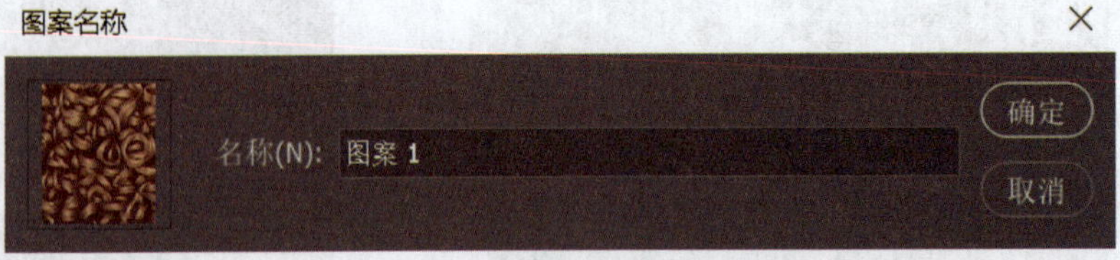

图 7－31 “图案名称”对话框

（2）打开素材“卡通人物.jpg”文件，如图 7－32 所示，选择工具箱中的“魔棒工具”，绘制人物的头发选区，如图 7－33 所示。再选择“图案图章工具”，在工具选项栏中设置一个柔边圆笔触，然后在“图案”拾色器的下拉列表中找到自定义图案，并勾选“对齐”复选项，如图 7－34 所示。调整笔尖至合适大小后，在头发上涂满图案，按快捷键 Ctrl＋D 取消选区，效果如图 7－35 所示。

图 7－32 素材“卡通人物”

图 7－33 绘制头发选区

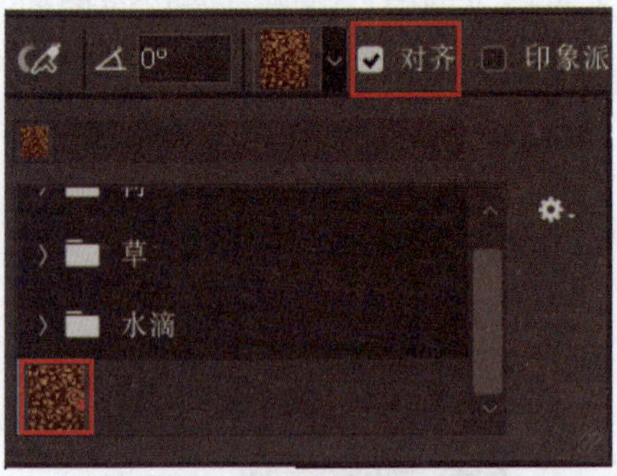

图 7－34 打开“图案”拾色器

图 7－35 填充图案

（3）选择“魔棒工具”绘制人物的衣服选区。选择“图案图章工具”，在工具选项栏中的下拉列表中找一个好看的图案，并勾选“对齐”复选项，调整笔尖至合适大小，在衣服上涂满图案，效果如图 7－36 所示。用同样的方法为人物的裤子和鞋也绘制上图案，效果如图 7－37 所示。

图 7－36 填充衣服

图 7－37 填充裤子和鞋

7.3.4 污点修复画笔工具

“污点修复画笔工具” 用于快速除去图片中的污点与其他不理想部分，并自动对修复区域与周围图像进行匹配与融合。

打开素材“人物.jpg”文件，如图 7－38 所示，选择工具箱中的“污点修复画笔工具”，在工具选项栏中设置一个柔边圆笔刷，模式为“正常”，类型选择“内容识别”，如图 7－39 所示。

修复画笔工具组

图 7－38 素材“人物”

图 7－39 “污点修复画笔工具”选项栏

“污点修复画笔工具”选项栏中部分选项说明如下：

内容识别：根据取样处周围综合性的细节信息，创建一个填充区域来修复瑕疵。

创建纹理：根据取样处内部的像素以及颜色，生成一种纹理效果来修复瑕疵。

近似匹配：根据取样处边缘的像素以及颜色来修复瑕疵。

将光标移动至斑点和水印位置，按住鼠标左键进行单击，即可看到斑点和水印被清除，如图 7－40 所示。

图 7－40　清除斑点和水印

7.3.5　修复画笔工具

“修复画笔工具”和“仿制图章工具”类似，都是通过取样将取样区域复制到目标区域。不同的是，前者不是完全的复制，而是经过自动计算使修复处的光影和周边图像保持一致，源的亮度等信息可能会被改变。

打开素材“西瓜.jpg”文件，如图 7－41 所示，选择工具箱中的“修复画笔工具”，在工具选项栏中设置一个笔刷，并将“源”设置为“取样”，如图 7－42 所示。

图 7－41　素材“西瓜”

图 7－42　“修复画笔工具”选项栏

设置完成后，将光标放在没有西瓜籽的区域，按住 Alt 键并单击进行取样，释放 Alt 键，在西瓜籽处涂抹，即可将西瓜籽去除，如图 7－43 所示。

图 7－43　去除西瓜籽

7.3.6　修补工具

修补工具

“修补工具”通过仿制源图像中的某一区域，去修补另一个地方并自动融入周围环境中，这与“修复画笔工具”的原理类似。不同的是，“修补工具”主要是通过创建选区对图像进行修补。

打开素材“照片.jpg”文件，如图 7－44 所示，选择工具箱中的“修补工具”，在工具选项栏中选择“源”选项，如图 7－45 所示。单击并拖动鼠标，在标识牌处创建选区，如图 7－46 所示，将光标放在选区内，拖动选区到干净的沙滩处，如图 7－47 所示。如果一次没有清除干净，就多试几次，即可去除标识牌，然后按快捷键 Ctrl＋D 取消选择，效果如图 7－48 所示。

图 7－44　素材“照片”

图 7－45　“修补工具”选项栏

图 7－46　创建选区

图 7－47　拖动选区

图 7－48　去除标识牌效果

7.3.7　内容感知移动工具

“内容感知移动工具”用来移动和扩展对象，并将对象自然地融入原来的环境中。

打开素材，如图 7－49 所示。选择工具箱中的“内容感知移动工具”，在工具选项栏中设置“模式”为“移动”，如图 7－50 所示。在画面上框选人物载入选区，如图 7－51 所示。将光标放在选区内，单击并往左拖动，按 Enter 键，即可将选区移动到新的位置，并自动对原位置的图像进行融合补充，如图 7－52 所示。

内容感知移动工具

图 7－49　素材

图 7－50　“内容感知移动工具”选项栏

图 7－51　载入选区

图 7－52　移动图像

在工具选项栏中，将“模式”设置为“扩展”，然后将光标放在选区内，单击并往右拖动，即可复制并移动到新位置，原位置的图像不变，按快捷键 Ctrl＋D 取消选区，效果如图 7－53 所示。使用前面所学的其他修复工具，对复制后的图像进行处理，效果将更加完美，如图 7－54 所示。

图 7－53　“扩展”图像

图 7－54　调整图像细节

7.3.8　红眼工具

用“红眼工具”能很方便地去除红眼，弥补相机使用闪光灯或者其他原因导致的红眼问题。

打开素材文件，如图 7－55 所示。选择工具箱中的“红眼工具”后，在工具选项栏中设置“瞳孔大小”为 50％，设置“变暗量”为 50％，如图 7－56 所示。设置完成后，在眼球处单击，即可去除红眼，如图 7－57 所示。除了上述方法，选择“红眼工具”后，在红眼处拖出一个虚线框，同样可以去除框内红眼，如图 7－58 所示。

红眼工具

图 7－55　素材

图 7－56　“红眼工具”选项栏

图 7－57　单击去除红眼

图 7－58　拖出虚线框去除红眼

7.4　综合实战——精致人像修饰

本例将结合本章所学内容，对人像进行美化处理，并为人像添加妆容，让人物精神更加饱满。

（1）启动 Adobe Photoshop 2022 软件，按快捷键 Ctrl＋O，打开相关素材中的“人像 .jpg”文件，效果如图 7－59 所示。

图 7－59　素材“人像”

（2）按快捷键 Ctrl + J 复制得到新的图层，选择工具箱中的“污点修复画笔工具”，在人物脸上较明显的瑕疵区域单击，去除瑕疵，如图 7 – 60 所示。

图 7 – 60　去除脸部瑕疵

（3）选择工具箱中的“模糊工具”，在工具选项栏中设置“强度”为 70%，单击并在人物皮肤上涂抹，令皮肤柔化光滑，如图 7 – 61 所示。

（4）选择工具上中的“锐化工具”，在工具选项栏中设置“强度”为 30%，单击并在人物五官上涂抹，令五官更加清晰，如图 7 – 62 所示。

图 7 – 61　脸部模糊

图 7 – 62　锐化五官

（5）按快捷键 Ctrl + J 复制得到新的图层，选择工具箱中的“减淡工具”，在工具选项栏中的“范围”下拉列表中选择“中间值”，设置“曝光度”为 30%，保护色调，单击并在人物高光区域涂抹，提亮肤色，如图 7 – 63 所示。

图 7 – 63　提亮肤色

(6) 选择工具箱中的“加深工具”，在工具选项栏中的“范围”下拉列表中选择“中间值”，设置“曝光度”为 30%，保护色调，单击并在人物阴影区域涂抹，加深轮廓，如图 7－64 所示。

图 7－64　阴影加深

(7) 单击工具栏中的前景色块，打开“拾色器（前景色）”对话框，对人物嘴唇的颜色进行取样，选择工具箱中的“混合器画笔工具”，然后在工具选项栏中设置参数，颜色为肉粉色，具体如图 7－65 所示。

图 7－65　“混合器画笔工具”选项栏

(8) 单击“图层”面板中的“创建新图层”按钮，新建空白图层，双击图层，重命名为“腮红 眼影”图层。长按鼠标左键在人物脸部与眼尾涂抹，为人物添加腮红与眼影，如图 7－66 所示。

(9) 单击工具选项栏中的“当前画笔载入”选项，打开“拾色器（混合器画笔颜色）”对话框，设置颜色为淡蓝色（#7892d5），单击“确定”按钮。单击并在眼角区域涂抹，添加眼影，如图 7－67 所示。

图 7－66　添加腮红与眼影

图 7－67　添加淡蓝色眼影

（10）选择工具箱中的“画笔工具”，在画布中右击，弹出“画笔预设”选取器，选择一个柔边画笔，如图 7－68 所示。

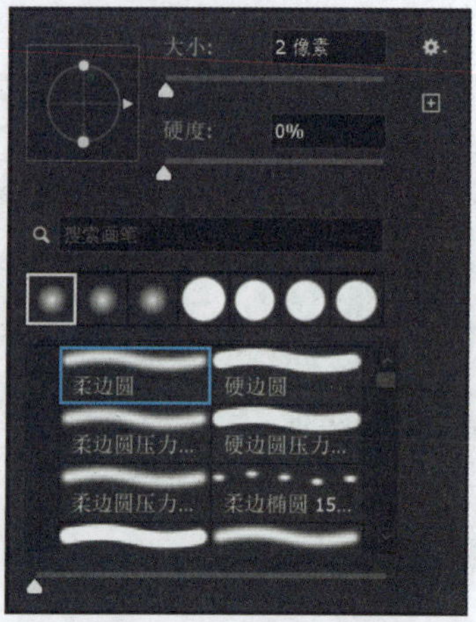

图 7－68　选择柔边画笔

（11）单击“图层”面板中的“创建新图层”按钮，新建图层，选择工具箱中的“钢笔工具”，样式为路径，在图像中创建锚点，绘制眼线路径，如图 7－69 所示。

（12）右击，在弹出的快捷菜单中执行“描边路径”命令，打开“描边路径”对话框，勾选“模拟压力”复选框，用画笔描边路径，如图 7－70 所示。

图 7－69　绘制眼线路径

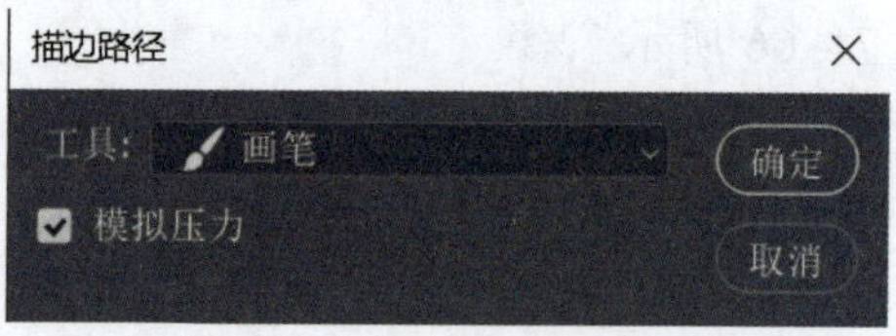

图 7－70　“描边路径”对话框

（13）单击“确定”按钮，以相同方式绘制另一条眼线。双击图层，重命名为“眼线”图层。效果如图 7－71 所示。

图 7－71　眼线效果

（14）按快捷键 Shift + Ctrl + Alt + E 盖印可见图层，选择工具箱中的“颜色替换工具”，设置前景色为蓝色，在工具选项栏中设置“容差”为 25%，涂抹钻石，为饰品替换颜色，如图 7－72 所示。

（15）选择工具箱中的“海绵工具”，在工具选项栏中的“模式”下拉列表中选择“加色”，并设置“流量”为 40%，涂抹钻石，令颜色更加饱满，如图 7－73 所示。

图 7－72　为钻石上色

图 7－73　添加饱和度

（16）单击“图层”面板中的按钮，创建“色阶”调整图层，色阶属性设置如图 7－74 所示。

（17）单击“图层”面板中的按钮，创建“曲线”调整图层，曲线属性设置如图 7－75 所示。

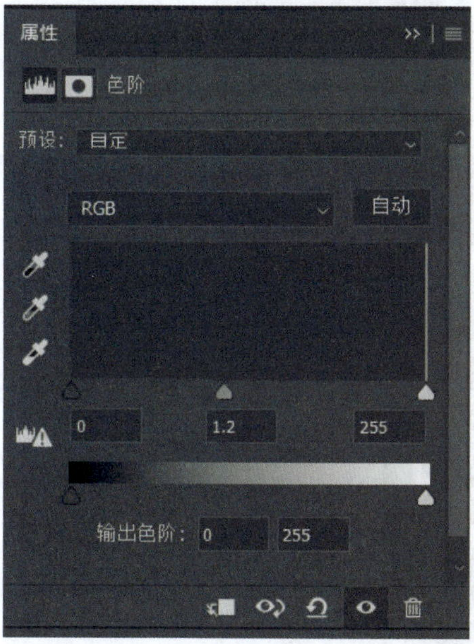

图 7－74　调整“色阶”

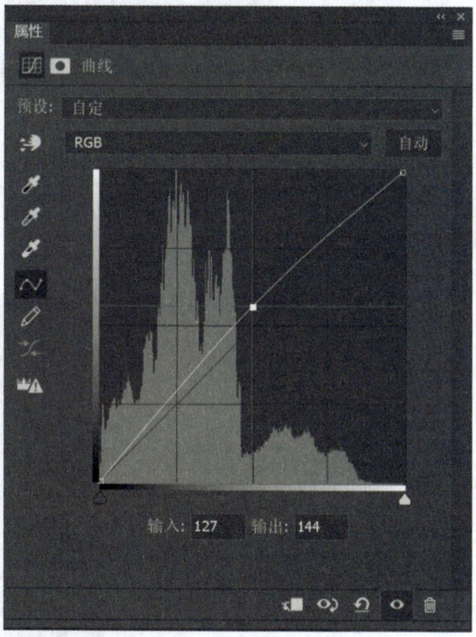

图 7－75　调整“曲线”

（18）新建空白图层，选择“画笔工具”，在工具选项栏中的“模式”下拉列表中选择“正常”模式。单击“画笔设置”面板按钮，分别设置画笔笔尖形状、形状动态、散布、颜色动态以及传递，参数如图 7－76 所示。再分别设置前景色与背景色为深浅不同的蓝紫色。

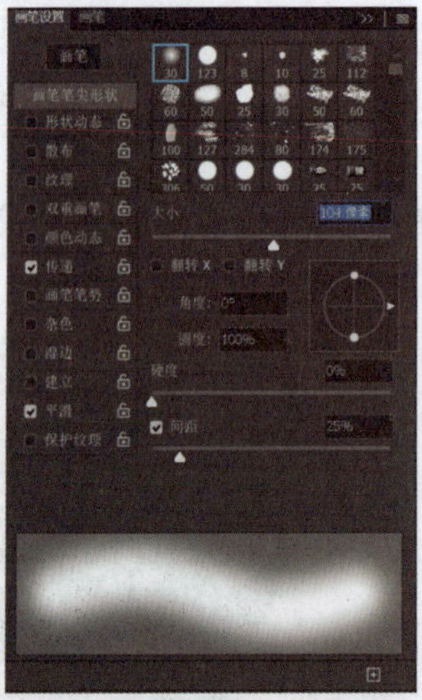

画笔笔尖形状

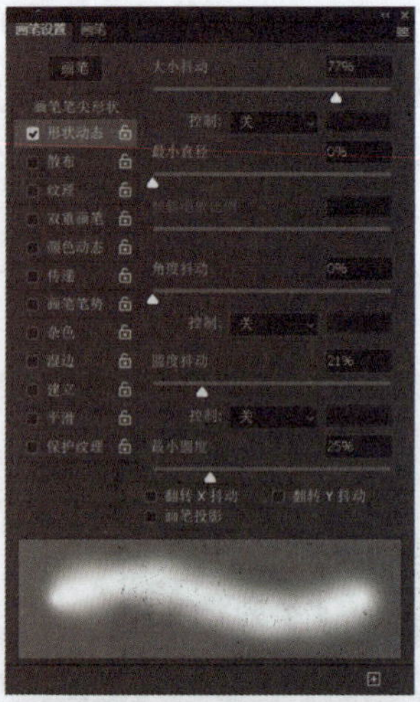

形状动态

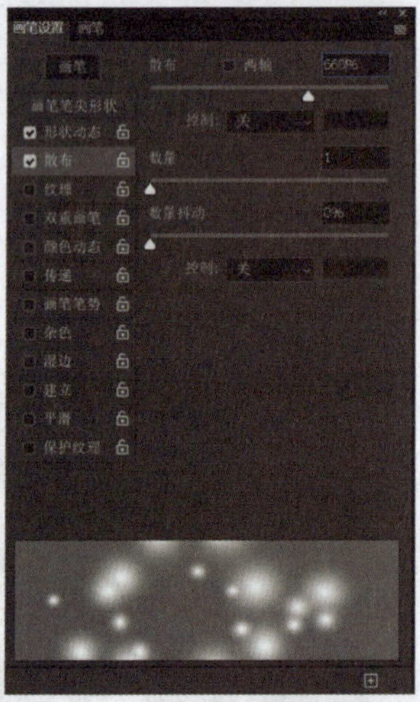

散布

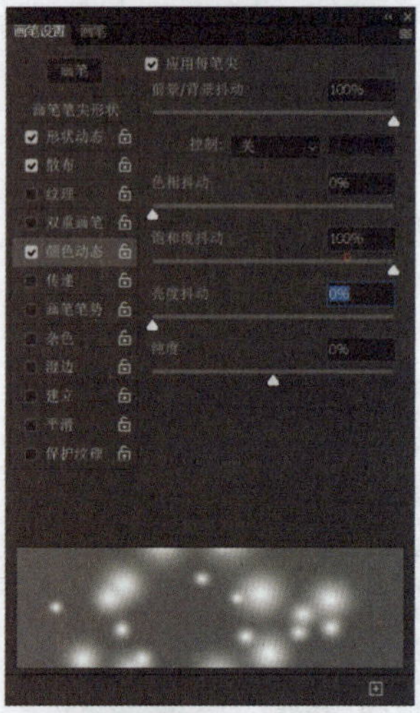

颜色动态

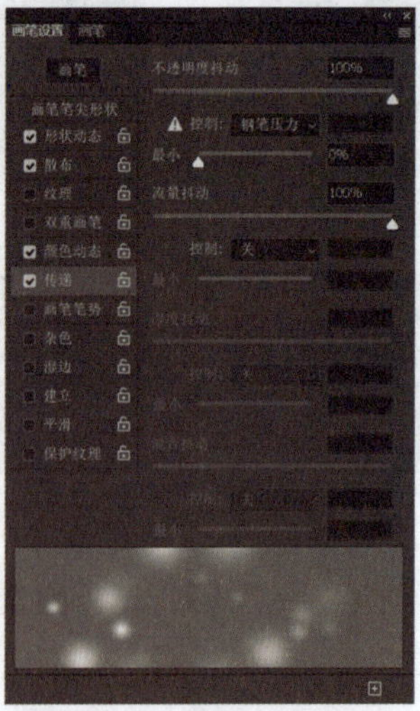

传递

图 7-76 “画笔设置”面板参数

（19）长按鼠标左键并在图像中多次绘制光圈效果。最终效果如图 7－77 所示。

图 7－77　最终效果

第8章 蒙版的应用

本章简介

利用蒙版可以轻松控制图层区域的显示或隐藏，是进行图像合成最常用的方法。使用图层蒙版混合图像时，可以在不破坏图像的情况下反复试验、修改混合方案，直至得到想要的效果。

本章重点

本章主要了解蒙版的种类及用途；认识蒙版属性面板和创建不同种类的蒙版。

技能目标

- 熟悉蒙版的类型、特点、原理及它们的用途。
- 掌握“属性”面板的设置。
- 掌握蒙版的创建、编辑、删除、选区和路径转换为蒙版等基础操作。
- 掌握用快速蒙版创建选区的技巧。
- 熟练掌握使用蒙版绘制特殊图形效果和抠图的方法。

素养目标

通过练习相关的案例来学习四种蒙版的使用方法，充分刺激学生的视觉，最后通过制作“梦幻海底”激发学生的想象力，找出创作亮点，引导学生从多个角度来完成相关部分的创作，激发学生的创作热情，提高创作兴趣。

8.1 认识蒙版

蒙版工具

在 Photoshop 中，蒙版就是遮罩，控制着图层或图层组中的不同区域如何隐藏和显示。通过更改蒙版，可以对图层应用各种特殊效果，而不会影响该图层上的实际像素。

8.1.1 蒙版的种类和用途

Adobe Photoshop 2022 提供了 4 种蒙版，分别为图层蒙版、矢量蒙版、剪贴蒙版和快速蒙版。

图层蒙版通过灰度图像控制图层的显示与隐藏，可以用绘画工具或选择工具创建和修改；矢量蒙版也用于控制图层的显示与隐藏，但它与分辨率无关，可以用钢笔工具或形状工具创建；剪贴蒙版是一种比较特殊的蒙版，它依靠底层图层的形状来定义图像的显示区域；快速蒙版主要是创建选区。虽然蒙版的分类不同，但是蒙版的工作方式大体相似。

8.1.2　属性面板

单击蒙版缩览图，在菜单栏中选择“窗口”→“属性”命令，打开“属性”面板，“属性”面板用于调整所选图层中的图层蒙版和矢量蒙版的密度与羽化范围，如图 8－1 所示。

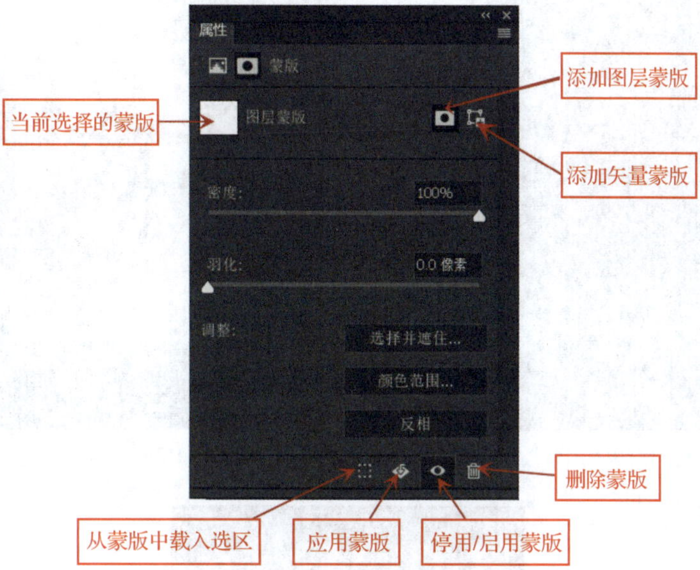

图 8－1　“属性”面板

“属性”面板中各选项说明如下：

当前选择的蒙版：显示了在“图层”面板中选择的蒙版类型。

添加图层蒙版：单击按钮，可以为当前图层添加图层蒙版。

添加矢量蒙版：单击按钮，可以为当前图层添加矢量蒙版。

密度：拖曳滑块，可以控制蒙版的不透明度，即蒙版的遮罩强度。

羽化：拖曳滑块，可以柔化蒙版的边缘。

选择并遮住：单击该按钮，可以打开相应的“属性”面板，对蒙版边缘进行修改，并针对不同的背景查看蒙版，如图 8－2 所示。

颜色范围：单击该按钮，可以打开“色彩范围”对话框，此时可在图像中取样并调整颜色容差来修改蒙版范围，如图 8－3 所示。

反相：可以反转蒙版的遮罩区域。

从蒙版中载入选区：单击该按钮，可以载入蒙版中显示的图形选区。

应用蒙版：单击该按钮，可以将蒙版应用到图像中，同时删除被蒙版遮罩的图像。

停用/启用蒙版：单击该按钮，或按住 Shift 键单击蒙版的缩览图，可以停用（或重新启用）蒙版。停用蒙版时，蒙版缩览图上会出现一个红色的“×”，如图 8－4 所示。

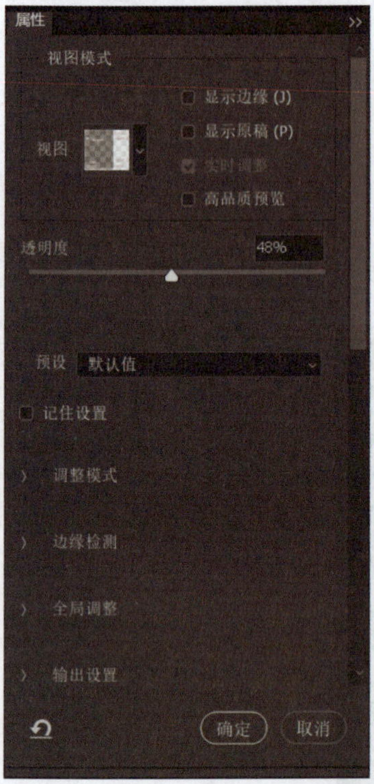

图 8－2　选择并遮住的“属性”面板

图 8－3　“色彩范围”对话框

图 8－4　停用蒙版

删除蒙版：单击该按钮，可删除当前蒙版。将蒙版缩览图拖曳到“图层”面板底部的按钮上，也可以将其删除。

8.2　图层蒙版

图层蒙版主要用于合成图像，是一个 256 级色阶的灰度图像。它蒙在图层上面，起到遮罩图层的作用，然而其本身并不可见。为图层添加图层蒙版，可以直接单击下方的“添加图层蒙版”按钮，如图 8－5 所示。此外，创建调整图层、填充图层或者应用智能滤镜时，Photoshop 也会自动为图层添加图层蒙版，因此，图层蒙版还可以控制颜色调整和滤镜范围。

图 8－5　添加图层蒙版

8.2.1　图层蒙版的原理

在图层蒙版中，纯白色对应的图像是可见的，纯黑色会遮盖图像，灰色区域会使图像呈现出一定程度的透明效果（灰色越深，图像越透明）。基于以上原理，当想要隐藏图像的某些区域时，为其添加一个蒙版，再将相应的区域涂黑即可；想让图像呈现出半透明效果，可以将蒙版涂灰。

图层蒙版是位图图像，几乎所有的绘画工具都可以用来编辑它。例如，用柔角画笔在蒙版边缘涂抹时，可以使图像边缘产生逐渐淡出的过渡效果，如图 8－6 所示；为蒙版添加渐变时，可以将当前图像逐渐融入另一个图像中，图像之间的融合效果自然且平滑，如图 8－7 所示。

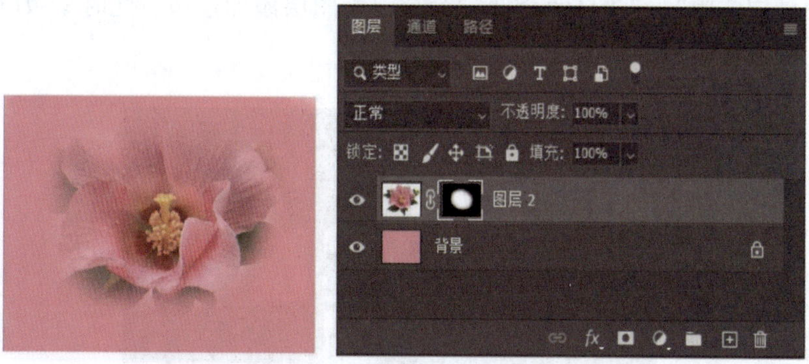

图 8－6　柔角画笔涂抹蒙版

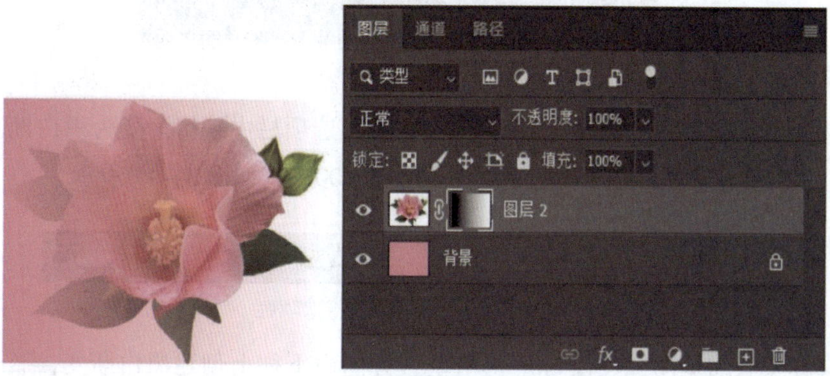

图 8－7　蒙版添加渐变色

8.2.2 实战——制作漂流瓶

图层蒙版是与分辨率相关的位图图像，可对图像进行非破坏性编辑，是图像合成中用途最为广泛的蒙版，下面将详细讲解如何创建和编辑图层蒙版。

（1）启动 Adobe Photoshop 2022 软件，按快捷键 Ctrl + O，先后打开相关素材中的“帆船.jpg”和“瓶子.jpg”文件，如图 8－8 和图 8－9 所示。

图 8－8 素材“帆船”

图 8－9 素材“瓶子”

（2）在“图层”面板中，选择“帆船”图层，单击“添加图层蒙版”按钮或执行“图层”→“图层蒙版”→“显示全部”命令，为图层添加蒙版。此时蒙版颜色默认为白色，如图 8－10 所示。

图 8－10 添加蒙版

（3）选择工具箱中的“渐变工具”，在工具选项栏中编辑渐变为黑白渐变，将渐变模式调整为“线性渐变”，将“不透明度”调整为 100%，如图 8－11 所示。

图 8－11 “渐变工具”选项栏

（4）选择蒙版缩览图，按住 Shift 键沿垂直方向由下往上创建黑白渐变，瓶子中的帆船便出现了，然后用黑色画笔在蒙版中涂抹多余的部分，如图 8－12 所示。

图 8 – 12　编辑蒙版

8.2.3　实战——从选区生成图层蒙版

如果在当前图层中存在选区，则可以将选区转换为蒙版。下面将详细讲解从选区生成图层蒙版的方法。

（1）打开素材“画框 .jpg”文件，如图 8 – 13 所示，在“图层”面板中双击“画框”图层，将其转换为普通图层，然后选择“矩形选框工具”，在画框上框选择白色部分，创建选区，如图 8 – 14 所示。

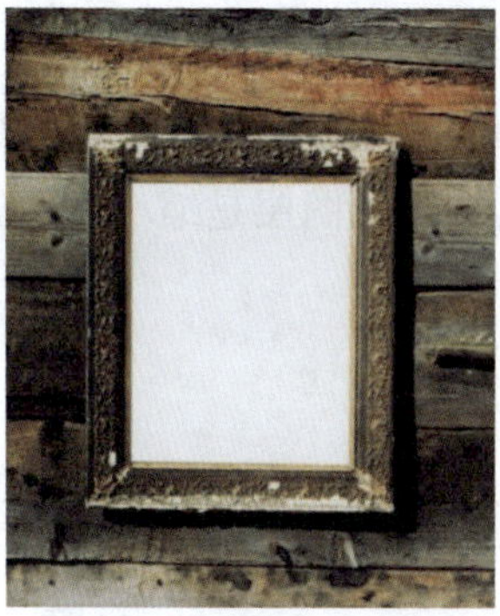

图 8 – 13　素材“画框”

图 8 – 14　创建选区

（2）单击“图层”面板中的“添加图层蒙版”按钮，可以从选区自动生成蒙版，选区内的图像可以显示，而选区外的图像则被蒙版隐藏，按快捷键 Ctrl + I 反向选择，如图 8 – 15 所示。

图 8 – 15　添加图层蒙版

（3）将相关素材中的“森林.jpg”文件拖入文档，并放置在“图层 0”图层的下方，调整到合适的大小及位置，效果如图 8－16 所示。

图 8－16　添加素材效果

8.3　矢量蒙版

图层蒙版和剪贴蒙版都是基于像素区域的蒙版，而矢量蒙版则是用钢笔工具、形状工具等矢量工具创建的蒙版。矢量蒙版与分辨率无关，因此，无论图层是缩小还是放大，均能保持蒙版边缘处光滑且无锯齿。

8.3.1　实战——创建矢量蒙版

矢量蒙版将矢量图形引入蒙版之中，为用户提供了一种可以在矢量状态下编辑蒙版的特殊方式。下面详细讲解创建矢量蒙版的方法。

（1）启动 Adobe Photoshop 2022 软件，按快捷键 Ctrl＋O，先后打开相关素材中的“背景.jpg”和“猫咪.jpg”文件，如图 8－17 和图 8－18 所示。

图 8－17　背景

图 8－18　猫咪

（2）在工具箱中选择“矩形工具”，在工具选项栏中设置“工作模式”为“路径”，

“设置圆角的半径”为 15 像素，然后在图像上创建一个圆角矩形，如图 8 - 19 所示。这里可以自由调出标尺，方便对齐圆角矩形。

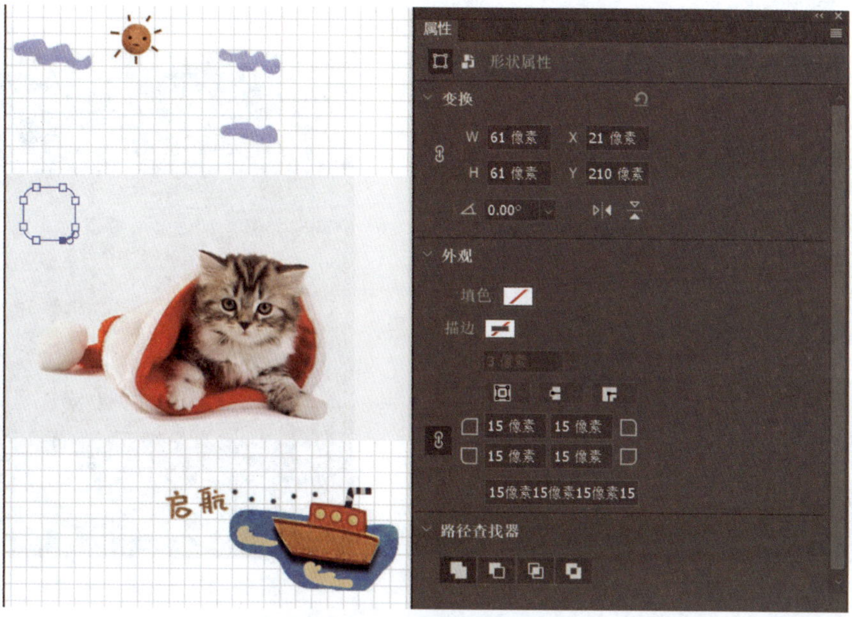

图 8 - 19　创建圆角矩形

（3）在工具箱中选择“路径选择工具”，按住快捷键 Alt + Shift 的同时，沿水平和垂直方向拖动复制，得到多个圆角矩形路径，可根据需求任意排列，效果如图 8 - 20 所示。

（4）选中所有路径，执行“图层”→“矢量蒙版”→“当前路径”命令，或按住 Ctrl 键单击“图层”面板中的“添加图层蒙版”按钮，即可基于当前路径创建矢量蒙版，路径区域以外的图像会被蒙版遮盖，如图 8 - 21 所示。

图 8 - 20　复制路径

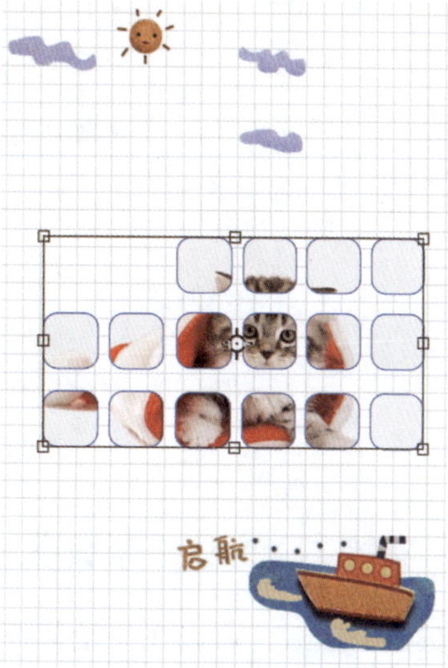

图 8 - 21　添加矢量蒙版

（5）双击“猫咪”图层，打开“图层样式”对话框。在左侧列表中选择“描边”效果，参照图8－22所示设置“描边”参数。选择“内阴影”效果，参照图8－23所示设置“内阴影”参数。

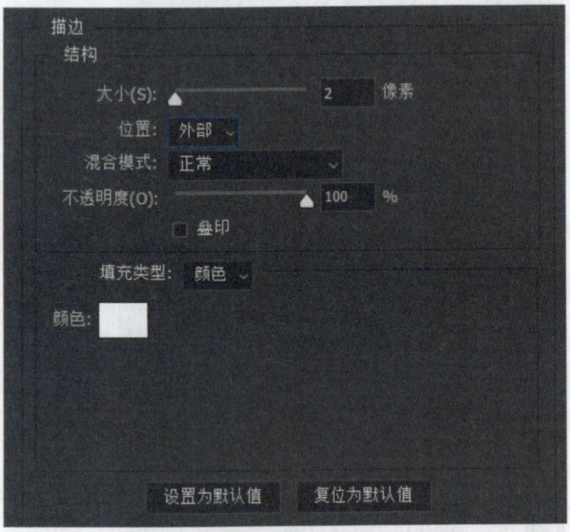

图8－22 添加“描边”样式

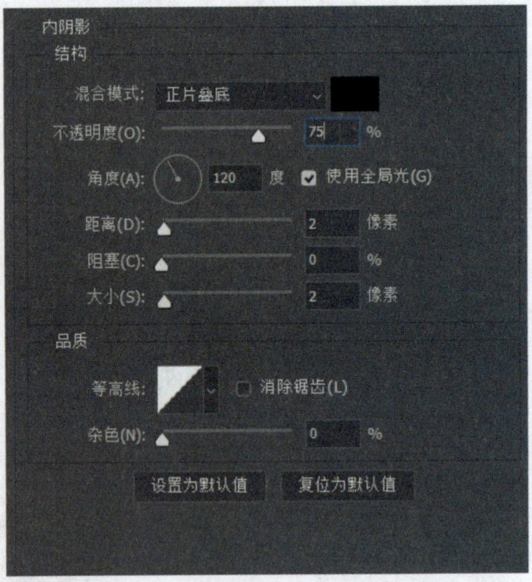

图8－23 添加“内阴影”样式

（6）设置完成后，单击“确定”按钮，保存样式，效果如图8－24所示。

图8－24 效果图

8.3.2 实战——为矢量蒙版添加图形

在建立矢量蒙版后，可以在矢量蒙版中添加多个不同类型的图形，下面将详细讲解如何在矢量蒙版中添加图形。

（1）接着8.3.1节的步骤继续操作。单击矢量蒙版缩览图，进入蒙版编辑状态，此时缩览图会出现一个外框，在工具箱中选择“自定形状工具”，在工具选项栏中设置“工具模式”为“路径”，单击“形状”图框，在下拉面板中选择“爪印（猫）”图形，在画布上绘制该图形，将它添加到矢量蒙版中，如图 8－25 所示。

（2）用“路径选择工具”选中“爪印（猫）”路径，拖动控制点将图形旋转并适当缩小，按 Enter 键确认，如图 8－26 所示。

图 8－25　绘制猫爪印路径

图 8－26　旋转方向

（3）使用“路径选择工具”可拖动矢量图形，蒙版覆盖区域也随之改变；按住 Alt 键的同时单击并拖动鼠标复制图形，如图 8－27 所示；如果要删除图形，可在选择之后按 Delete 键。

图 8－27　最终效果

8.4 剪贴蒙版

剪贴蒙版是 Photoshop 中的特殊图层，它利用下方图层的图像形状对上方图层图像进行剪切，从而控制上方图层的显示区域和范围，最终得到特殊的效果。它的最大优点是可以通过一个图层来控制多个图层的可见内容，而图层蒙版和矢量蒙版都只能控制一个图层。

下面详细讲解如何为图层快速创建剪贴蒙版。

打开素材“窗框.jpg”文件，如图 8－28 所示。在工具箱中选择“魔棒工具”，将光标移动到灰色部分，单击“创建选区”，再单击“创建新图层”按钮，新建“图层 1”，填充颜色为白色，如图 8－29 所示。

图 8－28　素材“窗框”

图 8－29　填充白色

将素材“阳光.jpg”文件拖入文档中，并将其调整到合适的位置及大小，按 Enter 键确认，如图 8－30 所示。选择“阳光”图层，单击鼠标右键，选择“创建剪贴蒙版”命令（快捷键 Ctrl + Alt + G），此时该图层缩览图前有剪贴蒙版标识，效果如图 8－31 所示。

图 8－30　置入素材“阳光”

图 8－31　创建剪贴蒙版

8.5 快速蒙版

快速蒙版是一种选区转换工具，用来创建、编辑和修改选区，使用它能将选区转换为临时的蒙版图像，然后可以使用“画笔”“滤镜”“钢笔”等工具编辑蒙版。

8.5.1　实战——用快速蒙版编辑选区

一般地，使用“快速蒙版”模式是从选区开始，然后添加或者减去选区，以建立蒙版。创建的快速蒙版可以使用绘图工具与滤镜进行调整，以便创建复杂的选区。

（1）启动 Adobe Photoshop 2022 软件，按快捷键 Ctrl + O，打开相关素材中的“晚霞”文件，效果如图 8 – 32 所示。

（2）在工具箱中选择“画笔工具”，在“画笔预设”选取器中选择一个“粗画笔”笔刷，大小适当，如图 8 – 33 所示。

图 8 – 32　素材“晚霞”

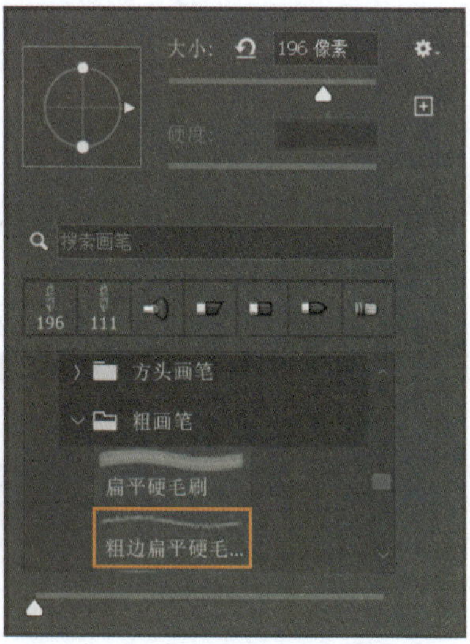

图 8 – 33　编辑“画笔预设”选取器

（3）单击工具箱中的“以快速蒙版模式编辑”按钮，进入快速蒙版编辑状态，用画笔绘制选区，如图 8 – 34 所示。

（4）再次单击工具箱中的“以标准模式编辑”按钮，退出快速蒙版编辑状态，切换为正常模式，然后按快捷键 Ctrl + Shift + I 对选区进行反向选择，效果如图 8 – 35 所示。

图 8 – 34　快速蒙版绘制选区

图 8 – 35　选区反向

（5）在图层面板下方单击“添加蒙版”按钮，为选区添加图层蒙版，效果如图 8 – 36 所示。

图 8－36　添加图层蒙版

8.5.2　设置快速蒙版选项

双击工具箱中的“以快速蒙版模式编辑”按钮，可以打开“快速蒙版选项”对话框，如图 8－37 所示。

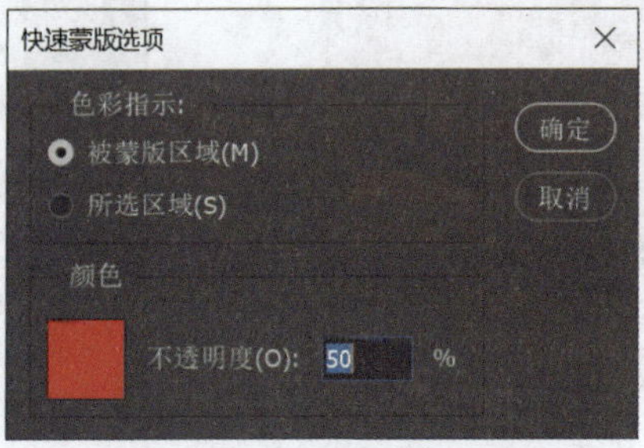

图 8－37　“快速蒙版选项”对话框

被蒙版区域：是指选区之外的图像区域。将“色彩指示”设置为“被蒙版区域”，选区之外的图像将被蒙版颜色覆盖，而选中的图像完全显示，如图 8－38 所示。

所选区域：是指选中的区域。将“色彩指示”设置为“所选区域”时，选中的图像将被蒙版颜色覆盖，选区之外的图像完全显示，如图 8－39 所示。

图 8－38　被蒙版区域

图 8－39　所选区域

颜色：单击颜色块后，可以在打开的“拾色器”中设置蒙版的颜色。如果对象与蒙版的颜色特别相近，可以对蒙版颜色进行调整。

不透明度：用于设置蒙版颜色的不透明度。

8.6　综合实战——梦幻海底

本例通过详细讲解如何制作创意合成图像，巩固本章所学的图层蒙版功能。

(1) 启动 Adobe Photoshop 2022 软件，执行“文件”→“新建”命令，新建一个“高度”为 10.51 厘米，“宽度”为 14.11 厘米，“分辨率”为 180 像素/英寸的空白文档。将相关素材中的“海底.jpg”和“草.jpg”文件拖入文档，并调整到合适的大小及位置，如图 8－40 所示。

图 8－40　置入素材

(2) 选择“草”图层，设置混合模式为“正片叠底”，单击“添加图层蒙版”按钮，为“草”图层添加图层蒙版。选择“渐变工具”，在“渐变编辑器”中选择黑色到白色的渐变，样式为“线性渐变”，按住 Shift 键从上往下拖动填充渐变，如图 8－41 所示。

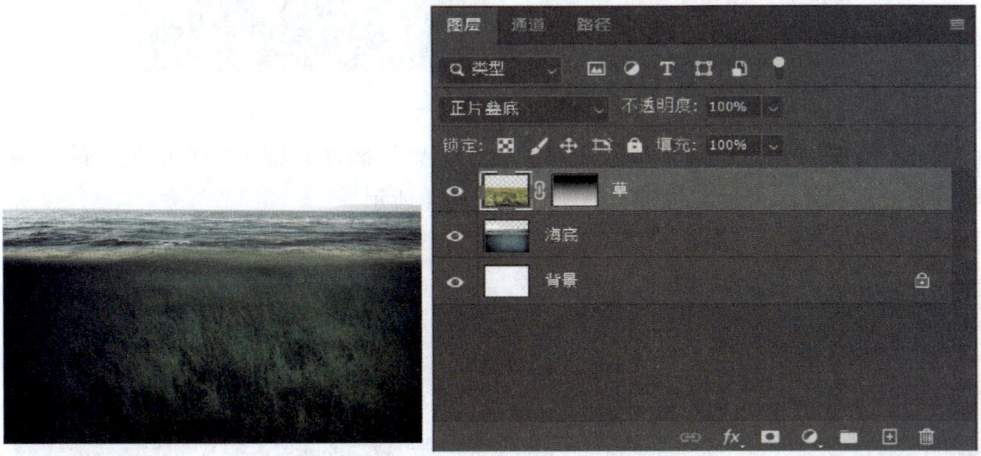

图 8－41　添加渐变色图层蒙版

(3) 在“图层”面板中单击按钮，创建“色彩平衡”调整图层，调整“中间调”参数，使“草”素材与海底色调融为一体，如图 8－42 所示。

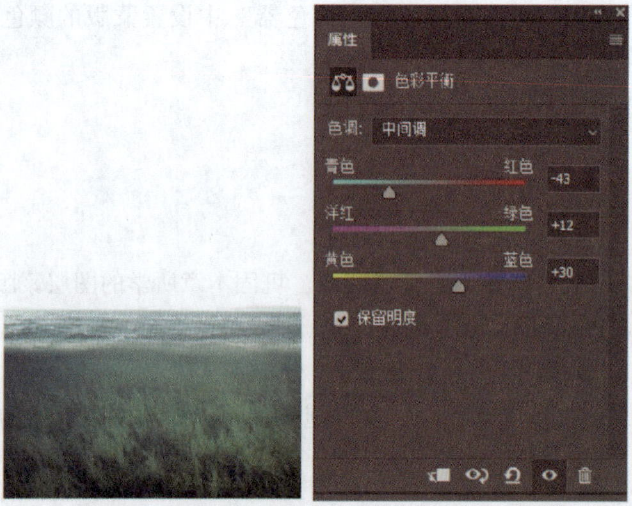

图 8－42　添加“色彩平衡”调整图层

（4）继续添加相关素材中的“天空 . jpg”文件至文档，并单击“添加图层蒙版”按钮，为其添加图层蒙版，如图 8－43 所示。

图 8－43　添加图层蒙版

（5）选择蒙版，用黑色画笔在蒙版上涂抹，使整体画面只留下海平面上方的云朵。注意调整蒙版的羽化值，使过渡更加自然，如图 8－44 所示。

图 8－44　调整蒙版

（6）选择“天空”图层，为其添加“可选颜色”调整图层，分别调整黑色、中性色、白色三种颜色，并按快捷键 Ctrl + Alt + G 创建剪贴蒙版，如图 8 – 45 所示。

图 8 – 45　添加“可选颜色”调整图层

（7）将相关素材中的“船. png”文件拖入文档，调整到合适的大小及位置。为其创建图层蒙版，并用黑色的画笔涂抹海面上的船，使其产生插入水中的视觉效果，如图 8 – 46 所示。

（8）在船的下方新建图层，用黑色的画笔涂抹，绘制出船的阴影。画笔涂抹的过程中可以适当降低其不透明度，如图 8 – 47 所示。

图 8－46　为素材船添加蒙版

图 8－47　绘制船的阴影

（9）在“船”图层上方添加“可选颜色”调整图层，分别调整白色、中性色、黑色颜色，并按快捷键 Ctrl＋Alt＋G 创建剪贴蒙版，然后选择蒙版，使用黑色画笔在海平面以上的船头部分涂抹，使其与水底的船身颜色有所差别，如图 8－48 所示。

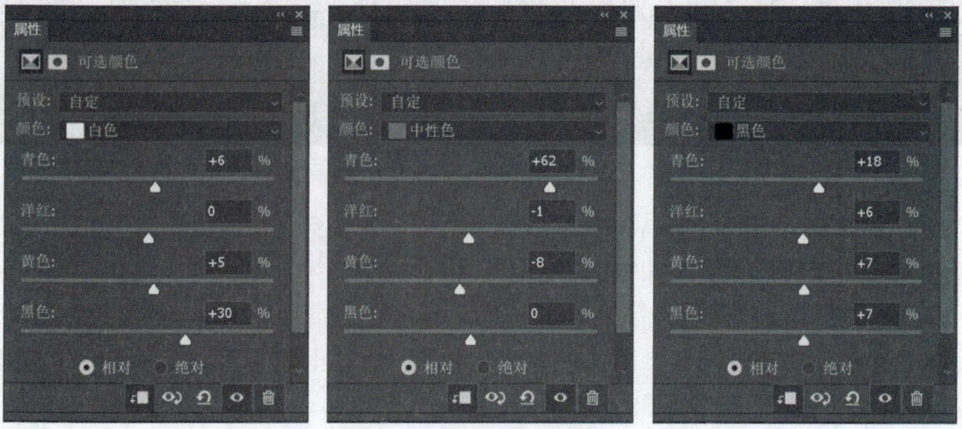

图 8－48　添加“可选颜色”调整图层

图 8-48　添加“可选颜色”调整图层（续）

（10）添加相关素材中的“小女孩.jpg”文件至文档，按快捷键 Ctrl + T 显示定界框，调整图案的大小及位置，并创建图层蒙版，然后用灰色画笔虚化裙边，如图 8-49 所示。

图 8-49　为“小女孩”素材创建图层蒙版

（11）在“小女孩”图层上方添加“可选颜色”调整图层，分别调整白色、中性色、黑色颜色，并按快捷键 Ctrl + Alt + G 创建剪贴蒙版，调整小女孩的肤色，如图 8-50 所示。

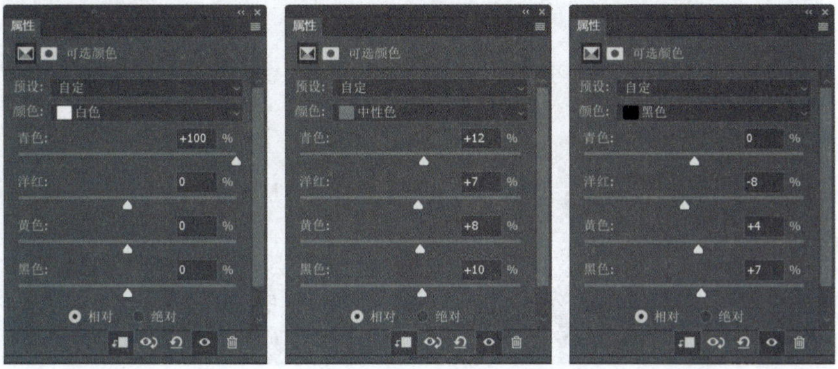

图 8-50　添加“可选颜色”调整图层

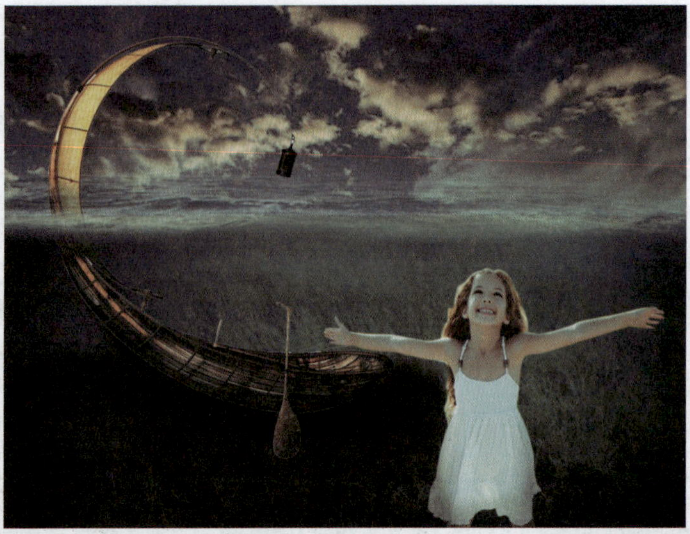

图 8－50　添加“可选颜色”调整图层（续）

（12）创建“曲线”调整图层，调整 RGB 通道、红通道、绿通道、蓝通道参数，并创建剪贴蒙版，调整小女孩的色调，使其与海底颜色融为一体，如图 8－51 所示。

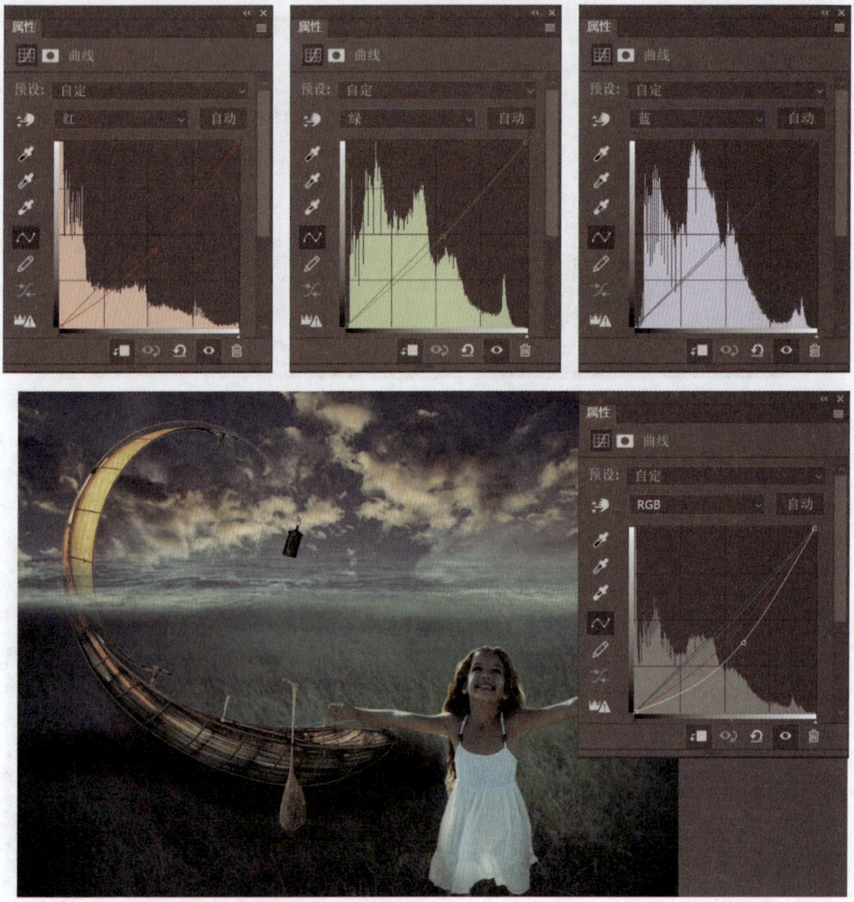

图 8－51　创建“曲线”调整图层

（13）新建图层，创建图层蒙版，选择“画笔工具”，在图层蒙版中，用黑色画笔涂抹人物的阴影区域，用白色画笔涂抹人物高光区域，如图 8－52 所示。

图 8－52　调整蒙版

（14）按照上面的方法，继续将相关素材中的“鱼 . png”及“梯子 . png”文件拖入文档，并调整色调，添加阴影，如图 8－53 所示。

图 8－53　调整色调

（15）在最上面新建一个图层，设置前景色为淡黄色（#e6d6a0），选择“画笔工具”

，利用柔边笔刷在鱼上涂抹，并设置其混合模式为“叠加”，为鱼添加高光。最终效果如图 8－54 所示。

图 8－54　最终效果

第9章

通道的应用

本章简介

通道主要用来存储图像的色彩资料、存储和创建选区、抠图。本章将主要介绍通道的基础操作、通道的运算以及通道蒙版，通过案例详细讲解通道命令的使用方法。

本章重点

了解通道面板及分类；掌握通道的使用和创建，以及通道选区抠图方法。

技能目标

- 熟悉“通道”面板，了解通道的类型、特点以及它们的创建方式。
- 熟练掌握通道的新建、载入选区、复制、删除、重命名、合并等基本编辑方法。
- 掌握在“首选项”命令中设置原色显示通道操作。
- 熟练掌握用通道创建选区、抠图、调整颜色等操作。

素养目标

在通道项目练习过程中，学生之间可以展开互动交流和探讨，教师适当加以引导，帮助学生在逐步完成学习任务的同时，培养团结协作精神。

9.1 通道

通道的使用

在 Photoshop 中，通道就是容器，是一个可以存储色彩、选区、分类记录图片信息的容器。只不过通道是以黑、白、灰三种颜色来存储这些色彩的，所以通道里面没有彩色信息，只有黑、白、灰。通道主要包括复合通道、原色通道、Alpha 通道、专色通道。下面将详细介绍这几种通道的特征和主要用途。

9.1.1 认识“通道”面板

“通道”面板是创建和编辑通道的主要场所。打开一个图像文件，执行“窗口”→“通道”命令，将弹出如图 9－1 所示的面板。

“通道”面板中各选项说明如下：

复合通道：复合通道不包含任何信息，实际上它只是同时预览并编辑所有颜色的一种快捷方式。通常用于在单独编辑完一个或多个颜色通道后，使通道面板返回开始状态。对于不

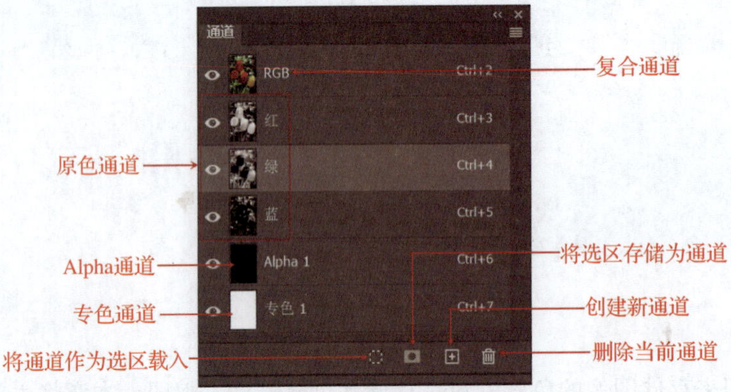

图 9－1 “通道”面板

同色彩模式的图像，其通道的数量也是不一样的。

原色通道：色彩模式下的每种单色通道。

专色通道：保存专色油墨的通道，是一种预先混合好的特定彩色油墨，用来补充印刷色（CMYK）油墨。

Alpha 通道：保存选区的通道。

将通道作为选区载入：单击该按钮，将所选通道内的图像载入选区。

将选区存储为通道：单击该按钮，将图像中的选区保存在通道内。

创建新通道：单击该按钮，创建 Alpha 通道。

删除当前通道：单击该按钮，可以删除当前选择的通道，但复合通道不能删除。

9.1.2 原色通道

主要用来保存图像的颜色，这些通道把图像分解成一个或多个色彩成分，图像的模式决定了原色通道的数量，RGB 图像包含红、绿、蓝和一个用于编辑图像内容的复合通道，如图 9－2 所示；Lab 图像包含明度、a、b 和一个复合通道，如图 9－3 所示；CMYK 图像包含青色、洋红、黄色、黑色四个颜色通道和一个复合通道，如图 9－4 所示；位图、灰度、双色调和索引颜色的图像都只有一个通道。图像窗口中显示的是没有彩色的灰度图像，通过编辑原色通道，可以更好地掌握各个通道原色的亮度变化。

图 9－2 RGB 通道

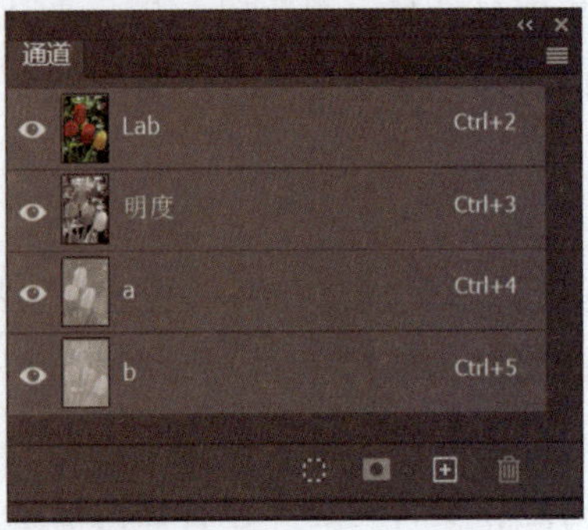

图 9－3 Lab 通道

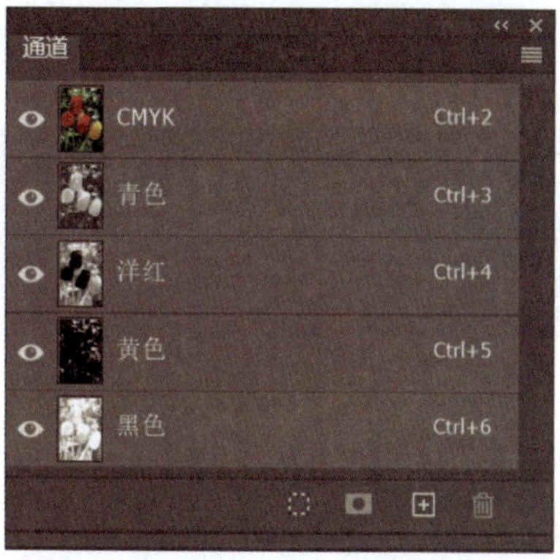

图 9－4　CMYK 通道

9.1.3　Alpha 通道

Alpha 通道的使用频率高，而且非常灵活，是为保存、编辑选区而专门设计的通道。一个选区保存后，就成为一个灰度图像保存在 Alpha 通道中，在需要时可载入图像继续使用。通过添加 Alpha 通道可以创建和存储蒙版，这些蒙版用来处理或保护图像的某些部分。Alpha通道与颜色通道不同，它不会直接影响图像的颜色。

在 Alpha 通道中，白色代表被选择的区域，黑色代表未被选择的区域，而灰色则代表半透明区域，即羽化的区域。打开一张图片，分别载入不同的 Alpha 通道得到的选区效果如图 9－5 和图 9－6 所示。

图 9－5　Alpha 1 通道

图 9－6　Alpha 2 通道

9.1.4　专色通道

专色通道是一种特殊的颜色通道，它可以使用除了青色、洋红、黄色、黑色以外的颜色来绘制图像。

专色通道应用在印刷领域。当需要在印刷物上添加特殊的颜色（如银色、金色）时，就可以创建专色通道，以存放专色油墨的浓度、印刷范围等信息。需要创建专色通道时，在通道面板中单击▤按钮，在菜单中的选择“新建专色通道”命令，打开“新建专色通道”

对话框，如图 9 - 7 所示。

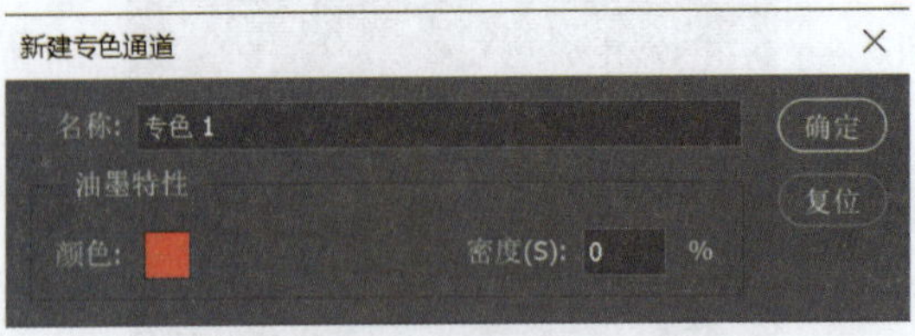

图 9 - 7 “新建专色通道”对话框

“新建专色通道”对话框中各选项说明如下：

名称：设置专色通道的名称。

颜色：单击选项右侧的色块，可以打开“拾色器（专色）”对话框，单击“颜色库”按钮，打开“颜色库”对话框，如图 9 - 8 所示。

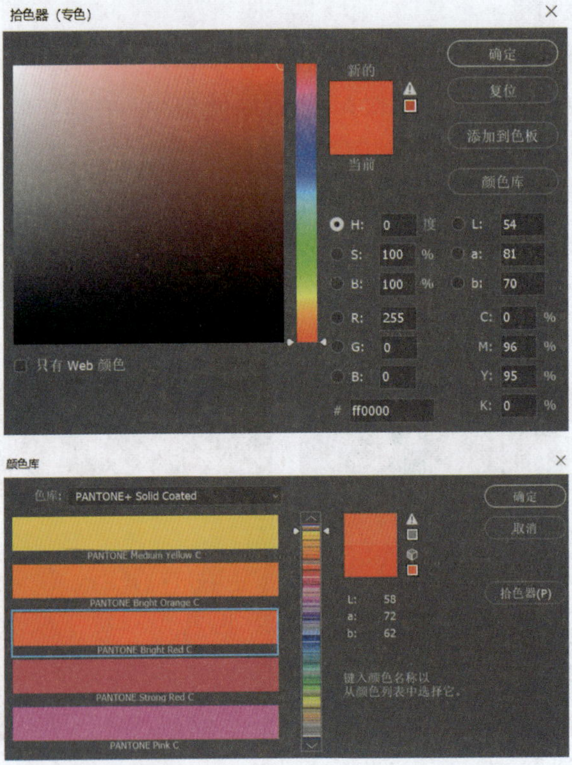

图 9 - 8 “拾色器（专色）”对话框和“颜色库”对话框

密度：设置在屏幕上模拟的印刷时专色的密度，范围为 0 ~ 100%。当该值为 100% 时，模拟完全覆盖下层油墨的油墨（如金属质感油墨）；当该值为 0 时，可模拟显示下层油墨的透明油墨（如透明光油）。

9.1.5 实战——创建 Alpha 通道

（1）启动 Adobe Photoshop 2022 软件，按快捷键 Ctrl + O，打开相关素材“花 .jpg”文件，效果如图 9 - 9 所示。

（2）在“通道”面板中，单击“创建新通道”按钮，即可新建 Alpha 通道，如图 9－10 所示。

图 9－9　素材“花”

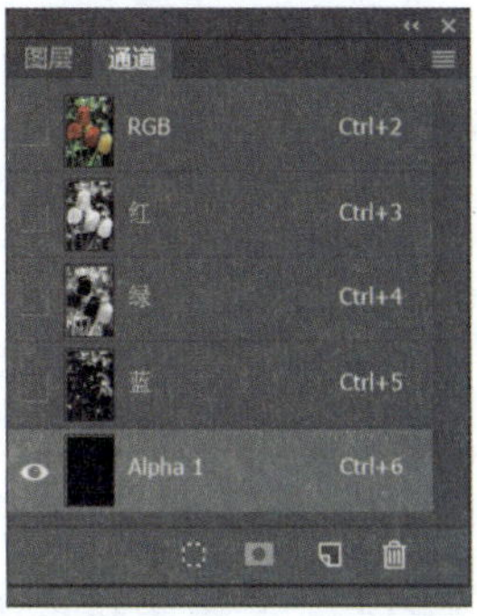

图 9－10　创建 Alpha 1 通道

（3）如果在当前文档中创建选区，如图 9－11 所示，单击“通道”面板中的“将选区存储为通道”按钮，可以将选区保存为 Alpha 通道，如图 9－12 所示。

图 9－11　创建选区

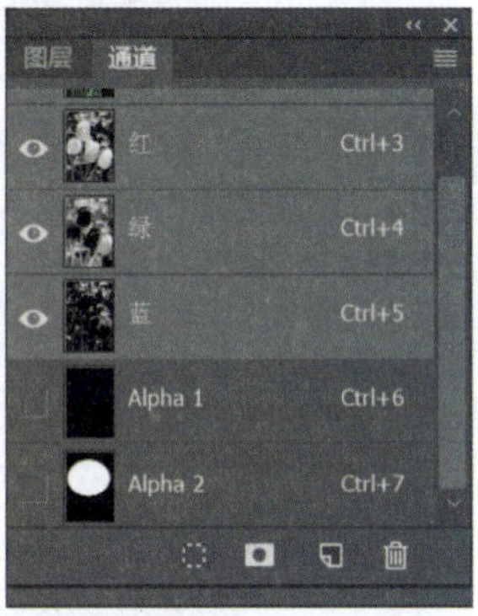

图 9－12　选区存储为通道

（4）单击“通道”面板中右上角的按钮，从弹出的面板菜单中执行“新建通道”命令，打开“新建通道”对话框，如图 9－13 所示。

（5）输入新通道的名称，单击“确定”按钮，也可以创建 Alpha 通道，如图 9－14 所示。Photoshop 默认以 Alpha 1，Alpha 2，…为 Alpha 通道命名。

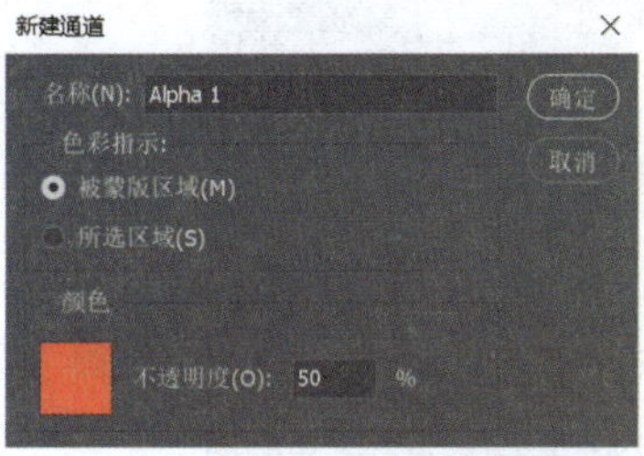

图 9－13　“新建通道”对话框

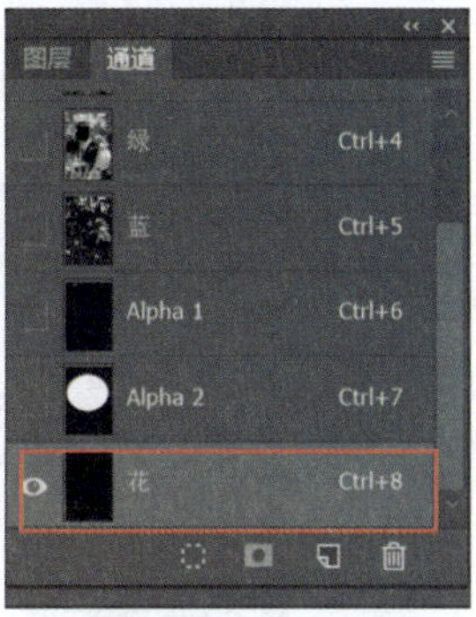

图 9－14　创建新通道

9.2 编辑通道

本节讲解如何使用“通道”面板和面板菜单中的命令、创建通道，以及对通道进行复制、删除、分离与合并等操作。

9.2.1 选择通道

打开素材“紫花.jpg”文件，并打开“通道”面板，如图9-15所示。可以对其中某一个原色通道进行编辑，在“通道”面板中单击“绿”通道，选择通道后，画面中会显示该通道的灰度图像，如图9-16所示；再单击“红”通道前面的眼睛，显示该通道，选择两个通道后，画面中会显示这两个通道的复合通道，如图9-17所示。

图9-15 原图“通道”面板

图9-16 “绿”通道效果

图9-17 绿、红复合通道效果

9.2.2　载入通道选区

编辑通道时，可以将 Alpha 通道载入选区，具体操作方法如下。

打开素材“鸟.jpg”文件，并打开“通道”面板，创建一个 Alpha 通道，如图 9－18 所示。按 Ctrl 键并单击 Alpha 1 通道，光标在通道缩略图上单击就可载入选区，如图 9－19 所示。

图 9－18　创建 Alpha 1 通道

图 9－19　载入选区

9.2.3　复制通道

复制通道与复制图层类似。下面介绍复制通道的具体操作步骤。

打开相关素材“婚纱.jpg”文件，并打开“通道”面板，如图 9－20 所示。选择“红”通道，拖拉到通道面板底端的“创建新通道”按钮上，即可复制通道，如图 9－21 所示。

图 9 – 20 “婚纱”通道面板

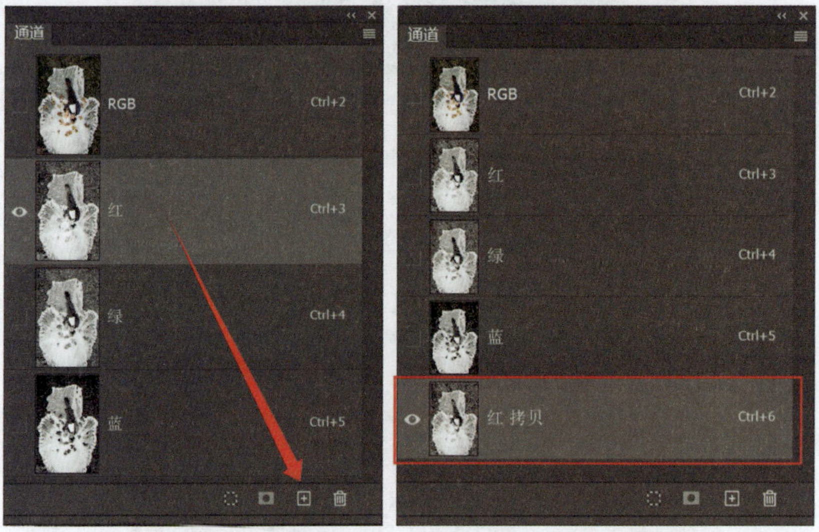

图 9 – 21 复制通道

9.2.4 编辑与修改专色

创建专色通道后，可以使用绘图工具或编辑工具在图像中进行绘画。用黑色绘画可添加更多不透明度为 100% 的专色；用灰色绘画可添加不透明度较低的专色。绘画工具或编辑工具的选项栏中的“不透明度”选项决定了打印输出的实际油墨浓度。

如果要修改专色，可以双击专色通道的缩览图，在打开的“专色通道选项”对话框中进行设置。

9.2.5 用原色显示通道

在默认情况下，“通道”面板中的原色通道均以灰度显示，但如果需要，通道也可用原色进行显示，即“红”通道用红色显示，“绿”通道用绿色显示。

执行“编辑”中的“首选项”命令，再执行“界面”命令，打开“首选项”对话框，勾选“用彩色显示通道”复选项，如图 9－22 所示。单击“确定”按钮退出对话框，即可在“通道”面板中看到用原色显示的通道。原“通道”面板和用彩色显示“通道”面板的对比效果如图 9－23 所示。

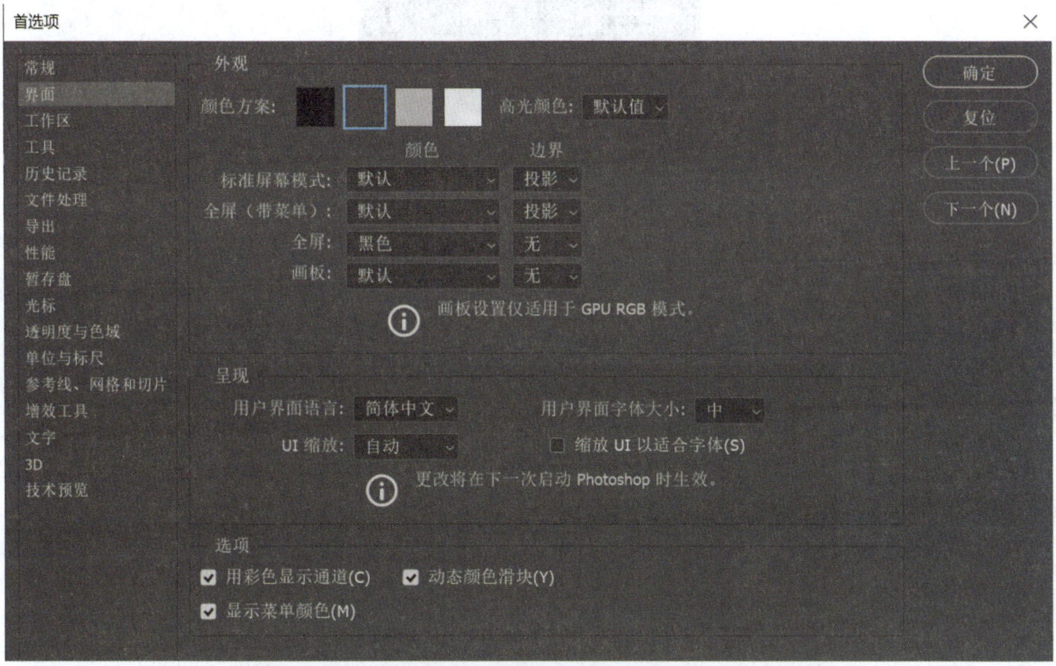

图 9－22　“首选项”对话框

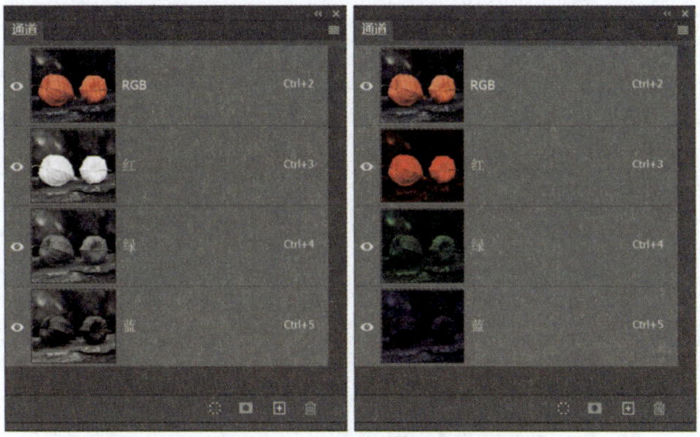

图 9－23　“通道”面板对比图

9.2.6　重命名和删除通道

双击“通道”面板中一个通道的名称，在显示的文本输入框中可输入新的名称，如图 9－24 所示。

删除通道的方法也很简单，将要删除的通道拖动至🗑按钮，或者选中通道后，执行面板菜单中的“删除通道”命令即可。

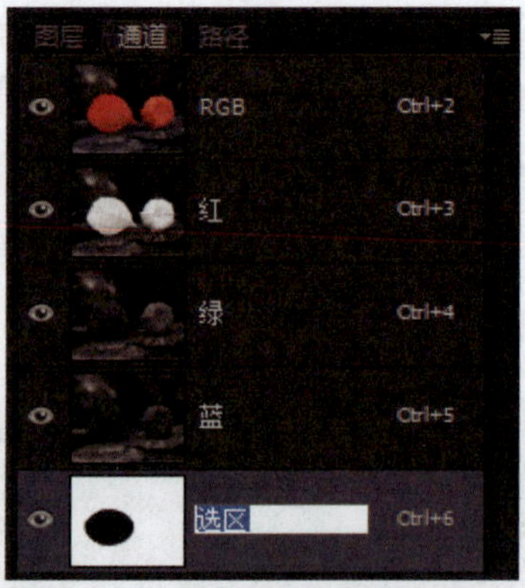

图 9-24　通道重命名

要注意的是，如果删除的不是 Alpha 通道而是原色通道，则图像将转为多通道颜色模式，图像颜色也将发生变化。如图 9-25 所示，删除了“蓝”通道后，图像变为只有 3 个通道的多通道模式。

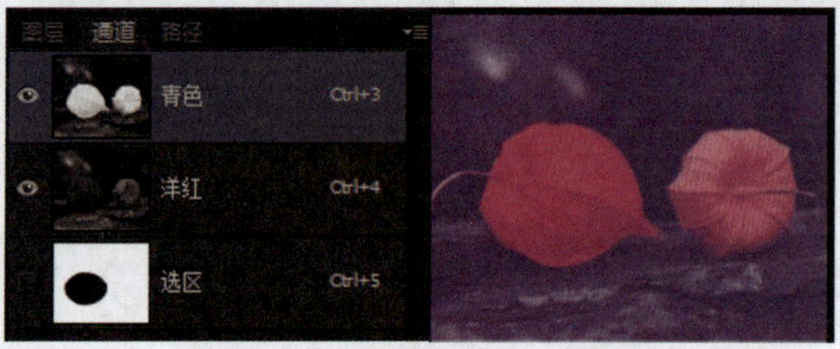

图 9-25　删除了“蓝”通道效果

9.2.7　分离通道

“分离通道”命令用于将当前文档中的通道分离成多个单独的灰度图像。打开素材图像，如图 9-26 所示，切换到“通道”面板，单击面板右上角的▤按钮，在打开的面板菜单中执行“分离通道”命令，如图 9-27 所示。

图 9-26　素材

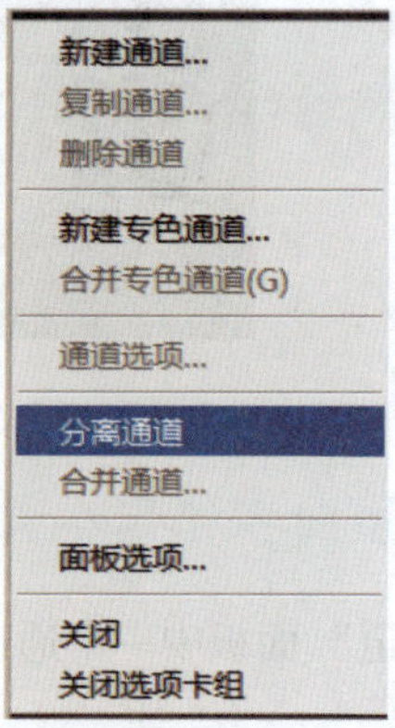

图 9-27　“分离通道”命令

此时，图像编辑窗口中的原图像消失，取而代之的是单个通道出现在单独的灰度图像窗口中，如图 9－28 所示。新窗口中的标题栏会显示原文件保存的路径以及通道，此时可以存储和编辑新图像。

红　　　　绿　　　　蓝

图 9－28　单通道效果

9.2.8　合并通道

“合并通道”命令用于将多个灰度图像作为原色通道合并成一个图像。进行合并的图像必须是灰度模式，具有相同的像素尺寸，并且处于打开状态。继续 9.2.7 小节的操作，可以将分离出来的三个原色通道文档合并成为一个图像。

确定三个灰度图像文件呈打开状态，并使其中一个图像文件处于当前激活状态，从通道面板菜单中执行“合并通道”命令，如图 9－29 所示。

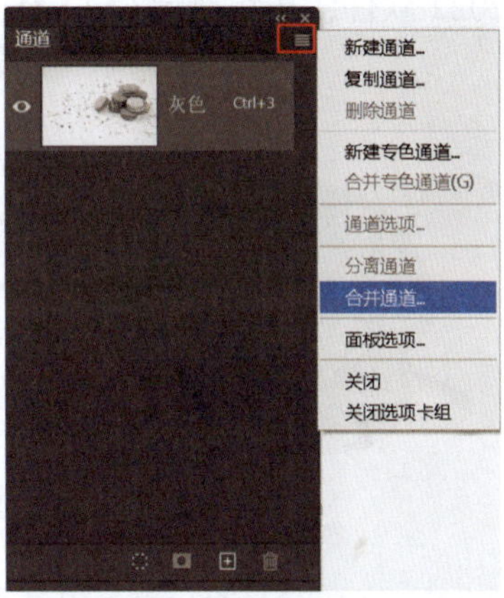

图 9－29　“合并通道”命令

弹出“合并通道”对话框，在模式下拉列表中可以设置合并图像的颜色模式，如图 9－30 所示。颜色模式不同，进行合并的图像数量也不同，这里将模式设置为“RGB 颜色”，单击“确定”按钮，开始合并操作。

这时会弹出“合并 RGB 通道”对话框，分别指定合并文件所处的通道位置，如图 9－31 所示。

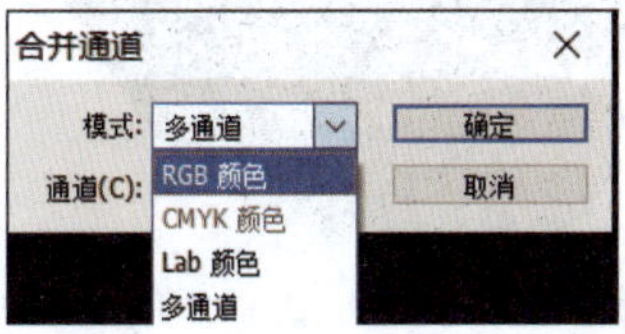

图9－30　“合并通道”对话框

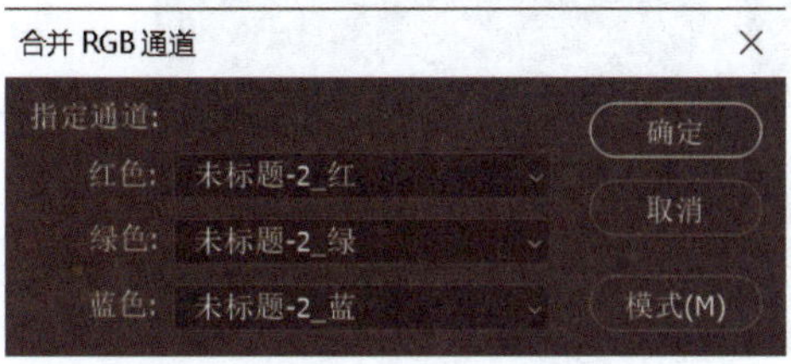

图 9－31　“合并 RGB 通道”对话框

单击“确定”按钮，选中的通道合并为指定类型的新图像，原图像则在不做任何更改的情况下关闭。新图像会以未标题的形式出现在新窗口中，如图 9－32 所示。

图 9－32　合并通道

9.3　综合实战——制作多彩树叶脉络效果

通道保存了图像最原始的颜色信息，合理使用通道可以创建用其他方法无法创建的图像选区。接下来将讲解使用通道的方法来提取选区。

（1）启动 Adobe Photoshop 2022 软件，按快捷键 Ctrl＋O，打开素材“树叶.png”文件，如图 9－33 所示。

图 9－33　素材“树叶”

（2）打开“通道”面板，选择“蓝”通道，按快捷键 Ctrl＋L 打开“色阶”面板，调整黑、白、灰三个滑块的位置，将叶子的黑白色彩对比增强，如图 9－34 所示。调整完成后，单击“确定”按钮，叶子的效果如图 9－35 所示。

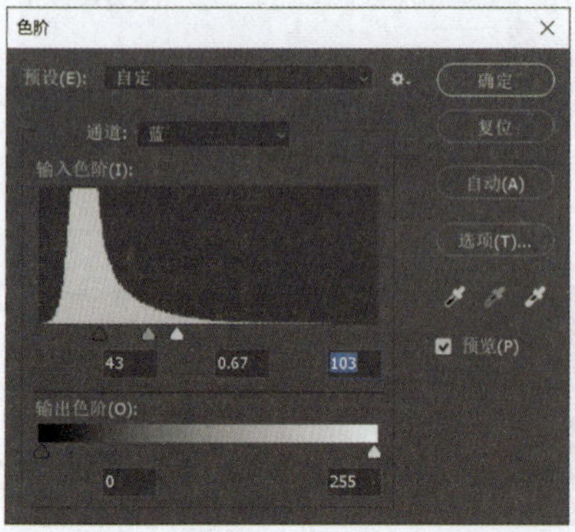

图 9－34　色阶

图 9－35　叶子效果

（3）在菜单栏中单击“选择”→“色彩范围”命令，打开“色彩范围”对话框，用吸管单击叶子白色部分，提取选区，调整“颜色容差”为 145，如图 9－36 所示。然后单击“确定”按钮，可以看见叶子中的白色部分被载入选区，如图 9－37 所示。

图 9－36　“色彩范围”对话框

图 9－37　载入选区

（4）返回“图层”面板，单击“创建新图层”按钮，新建“图层 2”，关掉“图层 1”前面的眼睛，隐藏叶子图像，如图 9－38 所示。选择“渐变工具”，打开“渐变编辑器”对话框，设置一个由绿（#36722a）至黄（#e5c232）至红（#711808）的渐变颜色，如图 9－39 所示。设置完成后，单击“确定”按钮。

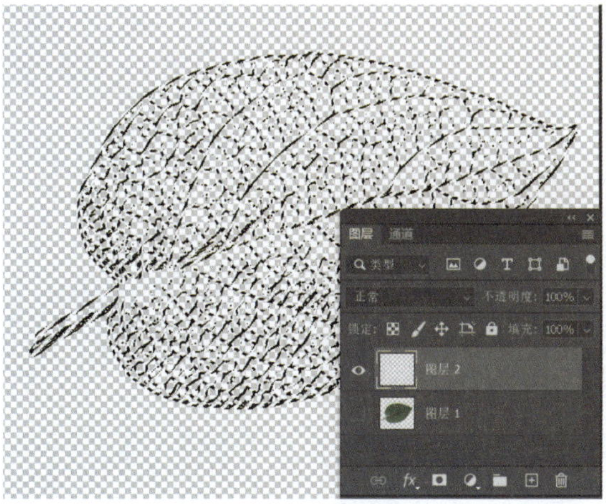

图 9－38　创建新图层

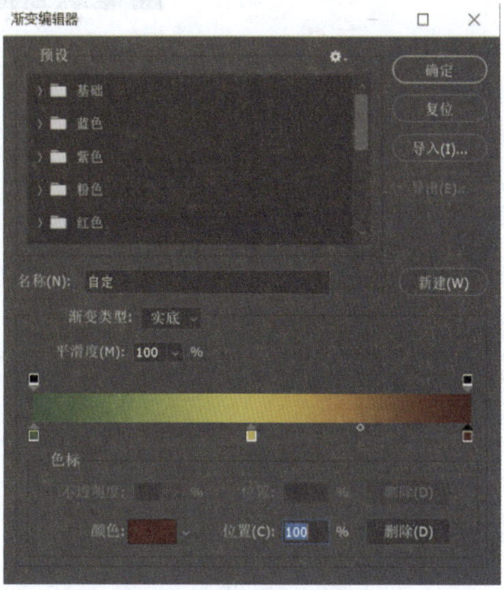

图 9－39　编辑渐变色

（5）在渐变工具选项栏中，选择“线性渐变”■，在选区中由左向右拖动鼠标填充渐变色，按快捷键 Ctrl + D 取消选区，效果如图 9 - 40 所示。在图层的下方新建一个图层，填充为黑色作为背景，效果如图 9 - 41 所示。

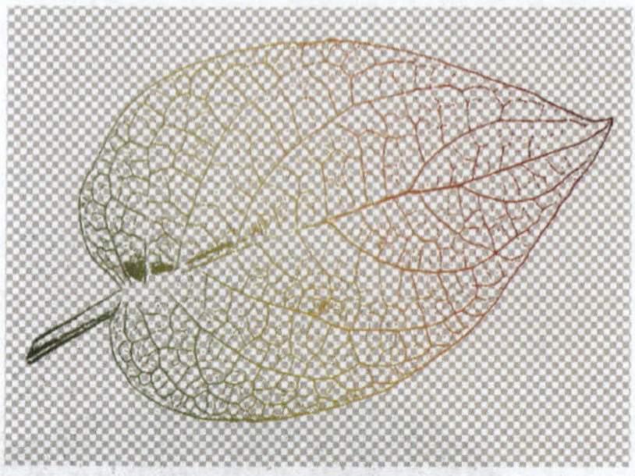

图 9 - 40　填充渐变色

图 9 - 41　填充黑色背景

（6）选择渐变叶子图层，按快捷键 Ctrl + T（“自由变换”命令），缩小叶子，然后复制多个图层，调整每一个叶子的方向、大小和位置。最终效果如图 9 - 42 所示。

图 9 - 42　最终效果

第10章

矢量工具与路径

本章介绍

主要介绍路径的绘制、编辑方法以及图形的绘制与应用技巧，路径与矢量工具在图片处理后期与图像合成中的使用是非常频繁的，希望读者能认真学习，加强对知识的掌握。在Photoshop 中创建两种矢量图形，分别是形状和路径。由于是矢量对象，所以可以自由缩小和放大，不影响其分辨率，还能够输出到其他矢量图形软件内进行编辑。

路径在 Photoshop 中运用广泛，能够描边和填充颜色，可以作为剪切路径应用到矢量蒙版中。此外，在抠取复杂且光滑的对象时，路径可以转换为选区。

本章重点

本章主要掌握“钢笔工具”和“形状工具”的使用方法、路径的操作与编辑。

技能目标

- 了解路径与锚点的特征和关系，掌握它们的基本操作与编辑。
- 掌握使用“路径”面板进行保存和管理路径的方法。
- 掌握工作路径的创建、复制、删除等操作。
- 掌握“钢笔工具”组的基本使用方法，以及工具选项栏的设置。
- 掌握“形状工具”组的基本使用方法，以及工具选项栏的设置。

素养目标

通过本章内容的学习与实训，培养学生矢量工具的运用技巧与良好的图形化创新思维能力，增强学生的审美能力与工匠精神，培养勤奋学习的态度。

10.1 路径和锚点

路径工具

为了掌握 Photoshop 各类矢量工具的使用，通常要先了解路径与锚点。本节内容主要介绍路径与锚点的特征，以及它们的关系。

10.1.1 认识路径

“路径”可以转化成所选区域的轮廓，可以使用路径作为矢量蒙版来隐藏图层区域。将路径转换为选区也可以描边和填充颜色，通常把路径分为开放路径、闭合路径和复合路径，路径可以使用钢笔工具和形状工具来绘制。开放路径的起始锚点与结束锚点不能重合，如图 10－1 所示；闭合路径的起始锚点和结束锚点重合，没有起点和终点，路径呈闭合状态，如图 10－2 所示；复合路径是通过两个独立的路径相交、相减等运算创建成一个新的复合路径，如图 10－3 所示。

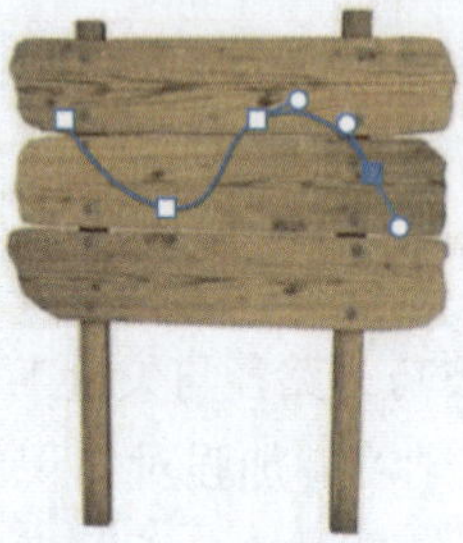

图 10－1　开放路径

图 10－2　闭合路径

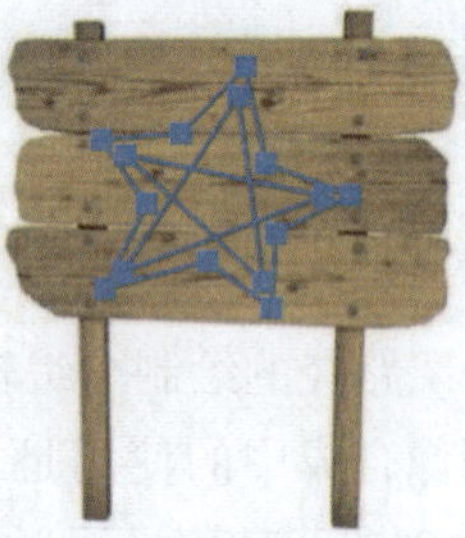

图 10－3　复合路径

10. 1. 2　认识锚点

路径由直线路径段或曲线路径段组成，锚点标记路径段的端点。锚点分为平滑点和角点两种，平滑点链接可以形成平滑的曲线，如图 10－4 所示；角点链接可以形成直线，如图 10－5 所示，或者转角曲线，如图 10－6 所示。曲线路径段上的锚点有方向线，方向线的端点就是方向点，用于调整曲线的形状。

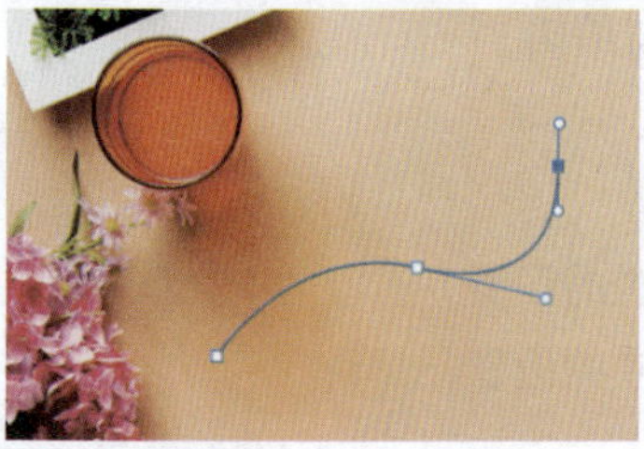

图 10－4　平滑路径

图 10－5　转角直线路径

图 10－6　转角曲线路径

10. 2　钢笔工具组

钢笔工具组

钢笔工具组分别用于绘制路径、添加锚点、删除锚点以及转换锚点。其中，“钢笔工具”是 Photoshop 中最强大的绘画工具，创建路径是了解和掌握“钢笔工具”组的使用方法的基础。

10. 2. 1　了解钢笔工具组

Adobe Photoshop 2022 中的钢笔工具组包括 6 个工具，如图 10－7 所示。

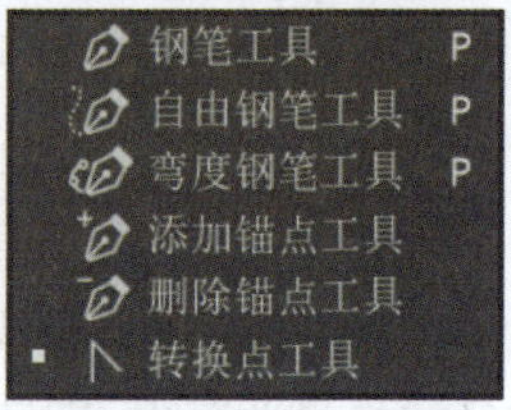

图 10－7　钢笔工具组

钢笔工具组中各个工具说明如下：

钢笔工具：最常用路径工具，可绘制出光滑且复杂的路径。

自由钢笔工具：与真实的钢笔工具类似，允许在单击并拖动鼠标时绘制路径。

弯度钢笔工具：能够用来绘制自定义形状或定义精确的路径，不需要切换快捷键也能转换钢笔直线或曲线模式。

添加锚点工具：为已经绘制好的路径添加锚点。

删除锚点工具：从路径中删除锚点。

转换点工具：用于转换锚点的类型，可以将路径的圆角与尖角相互转换。

在工具箱中选取“钢笔工具”，“钢笔工具”的选项栏如图 10－8 所示。

图 10－8　“钢笔工具”选项栏

“钢笔工具”选项栏中各项说明如下：

选择工具模式：在该下拉列表中，选择“形状”选项，将在图层中绘制带有路径的形状；选择“路径”选项，将直接创建路径；选择“像素”选项，绘制的路径为填充像素的框。

建立选项组：单击不同的按钮，可分别将路径创建不同的对象。

“路径操作”选项：单击该按钮，在展开的列表内可选择相应的路径进行操作。

“路径对齐方式”选择：可以设置对象用不同的方式进行对齐。

“路径排列方式”选项：通过下拉列表内的各个选项，可以将形状调整到不同的图层。

路径选项：显示当前工具的选项面板。可以设置路径的“粗细”和“颜色”，面板内还有“橡皮带”复选框。

自动添加/删除：定义钢笔停留在路径上时，是否具有直接添加或删除锚点的功能。

对齐边缘：勾选此复选项后，将矢量形状边缘和像素网格对齐。

10.2.2　实战——钢笔工具

使用“钢笔工具”可以绘制任意形状的直线或曲线路径。它主要有两种用途：一是选取对象，二是绘制矢量图形。当用作选取工具时，“钢笔工具”绘制的线条光滑且准确，将路径转换成选区就能够精准选取对象了。

选择“钢笔工具”后，在工具选项栏中选择“路径”，依次在图像窗口单击并确定每个锚点的位置，锚点之间将自动创建一条直线路径，通过调节锚点绘制曲线。

（1）启动 Adobe Photoshop 2022 软件，按快捷键 Ctrl + O，打开相关素材中的“玫瑰.jpg”文件，如图 10－9 所示。在“图层”面板中双击背景图层，将其转换为像素图层。

（2）在工具箱中选择“钢笔工具”，在状态栏内选择“路径”，将光标移至画面内，待光标变成时，单击，创建一个锚点，如图 10－10 所示。

图 10 - 9　素材“玫瑰”

图 10 - 10　创建锚点

（3）将光标移动到下一处单击，则创建另一个锚点，两个锚点之间由一条线连接，即创建了一条直线路径，如图 10 - 11 所示。

（4）将光标移动到下一处，单击并按住鼠标拖动，在拖动过程中观察方向线的长度和方向，当路径与边缘重合时松开鼠标，直线与平滑的曲线组合成一条转角曲线路径，如图 10 - 12 所示。

图 10 - 11　创建直线路径

图 10 - 12　绘制转角曲线路径

（5）用同样的方法沿着玫瑰花边缘创建路径，当起始锚点和结束锚点重合时，路径闭合，再结合“转换点工具”调整路径，效果如图 10 - 13 所示。

图 10 - 13　创建完路径

（6）在路径上单击鼠标右键，在弹出的快捷菜单中执行“建立选区”命令，在弹出的对话框中，设置“羽化半径”为 0，如图 10 - 14 所示。单击“确定”按钮，即可将路径转换为选区，如图 10 - 15 所示。

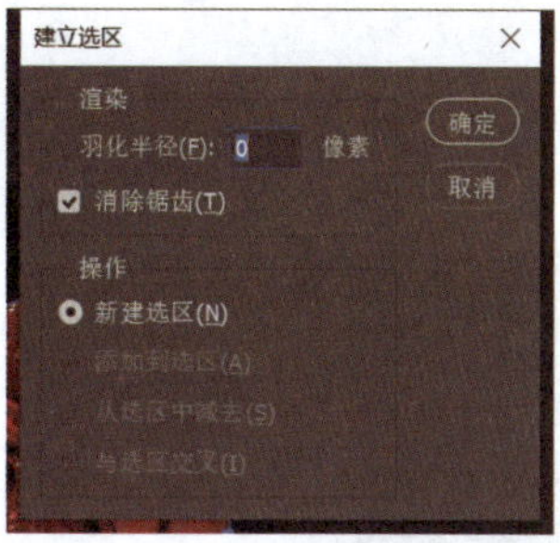

图 10－14　“建立选区”面板

图 10－15　建立选区

（7）按快捷键 Shift＋Ctrl＋I 选区反向，如图 10－16 所示。按 Delete 键，删除选区内的图像，取消选区，如图 10－17 所示。

图 10－16　选区反向

图 10－17　删除背景

（8）将素材中“黑色背景.jpg”文件拖入文档，并放置在底层，调整大小并摆放至合适位置，如图 10－18 所示。

图 10－18　添加黑色背景

10.2.3　自由钢笔工具选项栏

使用“自由钢笔工具”可以徒手绘制路径。在工具箱中选择该工具，移动光标至图案窗口内自由拖动，到达合适的位置后松开鼠标，光标移动的轨迹就是路径。在创建路径时，系统自动根据曲线的走向添加适当的锚点，并设置曲线的平滑度。

选择“自由钢笔工具”，在选项栏中勾选“磁性的”，这样“自由钢笔工具”也会有与“磁性套索工具”一样的磁性功能，在单击确定路径起点之后，沿图像边缘移动光标，系统会自动根据颜色反差建立路径。

选择“自由钢笔工具”，在工具选项栏中单击按钮，将弹出“路径选项”面板，如图 10－19 所示。

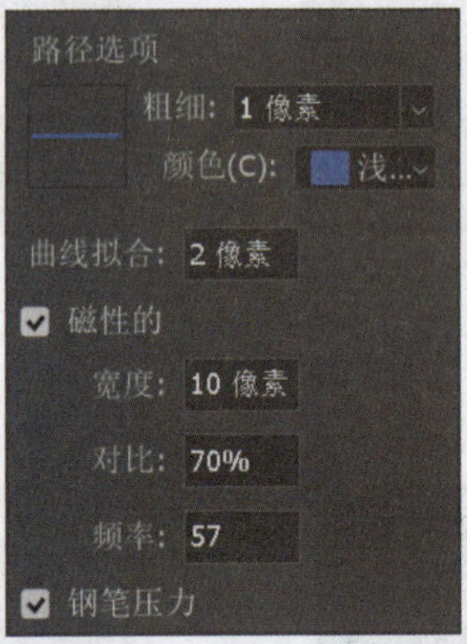

图 10－19 “路径选项”面板

曲线拟合：按拟合贝塞尔曲线时允许的错误容差创建路径。像素值越小，允许的错误容差越小，创建的路径越精细。

磁性的：勾选“磁性的”复选框，宽度、对比、频率三个选项可用。其中，“宽度”选项用于检测“自由钢笔工具”指定距离以内的边缘；“对比”选项用于设置边缘对比度以区分路径；“频率”选项用于设置锚点添加到路径中的频率。

钢笔压力：勾选该复选项，使用绘图压力以更改钢笔的宽度。

10.2.4 实战——自由钢笔工具

“自由钢笔工具”和“套索工具”类似，都可以用来绘制随性的图形。但“自由钢笔工具”绘制的是封闭的路径，“套索工具”创建的是选区。

（1）启动 Adobe Photoshop 2022 软件，按快捷键 Ctrl＋O，打开素材“夕阳.jpg”文件，如图 10－20 所示。

（2）选择工具箱中的“自由钢笔工具”，在选项栏中选择“路径”，在画面中单击并拖动鼠标，绘制比较随意的山丘，如图 10－21 所示。

图 10－20 素材“夕阳”

图 10－21 绘制“山丘”路径

（3）单击“图层”面板中的“创建新图层”按钮，新建一个空白图层。按快捷键 Ctrl + Enter 将路径转换为选区，如图 10 – 22 所示。

（4）设置前景色为灰色，按住快捷键 Alt + Delete 为选区填充颜色，如图 10 – 23 所示，再按快捷键 Ctrl + D 取消选区。

图 10 – 22　路径转换为选区

图 10 – 23　填充灰色

（5）用同样方法绘制山丘阴影部分并填充黑色，如图 10 – 24 所示。

（6）按快捷键 Ctrl + O，打开素材中的“大雁 . jpg”文件，如图 10 – 25 所示。

图 10 – 24　绘制山丘阴影

图 10 – 25　素材“大雁”

（7）选择“自由钢笔工具”，在选项栏中选择“路径”，勾选“磁性的”，并单击按钮，在列表中设置“曲线拟合”为 2 像素，设置“宽度”为 10 像素，“对比”为 10%，“频率”为 57，如图 10 – 26 所示。

（8）移动光标到画面中，光标形状变为，单击，创建起始锚点，如图 10 – 27 所示。

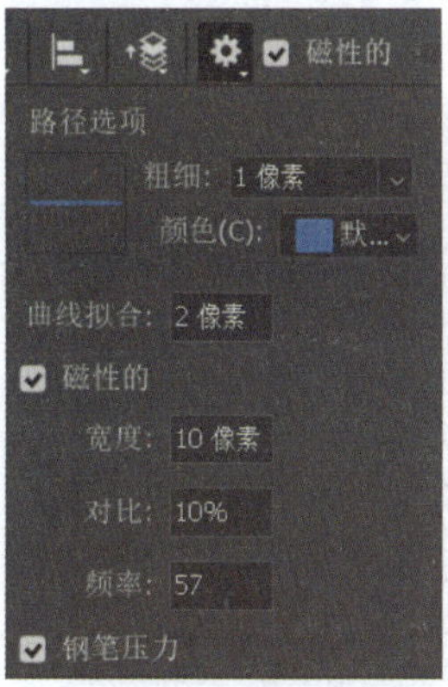

图 10 – 26　路径选项面板

图 10 – 27　创建起始锚点

（9）沿大雁的边缘拖动，锚点将自动吸附在边缘处。此时每单击一次，将在单击处创建一个新的锚点，移动光标直到与起始锚点重合，单击鼠标，路径闭合，如图 10－28 所示。

（10）按快捷键 Ctrl＋Enter 将路径转换为选区，并使用“移动工具” 将选区中的图像拖入“背景”文件中，调整大小，按 Enter 键确定，效果如图 10－29 所示。

图 10－28　创建路径

图 10－29　最终效果

10.3　编辑路径

要想使用“钢笔工具”准确地描摹对象的轮廓，必须熟练掌握锚点和路径的编辑方法，下面将详细讲解如何对锚点和路径进行编辑。

10.3.1　选择与移动

Photoshop 提供了两个路径选择工具，分别是“路径选择工具” 和“直接选择工具” 。

1. 选择锚点、路径段和路径

“路径选择工具” 用于选择整条路径。移动光标至路径区域内任意位置单击，路径的所有锚点被全部选中，锚点以实心显示，此时拖动鼠标可移动整条路径，如图 10－30 所示。如果当前的路径有多条子路径，可按住 Shift 键依次单击，以连续选择各子路径，如图 10－31 所示。或者拖动鼠标拉出一个虚框，与框交叉和被框包围的所有路径都将被选择。如果要取消选择，可在画面空白处单击。

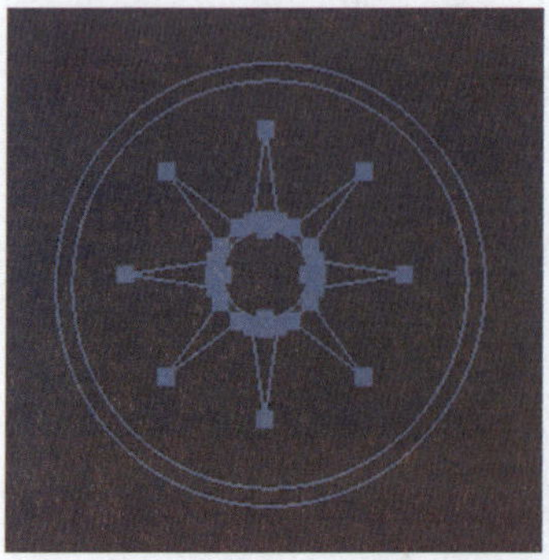

图 10－30　选择路径

图 10－31　连续选择各子路径

选择“直接选择工具”，单击一个锚点即可选择该锚点，选中的锚点为实心，未选择的锚点为空心方块，如图 10－32 所示；单击一个路径段，可以选择该路径段，如图 10－33 所示。

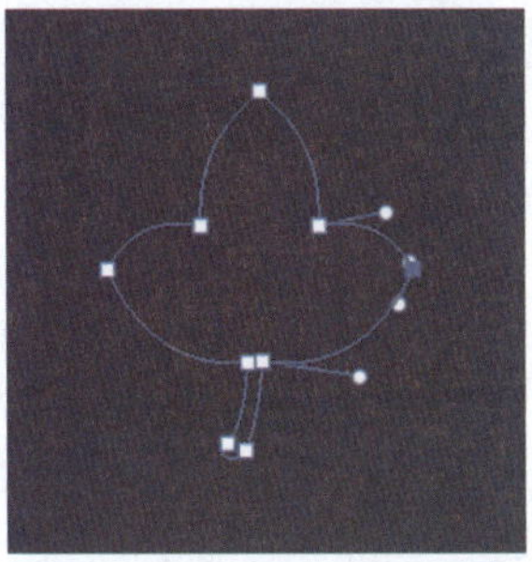

图 10－32　选择一个锚点

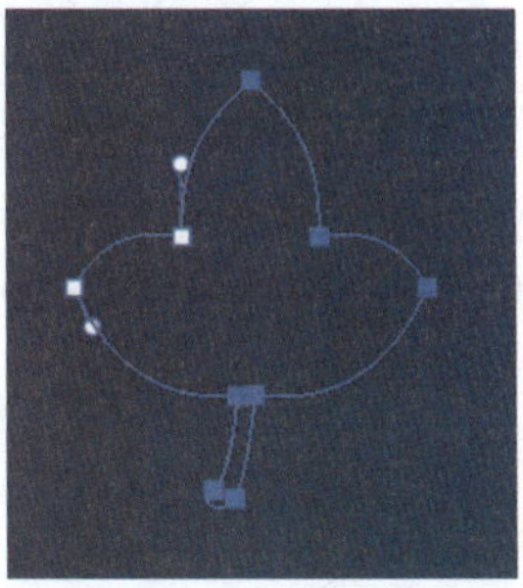

图 10－33　选择路径段

2. 移动锚点、路径段和路径

选择锚点、路径段和路径后，按住鼠标左键不放并拖动，即可将其移动。如果选择了锚点，光标从锚点上移开后，又想移动锚点，可将光标重新定位在锚点上，按住并拖动鼠标才可将其移动，否则，只能在画面中拖出一个矩形框，可以框选锚点或者路径段，但不能移动锚点。从选择的路径上移开光标后，需要重新将光标定位在路径上才能将其移动。

10. 3. 2　删除和添加锚点

使用“添加锚点工具”和“删除锚点工具”，可添加和删除锚点。

选择“添加锚点工具”后，移动光标至路径上方，如图 10－34 所示；当光标变为状态时，单击即可添加一个锚点，如图 10－35 所示；如果单击并拖动鼠标，可以添加一个平滑点，如图 10－36 所示。

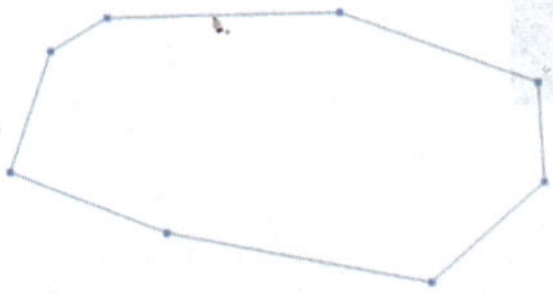

图 10－34　移动光标

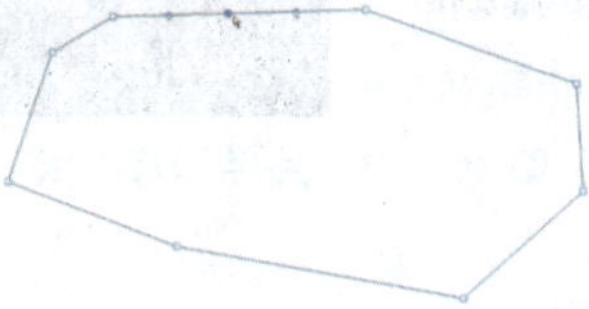

图 10－35　添加锚点

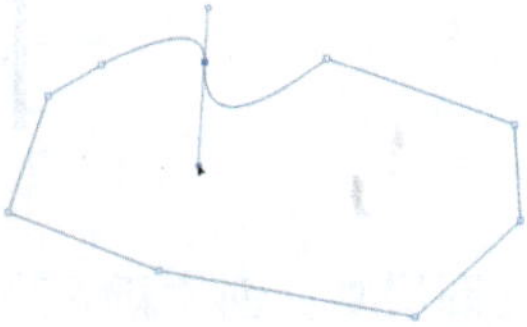

图 10－36　调整路径

选择“删除锚点工具”后，将光标放在锚点上，当光标变为形状时，单击即可删除该锚点，如图 10－37 所示；使用“直接选择工具”选择锚点后，按 Delete 键也可以将锚点删除，但该锚点两侧的路径段也会同时删除。如果路径为闭合路径，则会变为开放式路径，如图 10－38 所示。

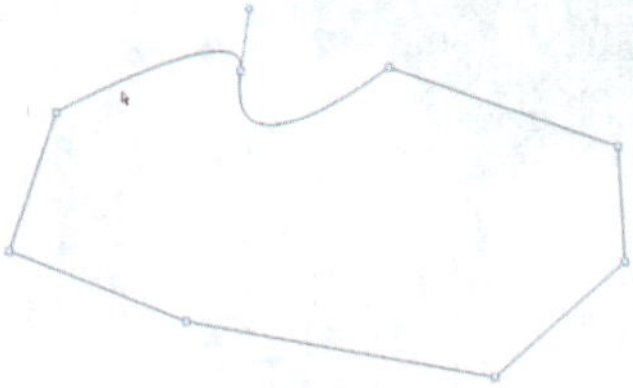

图 10－37　选择锚点

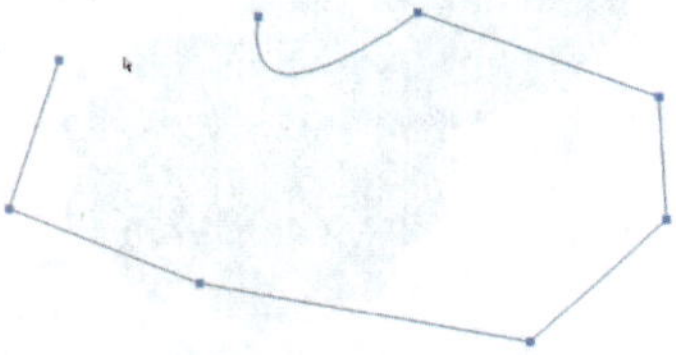

图 10－38　删除锚点

10.3.3 转换锚点的类型

使用“转换点工具”可轻松完成平滑点和角点之间的相互转换。

如果当前锚点为角点，在工具箱中选择“转换点工具”，然后移动光标至角点上并按住鼠标左键拖动，可将其转换为平滑点，如图 10－39 和图 10－40 所示。如需要转换的是平滑点，在平滑点上单击，可将其转换为角点，如图 10－41 所示。

图 10－39　原路径

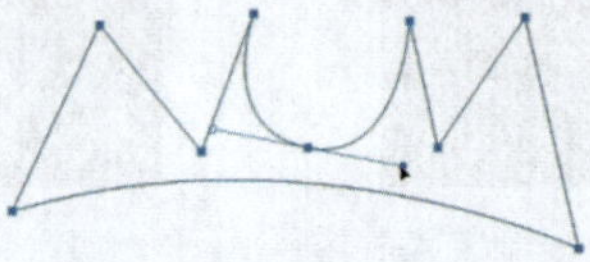

图 10－40　转换为平滑点

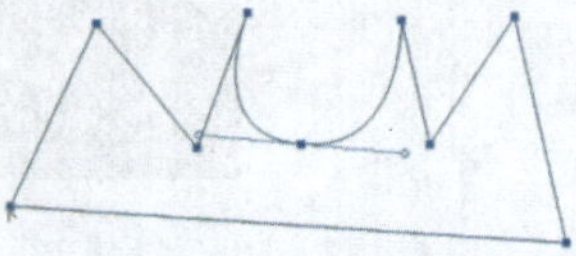

图 10－41　转换为角点

10.3.4 路径的运算方法

使用“魔棒工具”和“快速选择工具”选取对象时，通常要对选区进行相加、相减等运算，以使其符合要求。使用钢笔工具或形状工具时，也要对路径进行相应的运算，才能得到想要的轮廓。单击工具选项栏中的按钮，可以在弹出的下拉列表中选择路径运算方式，如图 10－42 所示。

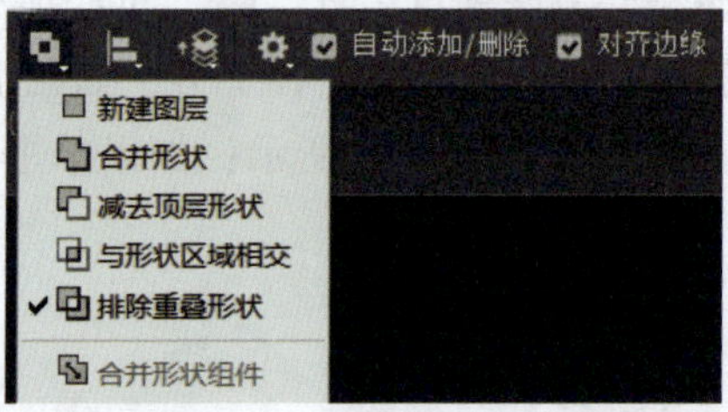

图 10－42　路径运算方式

新建图层：创建新的路径层。

合并形状：新绘制的图像会与现有的图形合并，如图 10－43 所示。

减去顶层形状：可从现有的图形中减去新绘制的图像，如图 10－44 所示。

图 10－43　合并形状

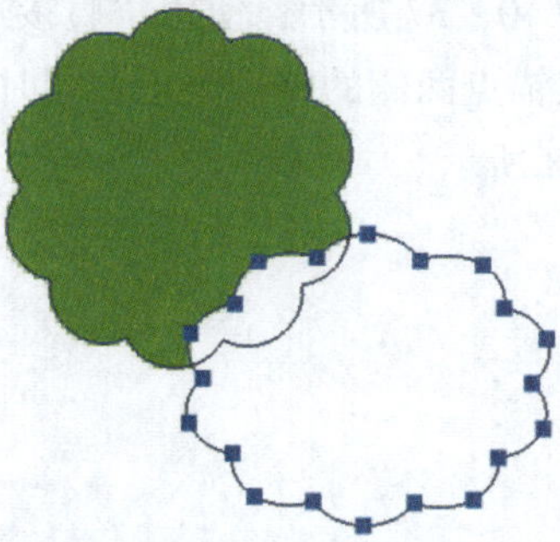

图 10－44　减去顶层形状

与形状区域相交：选择该选项，得到的图形为新图形与现有图形相交的区域，如图 10－45 所示。

排除重叠形状：选择该选项，得到的图形为删除重叠区域后的图形，如图 10－46 所示。

图 10－45　与形状区域相交

图 10－46　排除重叠形状

合并形状组件：选择该选项，可以合并重叠的路径组件。

10.4　路径面板

“路径”面板用于保存和管理路径，面板中显示了每条存储的路径、当前工作路径和当前矢量蒙版的名称和缩览图。使用该面板可以保存和管理路径。

10.4.1　了解路径面板

执行“窗口”→“路径”命令，可以打开“路径”面板，如图 10－47 所示。

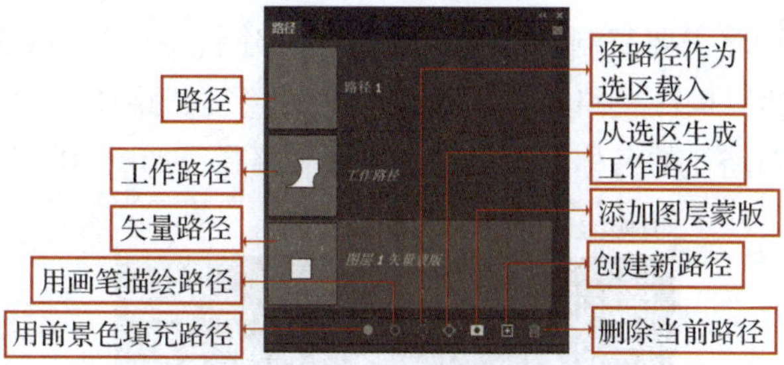

图 10－47　“路径”面板

路径：当前文件中包含的路径。

工作路径：使用钢笔工具或形状工具绘制的路径为工作路径。

矢量路径：当前文件中包含的矢量蒙版。

用前景色填充路径：用前景色填充路径区域。

用画笔描绘路径：用“画笔工具”描边路径。

将路径作为选区载入：将当前选择的路径转换为选区。

从选区生成工作路径：从当前创建的选区中生成工作路径。

添加图层蒙版：从当前路径创建蒙版。

创建新路径：单击该按钮，可以创建新的路径，如果要在新建路径时为路径命名，可以按住 Alt 键并单击“创建新路径”按钮，在打开的“新建路径”对话框中设置。

删除当前路径：用于删除当前选择的路径。

10.4.2 了解工作路径

工作路径是临时路径，是在没有新建路径的情况下使用钢笔等工具绘制的路径，一旦重新绘制了路径，原有的路径将被当前路径所替代。如果不想工作路径被替换掉，可以双击其缩略图，打开“存储路径”对话框，将其保存起来。

在使用钢笔工具或形状工具直接绘图时，该路径在“路径”面板中被保存为工作路径，“路径”面板如图 10－48 所示；如果在绘制路径时，单击“路径”面板上的“创建新路径”按钮，再绘制路径，此时创建的只是路径，如图 10－49 所示。

图 10－48　工作路径

图 10－49　创建新路径

10.4.3 复制路径

在“路径”面板中将需要复制的路径拖曳至“创建新路径”按钮上，可以直接复制此路径。选择路径，然后执行“路径”面板菜单中的“复制路径”命令。在打开的“复制路径”对话框中输入新路径的名称即可复制并重命名路径，如图 10－50 所示。

图 10－50　“复制路径”对话框

此外，用“路径选择工具”选择画面中的路径后，执行“编辑”→“复制”命令，可以将路径复制到剪贴板中。复制路径后，执行“编辑”→“粘贴”命令，可粘贴路径。如果要将当前文档中的路径复制到其他文档中，可以执行“编辑”→“拷贝”菜单命令，然后切换到其他文档，接着执行“编辑”→“粘贴”菜单命令即可。

10.5 形状工具

形状实际上就是由路径轮廓围成的矢量图形。使用 Photoshop 提供的“矩形工具”、

“椭圆工具”、“三角形工具”“多边形工具”和“直线工具”可以创建规则的几何形状，使用“自定形状工具”可以创建不规则的复杂形状。

10.5.1　矩形工具

“矩形工具”用来绘制矩形和正方形。选择该工具后，单击并拖动鼠标可以创建矩形；按住 Shift 键单击并拖动可以创建正方形；按住 Alt 键单击并拖动会以单击点为中心向外创建矩形；按住 Shift + Alt 组合键单击并拖动，会以单击点为中心向外创建正方形。单击工具选项栏中的按钮，在打开的下拉面板中可以设置矩形的创建方式，如图 10 – 51 所示。

不受约束：选择该单选按钮，可通过拖动鼠标创建任意大小的矩形和正方形，如图 10 – 52 所示。

方形：选择该单选按钮，只能创建任意大小的正方形，如图 10 – 53 所示。

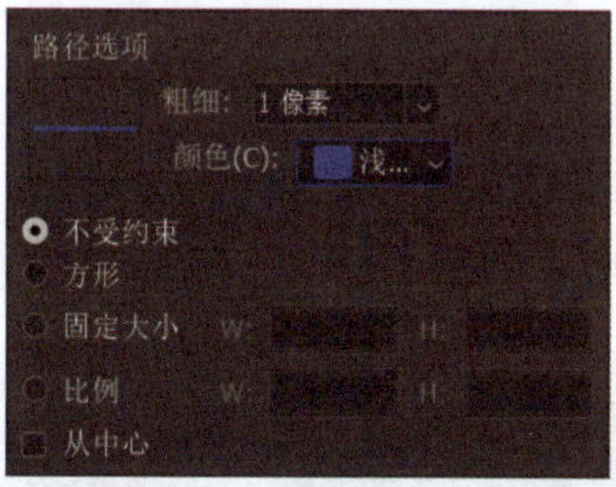

图 10 – 51　“路径选项”面板

形状工具组

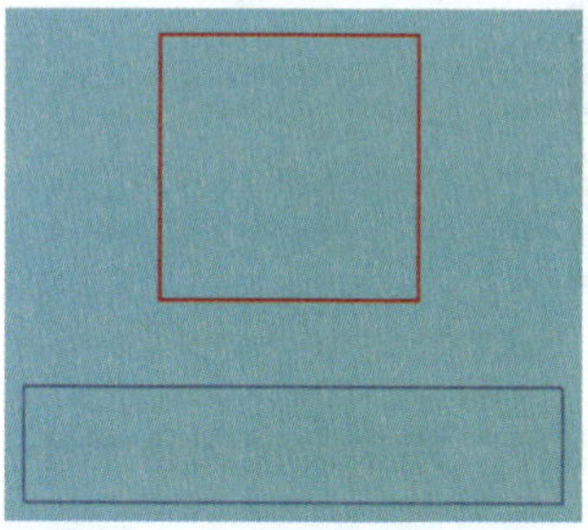
图 10 – 52　不受约束绘制图形

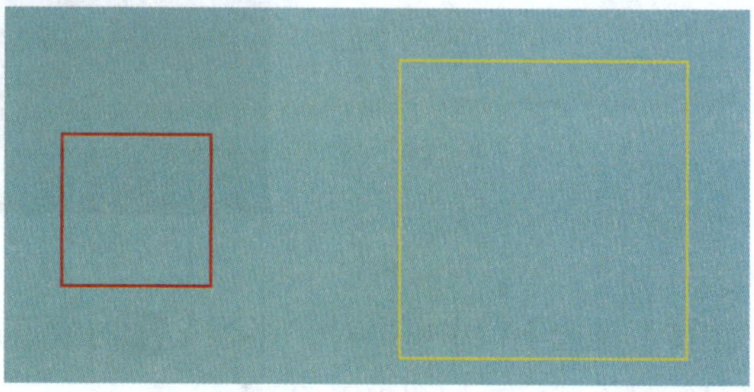
图 10 – 53　创建正方形

固定大小：选择该单选按钮，并在它右侧的文本框中输入数值（W 为宽度，H 为高度），此后只能创建预设大小的矩形。

比例：选择该单选按钮，并在它右侧的文本框中输入数值（W 为宽度比例，H 为高度比例），此后无论创建多大的矩形，矩形的宽度和高度都保持预设的比例。

从中心：选择该单选按钮，以任何方式创建矩形时，在画面中单击点即为矩形的中心。拖动鼠标时，矩形将由中心向外扩展。

对齐边缘：在工具选项栏中，勾选该复选项后，矩形的边缘与像素的边缘重合，不会出现锯齿；取消勾选，矩形边缘会出现模糊的像素。

10.5.2　椭圆工具

“椭圆工具”用来创建不受约束的椭圆和正圆，也可以创建固定大小的圆形，如图

10－54 所示。选择该工具，单击并拖动鼠标可创建椭圆形，按住 Shift 键单击并拖动则可创建图形。

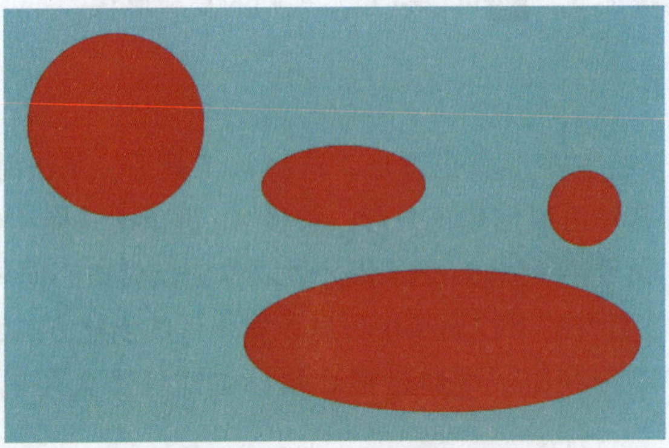

图 10－54　创建椭圆和正圆

10.5.3　三角形工具

“三角形工具”用来创建等腰三角形，其使用方法与“矩形工具”相同，只是多了一个“等边”的选项，如图 10－55 所示。

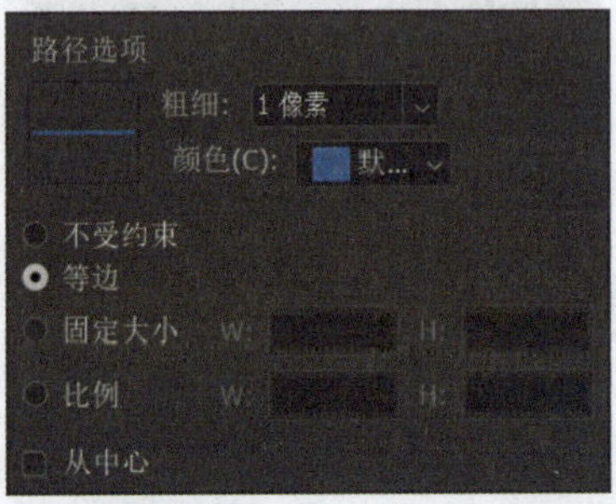

图 10－55　选择“等边”选项

在工具选项栏中可以对“半径”的数值进行设置，“半径”用来设置圆角半径，该值越大，圆角越广，如图 10－56 所示。

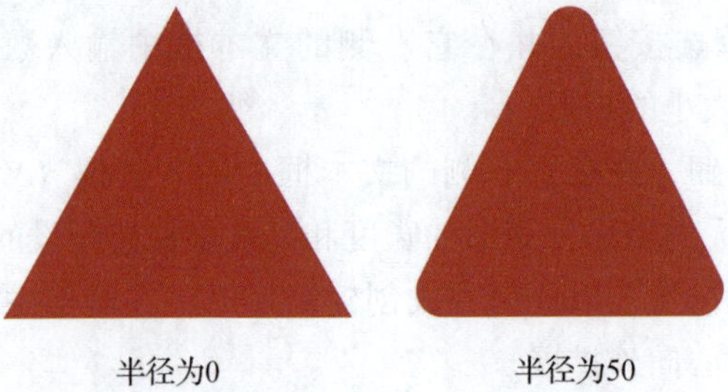

图 10－56　绘制不同半径三角形

10.5.4　多边形工具

“多边形工具”用来创建多边形和星形。选择该工具后，首先要在工具栏中设置多边形和星形边数，范围为 3～100。单击该工具选项栏中的按钮，打开下拉面板，在面板中可以设置多边形的选项，如图 10－57 所示。

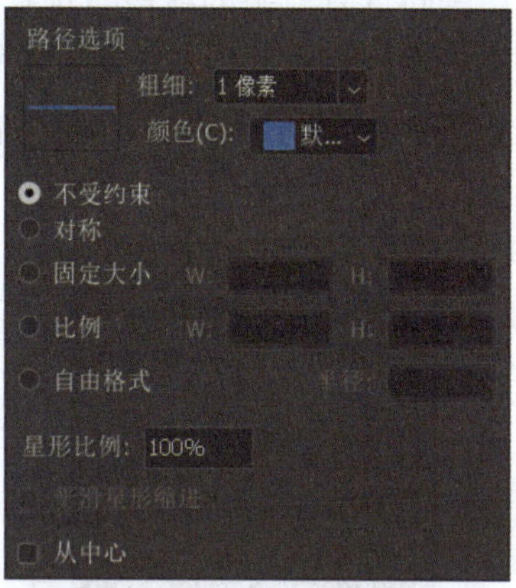

图 10－57　多边形路径选项

粗细：用于路径的屏幕显示线段宽度。

颜色：用于路径的屏幕显示线段颜色。

对称：可绘制等边多边形和星形。

自由格式：设置中心到外部点间的距离。

星形比例：设置星形边缘向中心缩进的比例，该值越小，缩进量越大，该值越大，缩进量越小，如图 10－58 所示。

星形比例90%　　星形比例30%

图 10－58　绘制不同缩进比例星形

平滑星形缩进：勾选此项，可以使星形的边平滑地向中心缩进，效果如图 10－59 所示。

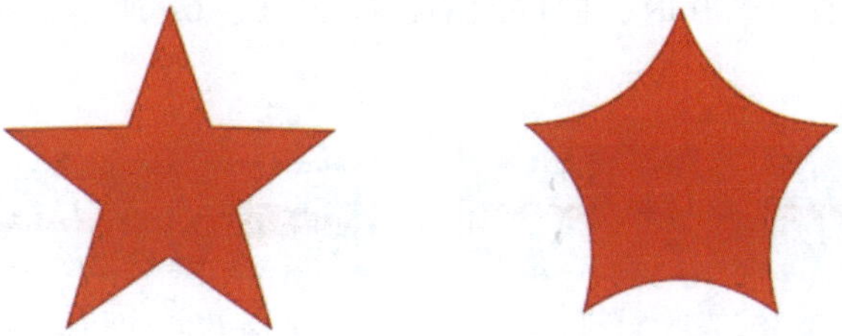

不勾选“平滑星形缩进”　　勾选“平滑星形缩进”

图 10－59　设置平滑星形缩进

10.5.5 直线工具

“直线工具” 用来创建直线和带有箭头的线段。选择该工具后，单击并拖动鼠标可以创建直线或线段；按住 Shift 键单击并拖动可创建水平、垂直或以 45°角为增量的直线。它的工具选项栏包含设置直线粗细的选项，下拉面板中还包含设置箭头的选项，如图 10－60 所示。

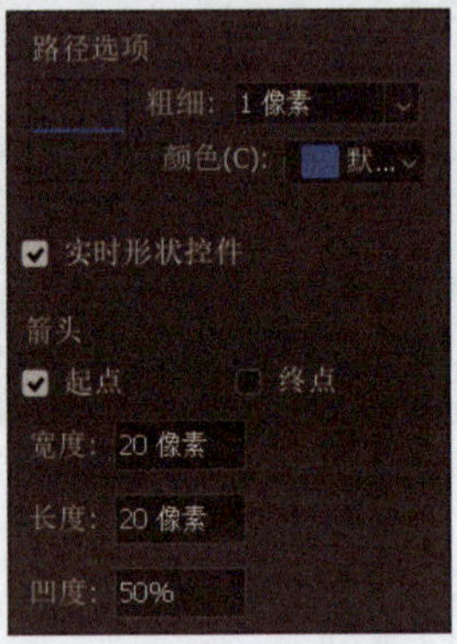

图 10－60　直线路径选项

起点/终点：可设置分别或同时在直线的起点和终点添加箭头，如图 10－61 所示。

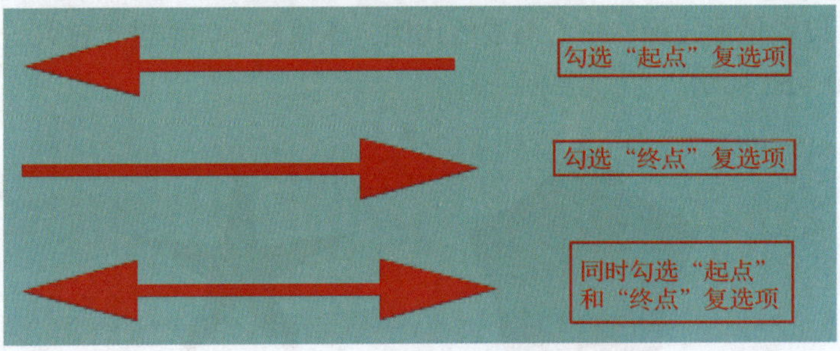

图 10－61　绘制箭头

宽度：可设置箭头宽度与直线宽度的百分比，范围为 10%～1 000%。

长度：可设置箭头长度与直线宽度的百分比，范围为 10%～5 000%。

凹度：用来设置箭头的凹陷程度，范围为－50%～50%。该值为 0 时，箭头尾部平齐，如图 10－62 所示；该值大于 0 时，向内凹陷，如图 10－63 所示；该值小于 0 时，向外凸出，如图 10－64 所示。

图 10－62　尾部平齐箭头

图 10－63　向内凹陷箭头

图 10－64　向外凸出箭头

10.5.6　自定形状工具

使用“自定形状工具”可以创建 Photoshop 预设的形状、自定义的形状或者是外部提供的形状。选择该工具后，需要单击工具选项栏中的按钮，在打开的形状下拉面板中选择一种形状，如图 10－65 所示，然后单击并拖动鼠标可创建该图形。如果要保持形状比例，可以按住 Shift 键绘制图形。

如果要使用其他方法创建图形，可以在自定形状路径选项面板中进行设置，如图 10－66 所示。

图 10－65　形状下拉面板

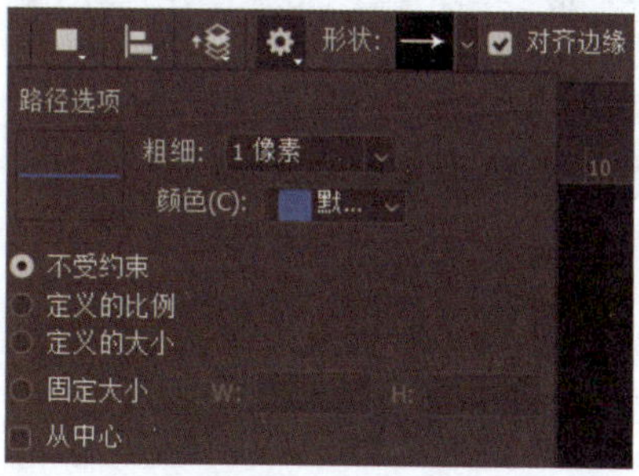

图 10－66　自定形状路径选项面板

10.6　综合实战——服装插画

（1）启动 Adobe Photoshop 2022 软件，按住快捷键 Ctrl＋O，打开素材中的“背景.jpg”文件，如图 10－67 所示。

（2）在工具箱中选择“钢笔工具”，样式选择“路径”，在背景上绘制一条路径，如图 10－68 所示。

图 10－67　打开素材

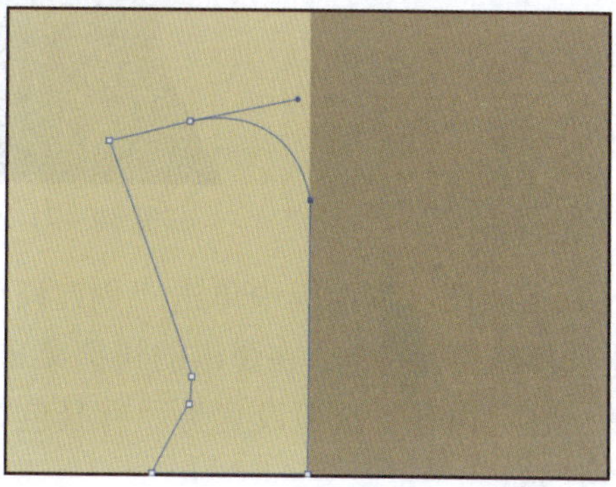

图 10－68　绘制路径

（3）在“图层”面板中单击“创建新图层”按钮，新建空白图层，并设置前景色为深灰色（#414143），设置背景色为白色。

（4）在“路径”面板中选择路径，单击鼠标右键，在弹出的快捷菜单中执行“填充路径”命令，弹出“填充路径”对话框，如图 10－69 所示。默认“内容”选项为“前景色”，单击“确定”按钮，路径将被填充深灰色，如图 10－70 所示。

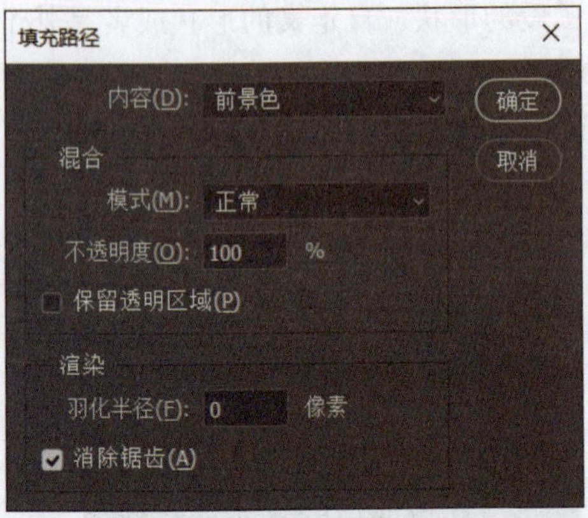

图 10－69 “填充路径”对话框

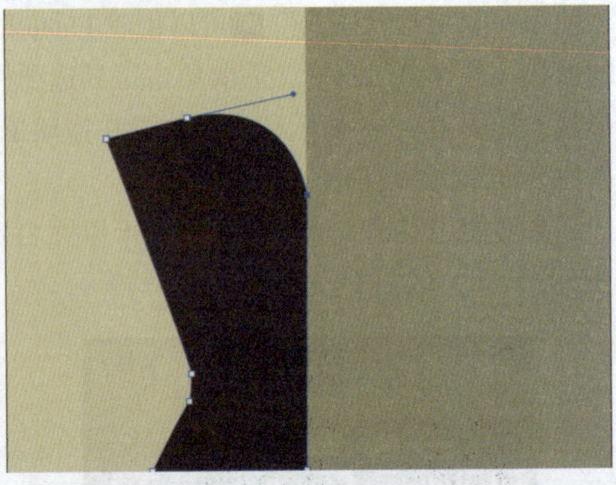

图 10－70 填充深灰色

（5）在“路径”面板中单击“创建新路径”按钮，使用“钢笔工具”绘制新路径，如图 10－71 所示。

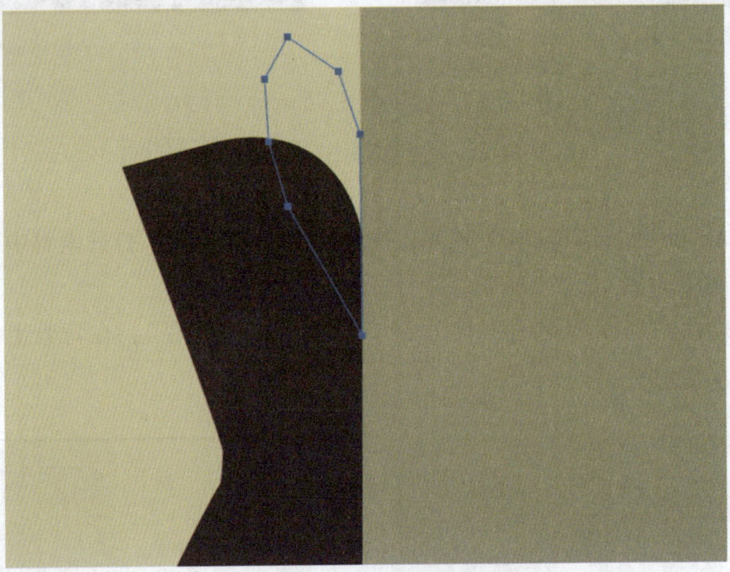

图 10－71 绘制白衣领路径

（6）在“图层”面板中单击“创建新图层”按钮，新建空白图层。接着在“路径”面板中选择路径，右击，在弹出的快捷菜单中执行“填充路径”命令，弹出“填充路径”对话框，将“内容”选项设置为“背景色”，单击“确定”按钮，路径填充为白色，如图 10－72 所示。

（7）用上述同样的方法绘制其他路径，并对路径进行填充。在“填充路径”对话框中选择“颜色”，给左侧衣袖填充灰色（#414143），给右侧衣身和衣袖填充深灰色（#282828），给右侧衬衣填充浅灰色（#dedede），给两边衣领都填充黑色，如图 10－73 所示。

图 10－72　填充白色

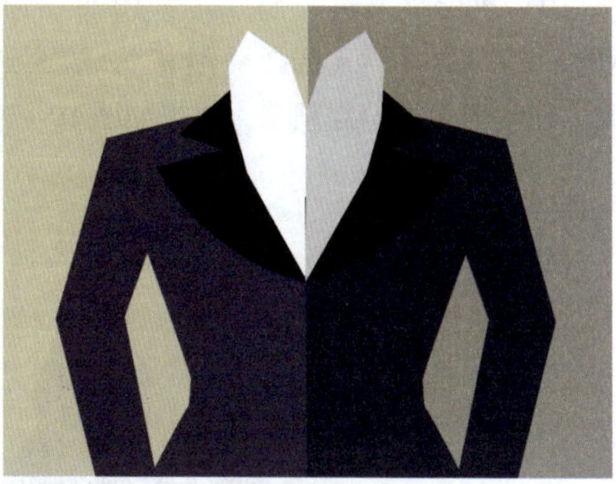

图 10－73　绘制衣袖、衣领和衣身

除了用“填充路径”进行绘制外，也可以直接将钢笔的样式选择为“形状”，绘制完成后，将左边的图形进行复制，再水平翻转，更改颜色就可以了。

（8）使用“椭圆工具”绘制纽扣，颜色为黑色，使用“矩形工具”绘制口袋，颜色为黑色，使用“三角形工具”绘制手帕，颜色为白色，效果如图 10－74 所示。

图 10－74　绘制纽扣、口袋和手帕

（9）按快捷键 Ctrl＋O，打开素材中的“格子.jpg”，如图 10－75 所示。

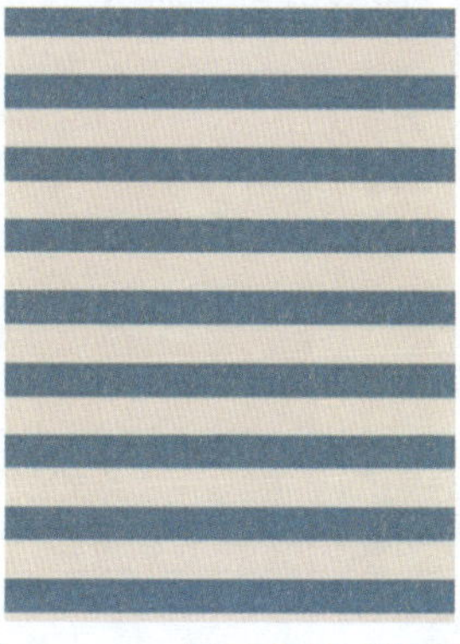

图 10－75　打开素材“格子”

（10）执行“编辑”→“定义图案”命令，将格子定义为新图案。选择工具箱中的“钢笔工具”，样式选择“形状”，填充选择“图案”，在图案列表中找到“格子”图案，在图像上方绘制领带，效果如图 10－76 所示。

图 10－76　绘制领带

（11）调整领带图层的位置，将其调整到黑色领带下方，最后效果如图 10－77 所示。

图 10－77　最终效果

第11章

文本的应用

文章简介

文字是人类用符号记录表达信息以传之久远的方式和工具，也是设计作品中最重要的组成部分。在 Photoshop 中，文字不仅起到传达信息的作用，还具有一定的美化作用。本章将详细讲解 Photoshop 中文字的输入和编辑方法，通过本章的学习，可以快速掌握点文字、段落文字的输入方法。

本章重点

本章主要学习文字工具的基础操作方法、路径文字和变形文字的创建与编辑、“字符”面板和段落面板的设置、文字样式的使用。

技能目标

- 掌握文字工具组的基础操作方法，了解文字的特点。
- 熟练掌握“字符”面板和“段落”面板的打开与设置方法。
- 掌握“段落”文本的创建与编辑方法。
- 熟练掌握变形文字和路径文字的创建与编辑方法。
- 掌握使用文本命令对文字进行拼写检查、查找和替换、栅格化等操作。

素养目标

本章主要对文字工具相关操作进行项目练习，在教学过程中培养学生的爱国主义精神，鼓励学生勇于担当。

11.1　文字工具的概述

在平面设计中，文字一直是画面不可缺少的部分，好的文字设计会起到画龙点睛的作用。对于商业平面作品而言，文字更是不可缺少的内容，只有通过文字的点缀和说明，才能清晰、完整地表达出作品的含义。Photoshop 的文字操作和处理方法非常灵活，通过添加各种图层样式或进行变形处理，可以使文字更有艺术感。

11.1.1　文字的特点

在 Photoshop 中，文字图层是矢量图层，放大、缩小都不会模糊，但它不能像位图一样进行编辑。要像位图一样编辑，就得删格化，变成像素图层，再进行放大，这样边缘就会产生锯齿。在 Photoshop 中，文字与图像文件一样都具有分辨率。

文字可以从排列、内容等方面进行分类，如果从排列方式上划分，可以将文字分为横排文字和竖排文字；如果从创建内容上划分，可以将其分为点文字、段落文字和路径文字；如果从样式上划分，可以将其分为普通文字和变形文件。

11.1.2 文字工具选择栏

文字工具组

在 Adobe Photoshop 2022 中，文字工具包括“横排文字工具”、“直排文字工具”、“直排文字蒙版工具”和“横排文字蒙版工具”4种。其中，“横排文字工具”和“直排文字工具”用来创造点文字、段落文字和路径文字，“直排文字蒙版工具”和“横排文字蒙版工具”用来创建文字选区。

在使用文字工具输入文字前，需要在工具选项栏或者“字符”面板中设置字符属性，包括字体，大小和文字颜色等。文字工具选项栏如图 11－1 所示。

图 11－1　文字工具选项栏

文字工具选项栏中各项说明如下：

更改文本方向：单击该按钮，可以在“横排文字”与“竖排文字”之间进行转换。

字体：在该选项的下拉列表中可以选择不同的字体。

字体样式：字体样式是单个字体的变体，但其中有许多选项只对部分英文字体有效。

文字大小：可以在文本框中直接输入数值，也可以在下拉列表中选择一个数值。

文本颜色：单击色块，在打开的“拾色器（文本颜色）”对话框中设置文字的颜色。

创建文字变形：单击该按钮，打开“变形文字”文本框，为文本添加变形样式，从而改变文字形状。

切换字符和段落面板：单击该按钮，可以显示或隐藏“字符”面板和“段落”面板。

对齐文本：通过单击这些按钮，将文字进行左对齐、居中对齐和右对齐。

11.2 文字的创建与编辑

字符面板

本节将通过对创建和编辑文字相关知识进行介绍，并学习如何创建和编辑点文字与段落文字。

11.2.1 “字符”面板

“字符”面板用于进行对文字的格式编辑；单击工具选项栏中的“切换字符和段落面板”按钮，或执行“窗口”→“字符”命令，将弹出如图 11－2 所示的编辑面板。

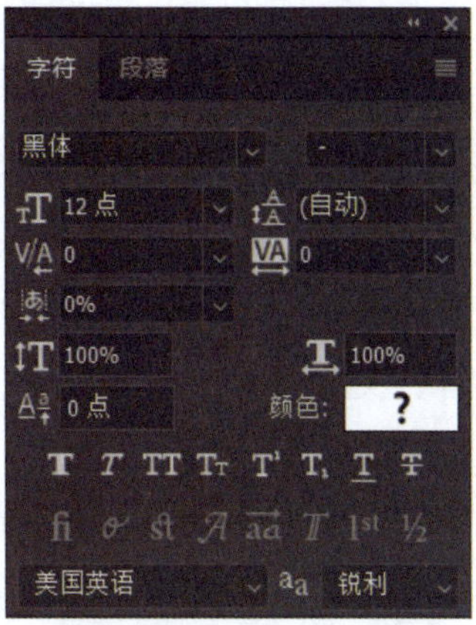

图 11－2　“字符”面板

“字符”面板各选项说明如下：

设置行距：行距是指各行文字之间的垂直间距，可以单击下拉按钮调节文本行距，也可以直接输入数值进行改变。

字距微调：字距是指两个文字间的间隔距离，在需要调整的两个字符间单击并设置插入点，调整数值。

字距调整：当选择了字符后，将调整所选字符间的距离；若未选择字符，将调节所有字符间的距离。

比例间距：用于调节字符间的比例间距。

水平缩放、垂直缩放：水平缩放用于调节字符的宽度；垂直缩放用于调节字符的高度。

基线偏移：可以升高或降低文字的高度，控制文字和基线的距离。

11.2.2　段落面板

段落面板

“段落”面板用于编辑段落文本，在窗口下单击选择“段落”后，将会出现如图 11－3 所示的“段落”面板。

“段落”面板中各选项说明如下：

左对齐文本：将文字左端对齐，文字右端长短不一。

右对齐文本：将文字右端对齐，文字左端长短不一。

居中对齐文本：将文字居中对齐，段落两端长短不一。

最后一行左对齐：将文本最后一行左对齐，其他行左右两端强制对齐。

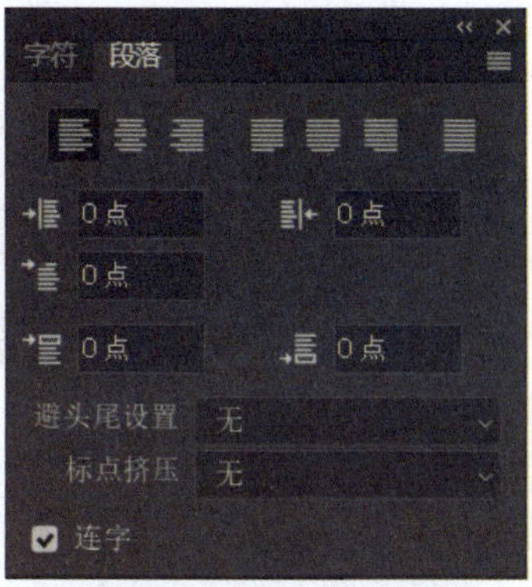

图 11－3　段落面板

最后一行居中对齐：将文本最后一行居中对齐，其他行左右两端强制对齐。

最后一行右对齐：将文本最后一行右对齐，其他行左右两端强制对齐。

全部对齐：通过在字符间添加间距的方式，使文本左右两端强制对齐。

左缩进：横排文字从段落左边缩进，直排文字从段落顶端缩进。

右缩进：横排文字从段落右边缩进，直排文字从段落顶端缩进。

首行缩进：可缩进段落的首行文字，对于横排文字，首行缩进与左缩进有关；对于直排文字，首行缩进与顶端缩进有关。

段前添加空格：设置所选择段落与前一段落间的距离。

段后添加空格：设置所选择段落与后一段落间的距离。

避头尾设置：选取换行集为无、JIS 严格，JIS 宽松。

间距组合设置：设置所选取字符内间距。

连字：在编辑英文内容时，为了设计的美观，有时会将某行末端的字母与下一行开头字母自动用连字符连接。

11.2.3　创建段落文字

段落文字具有自动换行，可调节文本区域大小的优点，在处理较多文字时，可以使用段落文字编辑。

打开背景图片，如图 11－4 所示，在工具箱中选择“直排文字工具”，在工具选项栏中选择一个书法字体，字体大小为 24 点，文字颜色为黑色。在需要输入文字的位置，单击鼠标左键不放，向右下角拖动设置文本框，如图 11－5 所示。

图 11－4　打开背景图片

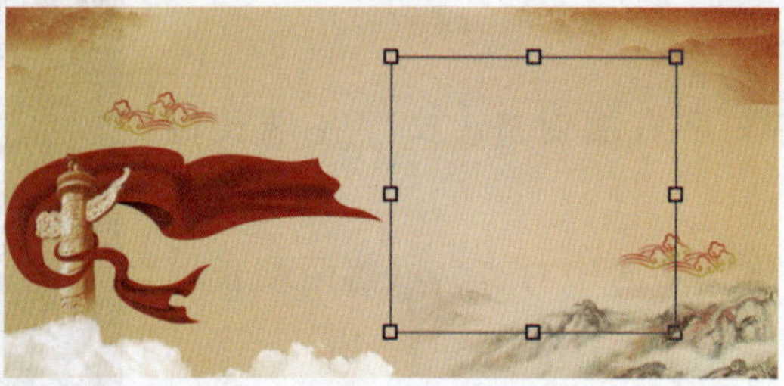

图 11－5　创建文本框

在文本框中输入文字，当文字到达边框边缘时，会自动换行，输入完成后，调整文本框大小，如图 11－6 所示；设置“字符”面板，参数如图 11－7 所示，编辑完成后，在空白处单击鼠标，即可完成编辑；在文本框的右边加入主题文字“爱国”颜色为红色，为文字添加描边和投影，效果如图 11－8 所示。

图 11－6　输入文字

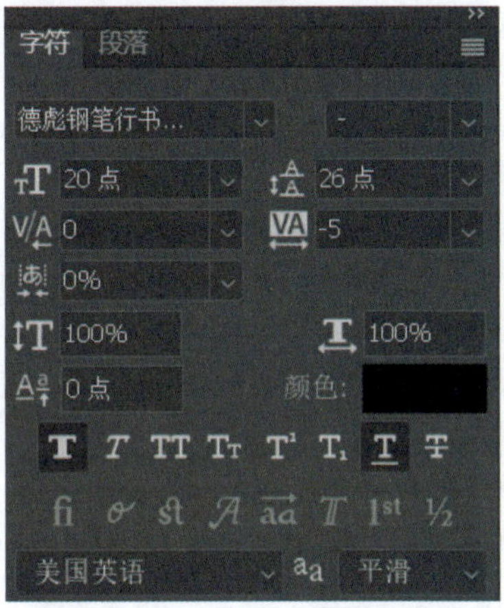

图 11－7　设置“字符”面板

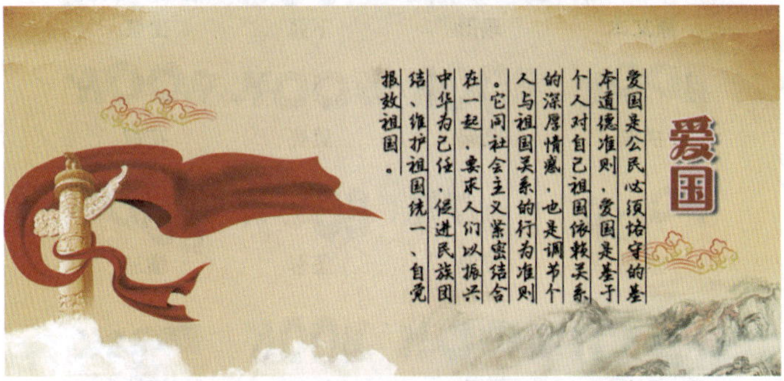

图 11－8　添加主题文字

11.3　变形文字

Photoshop 中的文字可以进行变形操作，如波浪形、球形、鱼眼形等各种形状，从而创建不一样的文字效果。

11.3.1 设置变形选项

单击文字工具栏中的“创建文字变形”按钮，可打开如图 11－9 所示的“变形文字”对话框，利用该对话框内的变形文字选项，如图 11－10 所示，可以制作出不同的艺术效果。Photoshop 中一共有 15 种变形文字选择，效果如图 11－11 所示。要取消所选择的变形文字，可以打开“变形文字”对话框，在“样式”下拉列表中单击“无”选项，单击“确定”按钮，关闭对话框，即可取消选择。

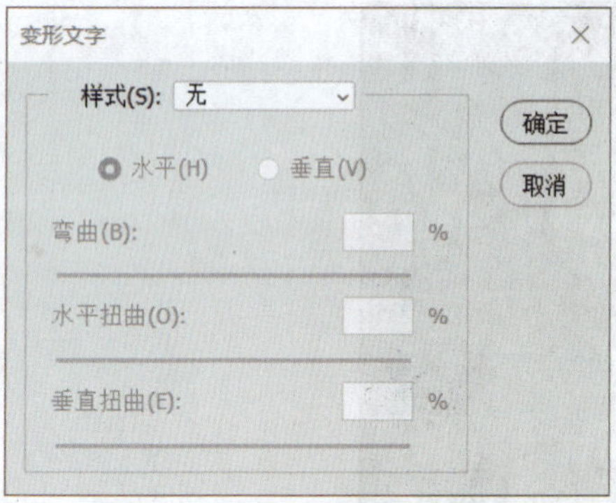

图 11－9 “变形文字”对话框

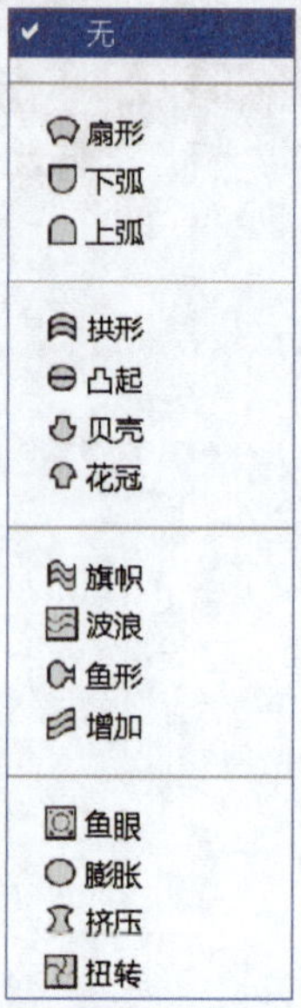

图 11－10 文字变形选项

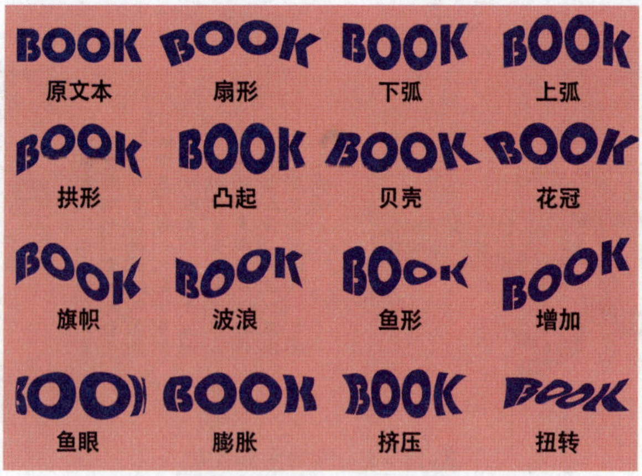

图 11－11 15 种变形文字效果

11.3.2 实战——创建变形文字

Photoshop 中提供了许多不同的变形文字选项，在图像中输入文字后，便可进行文字变形操作，下面将学习如何进行文字变形。

（1）启动 Adobe Photoshop 2022 软件时，使用快捷键 Ctrl + O 打开“背景”图片，如图 11 – 12 所示。

（2）在工具箱中选择“横排文字工具”后，在工具选项栏中设置“华文行楷”，字体大小为 95 点，文字颜色为红色，如图 11 – 13 所示。

图 11 – 12　打开“背景”图片

图 11 – 13　输入文字

（3）单击文字工具栏中的“创建文字变形”按钮，在弹出的“变形文字”对话框中选择“膨胀”样式，设置弯曲为 45%。效果如图 11 – 14 所示。

图 11 – 14　创建文字变形

11.4　路径文字

路径文字是指创建在路径上的文字，文字会沿路径排列，改变路径形状时，文字也会随之改变排版方式，用于排列文字的路径可以是闭合的，也可以是开放的。

11.4.1　实战——沿路径排列文字

路径排列文字，首页需要绘制路径，然后使用文字输入工具输入文字。下面将学习具体操作方法。

（1）启动 Adobe Photoshop 2022 软件，使用快捷键 Ctrl + O 打开素材图片“剪影”，如图 11 – 15 所示。

（2）选择“魔棒工具”，对人物图形创建选区，在菜单中执行“选择”→“修改”→“扩展”，在扩展选区面板中设置扩展量为 10 像素，效果如图 11 – 16 所示。

图 11-15　打开素材图片“剪影”

图 11-16　创建选区

(3) 单击鼠标右键，在下拉菜单中选择“建立工作路径”命令，在弹出的对话框中，设置“容差”为 1 像素，单击“确定”按钮，创建路径，如图 11-17 所示。

(4) 选择“横排文字工具” T，在工具选项栏中选择“字体”为黑体，“大小”为 16 点，设置文字颜色为黑色，将鼠标移至路径上（光标会变为 形状），单击即可输入文字。文字输入完成后，可以在“字符面板”中进行调整“字距”，按快捷键 Ctrl + H 可以隐藏路径，即可得到文字随着路径走向排列的效果，如图 11-18 所示。

图 11-17　创建路径

图 11-18　编辑文字

11.4.2　实战——调整路径文字

利用“直接选择工具” 、“路径选择工具” 和“钢笔工具”对文字进行变形。

(1) 按快捷键 Ctrl + N，在弹出的“新建文档”对话框中，设置一个“宽度”为 60 厘米，“高度”为 30 厘米，“分辨率”为 72 像素/英寸，其他参数如图 11-19 所示的空白文档。设置完成后，单击“确定”按钮。

(2) 选择“横排文字工具” T，在工具选项栏中设置“字体”为“方正超粗黑简体”，“大小”为 517 点，颜色为红色（#aa2323），设置完成后，在画布上输入文字“爱国”，效果如图 11-20 所示。

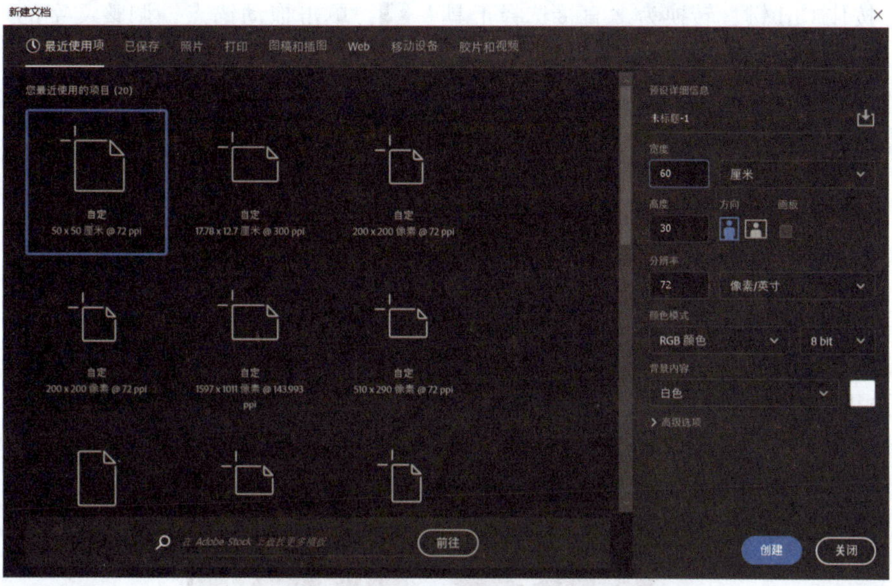

图 11－19　“新建文档”对话框

图 11－20　输入文字

(3) 在图层面板上选择“文字”图层，然后单击鼠标右键，在菜单中选择“转换为形状”命令，如图 11－21 所示。

图 11－21　转换为形状

(4) 选择“钢笔工具”，单击多余的锚点，进行删除，然后对开放式路径进行连接，效果如图 11－22 所示。

图 11－22　删除文字路径

（5）按住 Ctrl 键，转换为“直接选择工具”，单击拖动锚点，调整文字的形状，效果如图 11－23 所示。

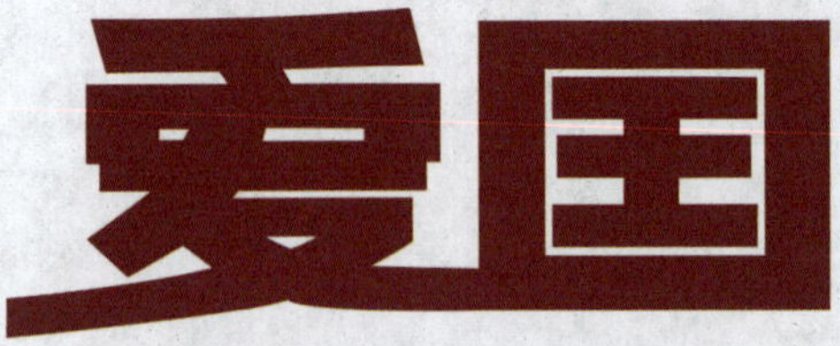

图 11－23　调整文字路径

（6）选择“椭圆工具”，在工具选项栏中设置“样式”为“形状”，“填充色”与文字的颜色相同，“描边”为白色，粗细为 0.8 像素，最终效果如图 11－24 所示。

图 11－24　最终效果

11.5　编辑文本命令

在 Photoshop 中，除了可以在“字符”面板和“段落”面板中编辑文本外，还可以通过命令编辑文本，例如进行拼写检查、查找和替换文本等。

11.5.1　拼写检查

执行“编辑”或“拼写检查”命令，可以检查当前文本中英文单词的拼写是否有误，若检查到错误，Photoshop 会提供修改意见。选择需要检查拼写错误的文本，执行命令后，打开“拼写检查”对话框，显示检查信息，如图 11－25 所示。

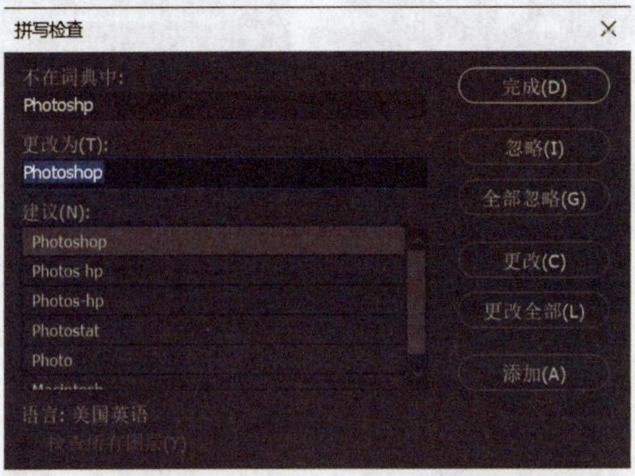

图 11－25　“拼写检查”对话框

“拼写检查”对话框中各选项说明如下：

不在词典中：系统会将检查出来的拼写错误的单词显示在列表中。

更改为：可以输入用来替换错误单词的正确单词。

建议：在检查到错误单词后，系统会将修改意见显示在该表中。

检查所有图层：勾选该复选项，可检查所有图层上的文本。

完成：单击该按钮，可结束检查并关闭对话框。

忽略：单击该按钮，忽略当前检查结果。

全部忽略：单击该按钮，忽略所有检查的结果。

更改：单击该按钮，可使用“建议”列表内提供的单词替换查找到的错误单词。

更改全部：单击该按钮，使用正确的单词替换掉文本中所有的错误单词。

添加：如果被查找到的单词是正确的，则可以单击该按钮，将单词添加到 Photoshop 词典中。之后查找到该单词时，Photoshop 会确认其为正确的拼写形式。

11.5.2　查找和替换文本

执行“编辑”或“查找和替换文本”命令，可以查找到当前文本中需要修改的文字、字符、单词或标点，并且将其替换成正确的内容，如图 11－26 所示。

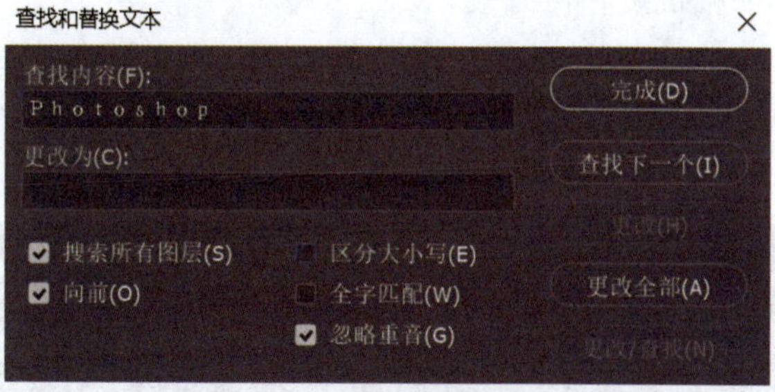

图 11－26　“查找和替换文本”对话框

在进行查找时，只需在“查找内容”文本框中输入要替换的内容，然后在“更改为”文本框中输入用来替换的内容，单击“查找下一个”按钮，Photoshop 会将搜索到的内容高亮显示，单击“更改”按钮，可将其替换。如果单击“更改全部”按钮，则搜索并替换所找到文本的全部匹配项。

11.5.3　更新所有文字图层

导入在低版本的 Photoshop 中创建的文字时，执行“文字”或“更新所有文字图层”命令，可将其转换为矢量类型。

11.5.4　替换所有欠缺字体

打开文件时，如果该文件中的字体使用了系统中没有的字体，则弹出一条警告信息，指明缺少的字体。出现该情况时，可以执行“文字”或“替换所有欠缺字体”命令，使用系统中安装的字体替换欠缺的字体。

11.5.5　基于文字创建工作路径

选择一个文字图层，单击右键，在下拉列表中选择“创建工作路径”命令，可以基于文字生成工作路径，原文字图层保持不变，生成的工作路径可以进行填充和描边，或者通过调整锚点得到变形的文字。

11.5.6　栅格化文字

在“图层”面板中选择文字图层，执行“文字”→“栅格化文字图层”命令，或执行“图层”→“栅格化”→“文字”命令，或在文字图层上单击右键，在弹出的快捷菜单中执行“栅格化文字”命令，可以将文字图层栅格化，转变成图像。栅格化后的文字可以用画笔工具和滤镜进行编辑，但不能再修改文字内容。

11.6　综合实战——抗疫宣传海报

本案例将结合滤镜与渐变工具，绘制发射线条的背景图，然后使用“转换为形状”命令调整文字路径，制作一幅抗疫宣传海报。

（1）启动 Adobe Photoshop 2022 软件，执行“文件”→“新建”命令，新建一个“高度”为 50 厘米，“宽度”为 90 厘米，“分辨率”为 100 像素/英寸的空白文档，如图 11－27 所示。

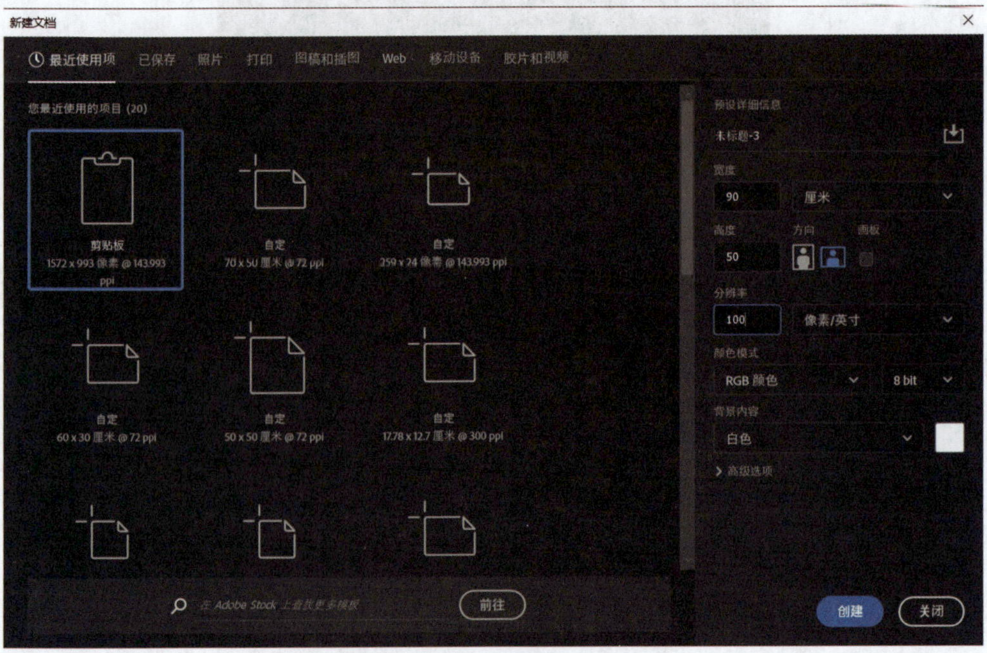

图 11－27　新建空白文档

（2）新建图层，选择“渐变工具”■，设置颜色为两种不同深浅的红色（#b90005、#c90104）。在菜单栏中选择“线性渐变”，按住 Shift 键从下往上拖动鼠标，如图 11－28 所示。

图 11－28　填充渐变

（3）执行“滤镜”→“扭曲”→“波浪”命令，打开“波浪”对话框，类型选择“方形”，其他参数如图 11－29 所示。设置完成后，单击“确定”按钮，效果如图 11－30 所示。

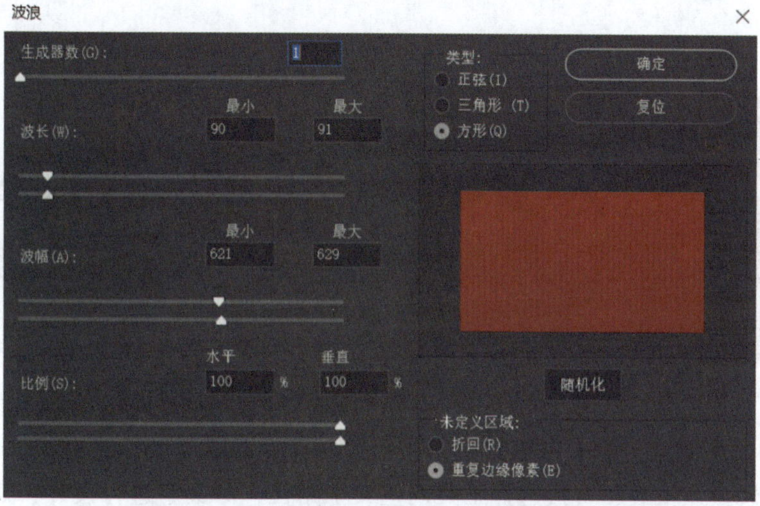

图 11－29　“波浪”对话框

图 11－30　波浪效果

（4）执行“滤镜”→“扭曲”→“极坐标”命令，打开对话框，选择“平面坐标到极坐标”，效果如图 11－31 所示；将制作的背景图向右移动，使中心点靠右，然后使用“自由变换”命令将图片向左拉长，填满空白处，效果如图 11－32 所示。

图 11－31　平面坐标到极坐标效果

图 11－32　背景向右移动

（5）将“医生.png”素材文件拖入文档，调整大小及位置，如图 11－33 所示。选择“横排文字工具”，在图案的左边输入主题文字，选择一个比较粗的字体，文字大小为 182 点，颜色为红色（#c30104）。为了方便操作，可以先关掉背景图，效果如图 11－34 所示。

图 11－33　拖入素材

图 11－34　添加主题文字

（6）选中文字图层，单击鼠标右键，在下拉列表中选择“转换为形状”命令，然后使用钢笔工具、转换点工具、直接选择工具调整文字路径，对文字进行设计，如图 11－35 所示。然后用椭圆工具在文字上绘制正圆，填充为红色（#c30104），描边为白色，描边宽度为 7 像素，效果如图 11－36 所示。

图 11－35　调整文字路径

图 11－36　绘制正圆添加描边

（7）选择“直排文字工具”，在“疫”字旁边输入“2022”，颜色为红色（#c30104），字体与主题文字相同，大小为 90 点，效果如图 11－37 所示。文字编辑好后，显示背景图，然后为所有文字添加描边，打开“图层样式”面板，勾选“描边”，设置“大小”为 20 像素，“位置”为外部，颜色为白色。设置好后，单击“确定”按钮，效果如图 11－38 所示。

图 11－37　添加文字

图 11－38　文字添加描边

（8）选择“矩形工具”，在菜单栏中设置“模式”为形状，“填充”为白色，“描边”为无，“圆角半径”为 50 像素。设置好后，在主题文字下方绘制圆角矩形，然后添加文字内容，效果如图 11－39 所示。

图 11－39　绘制圆角矩形添加文字

（9）使用“横排文字工具”在下方添加其他的文字内容，颜色都为白色，最终海报效果如图 11－40 所示。

图 11－40　最终海报效果

第12章

滤 镜

本章介绍

滤镜主要用来实现图像的各种特殊效果，它在 Photoshop 中具有非常神奇的作用。所有的滤镜在 Photoshop 中都按分类放置在菜单中，使用时，只需要从该菜单中执行此命令即可。滤镜的操作是非常简单的，但是真正用起来却很难恰到好处，滤镜通常需要同通道、图层等联合使用，才能取得最佳艺术效果。如果想在最适当的时候应用滤镜到最适当的位置，除了平常的美术功底之外，还需要用户对滤镜的熟悉和操控能力，甚至需要具有很丰富的想象力，这样才能有的放矢地应用滤镜，发挥出艺术才华。本章将详细讲解常用的滤镜效果，以及其在图像处理中的应用方法和技巧。

本章重点

了解滤镜的种类及操作方法。

技能目标

- 熟悉滤镜的种类，了解智能滤镜与普通滤镜的区别。
- 熟练掌握滤镜库的使用方法和技巧，以及“滤镜库”对话框的相关设置。
- 熟练掌握其他滤镜组的操作方法，以及显示效果。
- 熟练掌握滤镜在图像设计中的应用。

素养目标

通过观察所有滤镜下画面的变化和简洁的操作，激发同学的学习爱好和创作欲望，最后通过制作水墨画效果，让学生了解中国传统文化，把传统绘画的精髓与现代设计相融合，使传统文化元素与现代设计语言符号相互沟通和互补，实现传承中国文化的目的，不断提高学生对传统文化艺术鉴赏能力。

滤镜工具

12.1 认识滤镜

在 Photoshop 中，滤镜能对图像进行各种特效处理，以产生奇妙的效果。滤镜是图像处理的“灵魂”，它的编辑对象是：有选区针对选区，没选区针对当前图层（或通道）。

12.1.1 什么是滤镜

Photoshop 中的滤镜是一种插件模块，它们能够操纵图像中的像素。位图是由像素构成的，每一个像素都有自己的位置和颜色值，滤镜就是通过改变像素的位置或颜色来生成特效的。

12.1.2　滤镜的种类

Photoshop 滤镜分为两类：一种是内置滤镜，即安装 Photoshop 时自带的滤镜；另外一种是外挂滤镜，需要安装后才能使用。本章主要讲解的是 Adobe Photoshop 2022 内置滤镜的使用方法与技巧。

12.1.3　滤镜的使用

掌握一些滤镜的使用规则及技巧，可以有效地避免陷入操作误区。

（1）使用滤镜处理某个图层中的图像时，需要选择该图层，滤镜不能同时处理多个图层中的图像，并且图层必须是可见状态，即缩览图前显示图标。

（2）如果已创建选区，如图 12－1 所示，那么滤镜只处理选中的图像，如图 12－2 所示；如果未创建选区，则处理当前图层中的全部图像。

图 12－1　创建选区

图 12－2　模糊选区

（3）使用一个滤镜后，“滤镜”菜单最上方就会出现该滤镜的名称，单击它或者使用快捷键 Ctrl + F 可以快速重复使用上次滤镜，如果要修改滤镜参数，可以使用快捷键 Alt + Ctrl + F，打开相应的对话框重新设定。

（4）文本和形状图层只有栅格化以后才可以应用滤镜，如果没事先栅格化，在单击滤镜后，也会提示让你栅格化。

（5）应用滤镜的过程中，如果要终止处理，可以按 Esc 键。

（6）将“像素”图层转换为“智能对象”，再对图像应用“滤镜”，“图层”面板上面会出现“智能滤镜”图层，如图 12－3 所示。

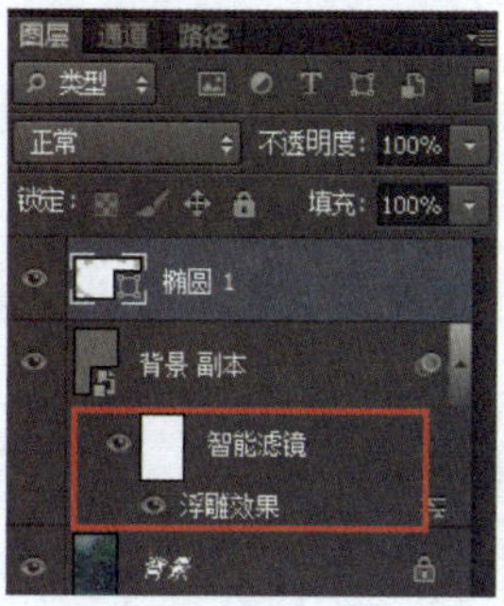

图 12－3　“智能滤镜”图层

12.2 智能滤镜

所谓智能滤镜，实际上就是应用在智能对象上的滤镜。与应用在普通图层上的滤镜不同，Photoshop 保存的是智能滤镜的参数和设置，而不是图像应用滤镜的效果。在应用滤镜的过程中，当发现某个滤镜的参数设置不恰当，滤镜前后次序颠倒或某个滤镜不需要时，就可以像更改图层样式一样，将该滤镜关闭或者重设滤镜参数，Photoshop 会使用新的参数对智能对象重新进行计算和渲染。

12.2.1 智能滤镜与普通滤镜的区别

在 Photoshop 中，普通滤镜是通过修改图像像素而生成的特效。图 12－4 所示为一个原始图像文件，使用“镜头光晕”滤镜处理后的效果如图 12－5 所示。从“图层”面板中可以看出，“背景”图层的像素被修改了，如果将图像保存并关闭，就无法恢复为原来的效果了。

图 12－4 原始图像

图 12－5 “镜头光晕”滤镜

智能滤镜是将滤镜效果应用到智能对象上，不会破坏图像的原始数据。图 12－6 所示为使用“镜头光晕”智能滤镜的处理结果，与普通“镜头光晕”滤镜的使用效果完全相同。

图 12－6 智能滤镜

执行“图层”→“智能滤镜”→“停用滤镜蒙版”命令，或按住 Shift 键单击图层面板中的“智能滤镜”前面的蒙版，蒙版上会出现一个红色的“×”，可以暂时停用智能滤镜的蒙版，如图 12－7 所示。执行“图层”→“智能滤镜”→“删除滤镜蒙版”命令，可以删除蒙版。

图 12－7 停用智能滤镜

12.2.2 实战——使用智能滤镜

要应用智能滤镜，首先要将图层转换为智能对象，执行“滤镜”→“转换为智能滤镜”命令，或在图层面板上单击鼠标右键，选择“转换为智能对象”命令。下面将讲解智能滤镜的用法。

（1）启动 Adobe Photoshop 2022 软件，按快捷键 Ctrl＋O，打开相关素材“小狗 .jpg”文件，效果如图 12－8 所示。

（2）执行“滤镜”→“转换为智能滤镜”命令，弹出提示信息后，单击“确定”按钮，将“背景”图层转换为智能对象，如图 12－9 所示。

图 12-8　素材“小狗”

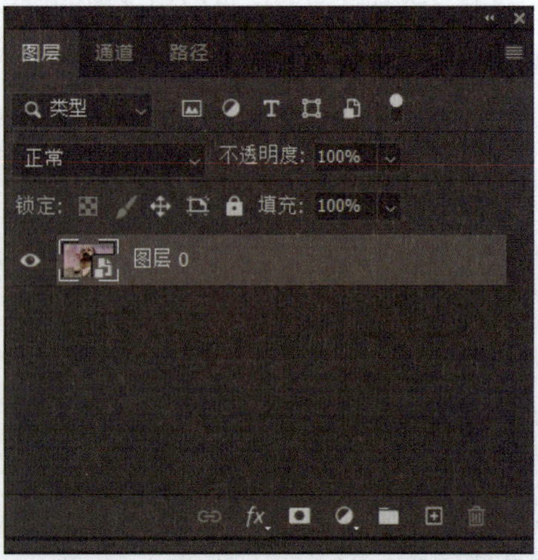

图 12-9　“背景”图层转换为智能对象

（3）按快捷键 Ctrl + J 复制得到“图层 0 拷贝”图层，将前景色设置为黄色（#f1c28a），执行“滤镜”→“滤镜库”命令，打开“滤镜库”对话框，为对象添加“素描”组中的“半调图案”滤镜效果，并将“图像类型”设置为“网点”，如图 12-10 所示。单击“确定”按钮后，对图像应用智能滤镜，效果如图 12-11 所示。

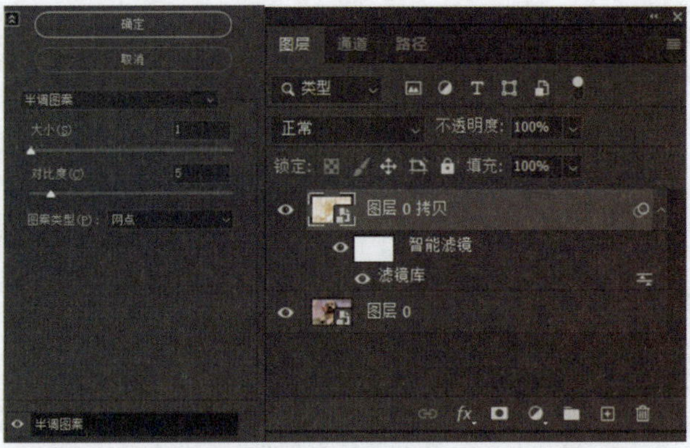

图 12-10　编辑“滤镜库”对话框

图 12-11　智能滤镜效果

(4) 执行“滤镜”→“锐化”→“USM 锐化”命令，对图像进行锐化，使网点变得更加清晰，如图 12－12 所示。

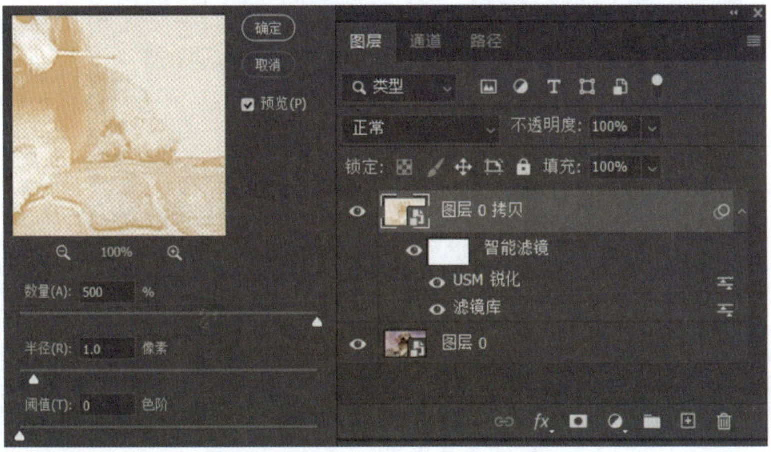

图 12－12　添加“USM 锐化”滤镜

(5) 设置“图层 0 拷贝”图层的混合模式为“正片叠底”，如图 12－13 所示。

图 12－13　“正片叠底”混合模式

12.3　滤镜库

“滤镜库”是一个整合了风格化、画笔描边、扭曲和素描等多个滤镜组的对话框，它可以将多个滤镜同时应用于同一图像，也能对同一图像多次应用同一滤镜，或者用其他滤镜替换原有的滤镜。

12.3.1　滤镜库概览

执行“滤镜”→“滤镜库”命令，或者使用风格化、画笔描边、扭曲、素描和艺术效果滤镜组中滤镜时，都可以打开“滤镜库”对话框，如图 12－14 所示。

图 12－14 “滤镜库”对话框

预览区：用来预览滤镜效果。

滤镜组/参数设置区：“滤镜库”中共包含 6 组滤镜，单击一个滤镜组前的按钮，可以展开该滤镜组，单击滤镜组中的一个滤镜即可使用该滤镜。同时，在右侧的参数设置区内会显示该滤镜的参数选项。

当前选择的滤镜：显示了当前使用的滤镜。

显示/隐藏滤镜缩览图：单击该按钮，可以隐藏滤镜组，将窗口空间留给图像预览区，再次单击，则显示滤镜组。

下拉列表：单击按钮，可在打开的下拉列表中选择一个滤镜。

缩放区：单击按钮，可放大预览区图像的显示比例；单击按钮，则缩小显示比例。

12.3.2 效果图层

在“滤镜库”中选择一个滤镜后，它就会出现在对话框右下角的已应用滤镜列表中，如图 12－15 所示。单击“新建效果图层”按钮，可以添加一个效果图层，此时可以选择其他滤镜，图像效果也将变得更加丰富。

图 12－15 选择一个滤镜

滤镜效果图层与图层的编辑方式相同，上下拖曳效果图层可以调整它们的顺序，滤镜效果也会发生改变，如图 12－16 所示。单击按钮，可以删除效果图层；单击图标，可以隐藏或显示滤镜。

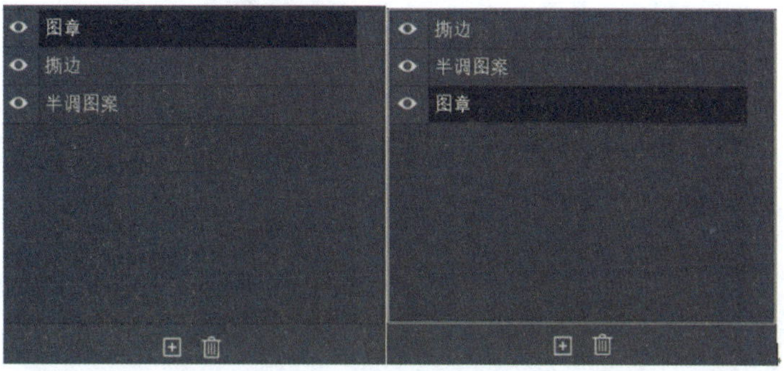

图 12－16　移动滤镜顺序

12.4　风格化滤镜组

“风格化”滤镜组包含 9 种滤镜，它们可以置换像素、查找并增加图像的对比度，产生绘画和印象派风格效果。

12.4.1　查找边缘

“查找边缘”滤镜可以自动搜索图像的主要颜色区域，将高反差区域变亮，低反差区域变暗，其他区域则介于两者之间，硬边变为线条，柔边变粗，可以自动形成清晰的轮廓，突出图像的边缘。原图效果如图 12－17 所示，滤镜使用后的效果如图 12－18 所示。

图 12－17　原图效果

图 12－18　“查找边缘”滤镜效果

12.4.2　等高线

“等高线”滤镜可以查找图像中主要亮度区域的过渡区域，并对每个颜色通道用细线勾勒主要亮度区域的边缘，以获得与等高线图中的线条类似的效果。其选项设置与应用效果如图 12－19 和图 12－20 所示。

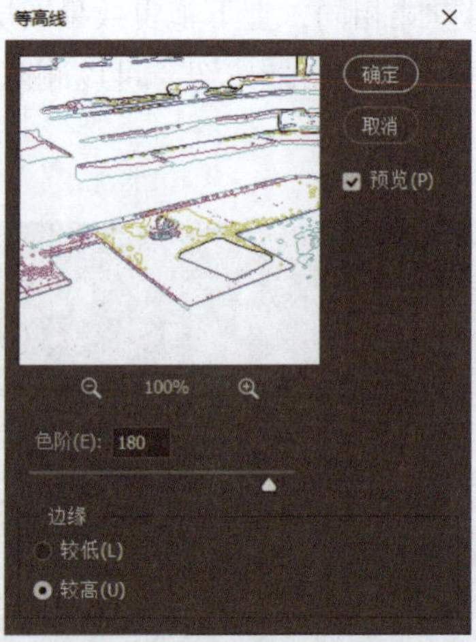

图 12－19 “等高线”滤镜对话框

图 12－20 “等高线”滤镜效果

色阶：用来设置描绘边缘的基准亮度等级。

边缘：用来设置处理图像边缘的位置，以及边界的产生方法。

12.4.3 风

“风”滤镜可在图像中增加一些细小的水平线以模拟风的效果，如图 12－21 所示。该滤镜只在水平方向起作用，要产生其他方向的风吹效果，需要先将图像旋转，然后使用该滤镜。

图 12－21 “风”滤镜效果

12.4.4　浮雕效果

“浮雕效果”滤镜可通过勾画图像或选区的轮廓，以及将图像的颜色转换为灰色，生成凸凹的浮雕效果，其选项设置与应用效果如图 12 – 22 所示。

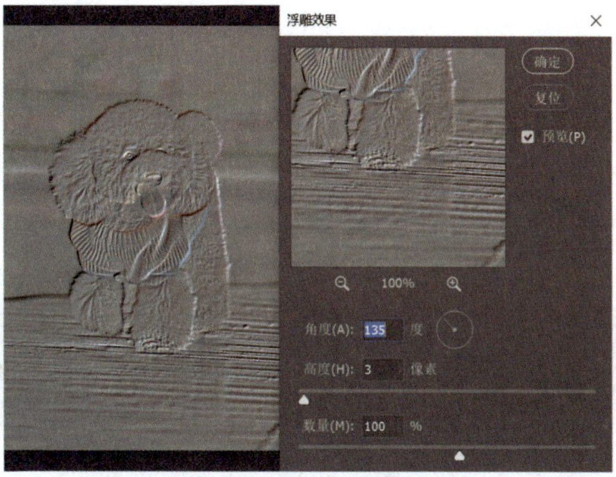

图 12 – 22　“浮雕效果”滤镜效果

角度：用来设置照射浮雕的光线角度，影响浮雕的突出位置。

高度：用来设置浮雕效果凸起的高度。

数量：用来设置浮雕滤镜的作用范围，该值越高，边界越清晰，小于 40% 时，整个图像会变灰。

12.4.5　扩散

“扩散”滤镜可以使图像中相邻的像素按规定的方式有机地移动，使图像扩散，形成一种类似于透过磨砂玻璃观看对象时的分离模糊效果，其选项设置与应用效果如图 12 – 23 所示。

图 12 – 23　“扩散”滤镜效果

正常：选择该单选按钮，图像的所有区域都进行扩散处理，与图像的颜色值没有关系。

变暗优先：选择该单选按钮，用较暗的像素替换亮的像素，暗部像素扩散。

变亮优先：选择该单选按钮，用较亮的像素替换暗的像素，只有亮部像素产生扩散。

各向异性：选择该单选按钮，在颜色变化最小的方向上搅乱像素。

12.4.6 拼贴

“拼贴”滤镜可以将图像分解为多个方块，并使其偏离原来的位置，产生不规则拼凑的图像效果，如图 12－24 所示。该滤镜会使各方块之间产生一定的空隙，可以在“填充空白区域用”选项组内选择使用什么样的内容填充空隙。

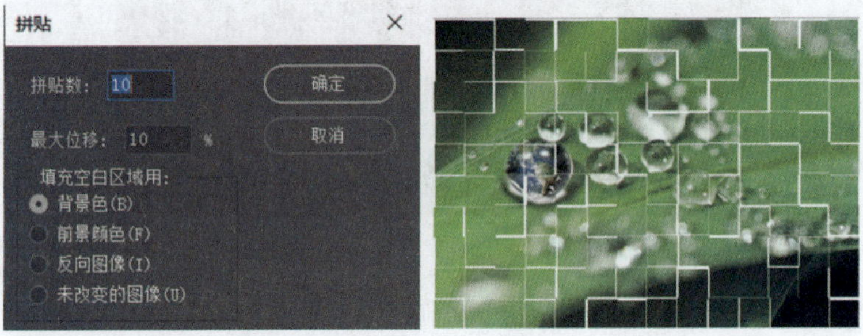

图 12－24 “拼贴”滤镜效果

拼贴数：设置图像拼贴块的数量。

最大位移：设置拼贴块之间的空隙。

12.4.7 曝光过度

“曝光过度”滤镜可以混合负片和正片图像，用来模拟摄影中因增加光线强度而产生的过度曝光效果，其效果如图 12－25 所示。

图 12－25 “曝光过度”滤镜效果

12.4.8　凸出

“凸出”滤镜可以将图像分成一系列大小相同且有机重叠放置的立方体或椎体，产生特殊的 3D 效果，其选项设置与应用效果如图 12－26 和图 12－27 所示。

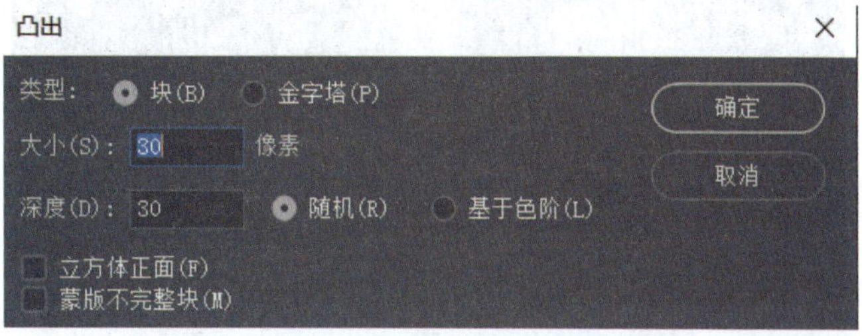

图 12－26　“凸出”滤镜选项设置

图 12－27　“凸出”滤镜效果

类型：用来设置图像凸起的方式。

大小：用来设置立方体或金字塔底面的大小，该值越高，生产的立方体和椎体越大。

深度：用来设置凸出对象的高度，“随机”表示每个块或金字塔设置任意的深度；“基于色阶”则表示使每个对象的深度与其亮度对应，越亮，凸出得越多。

立方体正面：勾选该复选框后，将失去图像的整体轮廓，生成的立方体上只显示单一的颜色，如图 12－28 所示。

图 12－28　立方体正面效果

蒙版不完整块：勾选该复选项后，效果如图 12 – 29 所示。

图 12 – 29　蒙版不完整块

12.5　模糊滤镜组

模糊滤镜组包含表面模糊、动态模糊、径向模糊等 11 种滤镜，它们可以柔化像素，并降低相邻像素间的对比度，使图像产生柔和、平滑过渡的效果。

12.5.1　表面模糊

“表面模糊”滤镜能够在保留边缘的同时模糊图像，可用来创建特殊效果，并消除杂色或颗粒。图 12 – 30 所示为原图，图 12 – 31 所示为滤镜参数及效果。

图 12 – 30　原图

图 12 – 31　“表面模糊”滤镜参数及效果

半径：用来指定模糊取样的大小。

阈值：用来控制相邻像素色调值与中心像素值相差多大时才能成为模糊的一部分，色调值小于阈值的像素将被排除在模糊之外。

12.5.2 动感模糊

“动感模糊”滤镜可以根据制作效果的需要沿指定方向模糊图像，产生的效果类似于固定的曝光时间给运动的物体拍照。图 12－32 所示为滤镜参数及效果。

图 12－32 “动感模糊”滤镜参数及效果

12.5.3 方框模糊

“方框模糊”滤镜可以基于相邻像素的平均色值来模糊图像，生成类似于方块状的特殊模糊效果。图 12－33 所示为滤镜参数及效果。

图 12－33 “方框模糊”滤镜参数及效果

12.5.4 高斯模糊

“高斯模糊”滤镜可以按可调的数量快速地模糊选区。图 12－34 所示为滤镜参数及效果。

图 12－34 “高斯模糊”滤镜参数及效果

12.5.5 进一步模糊

“进一步模糊”滤镜可以平衡已定义的线条和遮蔽区域的清晰边缘旁边的像素，使变化显得柔和。

12.5.6 径向模糊

“径向模糊”滤镜用于模拟缩放或旋转相机时所产生的模糊，产生一种柔化的模糊效果。原图和“径向模糊”对话框如图 12－35 所示。

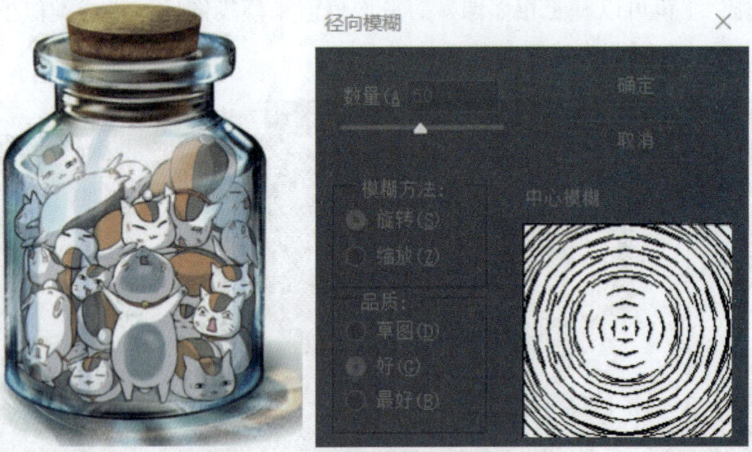

图 12－35 原图和“径向模糊”对话框

数量：设置模糊的强度，该值越高，模糊效果越强烈。

模糊方法：选择“旋转”时，图像会沿同心圆环线产生旋转的模糊效果，如图 12－36 所示；选择“缩放”时，则会产生放射状模糊效果，如图 12－37 所示。

中心模糊：在该设置框内单击，可以将单击点定义为模糊的原点，原点位置不同，模糊中心也不相同，如图 12－38 和图 12－39 所示。

图 12 – 36　“旋转”效果

图 12 – 37　“缩放”效果

图 12 – 38　左上角模糊原点

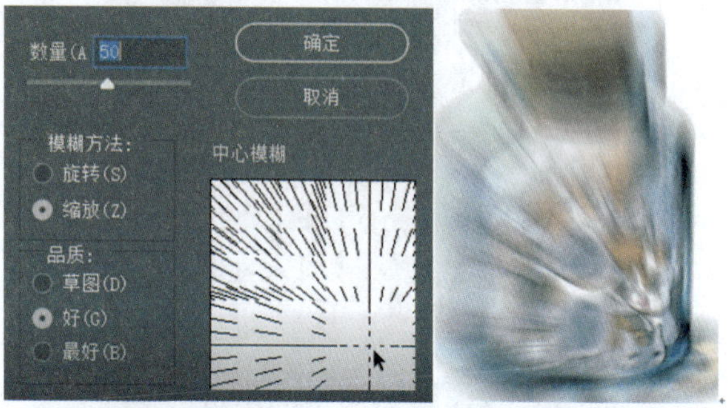

图 12 – 39　右下角模糊原点

品质：设置应用模糊效果后图像的显示品质。选择“草图”，处理速度最快，但会产生颗粒状效果；选择“好”和“最好”，都会可以产生较为平滑的效果，但除非在较大图像上，否则看不出这两种品质的区别。

12.5.7　镜头模糊与模糊

“镜头模糊”滤镜可以向图像中添加模糊，模糊效果取决于模糊的源设置。

“模糊”滤镜用于在图像中有显著颜色变化的地方消除杂色，它可以通过平衡已定义的线条和遮蔽区域的清晰边缘旁边的像素来使图像变得柔和。

12.5.8 平均

“平均”滤镜可以查找图像的平均颜色，然后用该颜色填充图像，创建平滑的外观。

12.5.9 特殊模糊

“特殊模糊”滤镜提供了半径、阈值和模糊品质等参数，可以精确地模糊图像。图 12-40 所示为原图，打开“特殊模糊”对话框，如图 12-41 所示。

图 12-40 原图

图 12-41 “特殊模糊”对话框

半径：设置模糊的范围，该值越高，模糊效果越明显。

阈值：确定像素具有多大差异后才会被模糊处理。

品质：设置图像的品质，包括低、中和高 3 种。

模式：在该下拉列表中可以选择产生模糊效果的模式。在“正常”模式下，不会添加特殊效果；在“仅限边缘”模式下，会以黑色显示图像，以白色描绘出图像边缘像素亮度值变化强烈的区域，如图 12－42 所示；在“叠加边缘”模式下，则以白色描绘出图像边缘像素亮度值变化强烈的区域，如图 12－43 所示。

图 12－42　“仅限边缘”模式效果

图 12－43　“叠加边缘”模式效果

12.5.10　形状模糊

“形状模糊”滤镜可以使用指定的形状创建特殊的模糊效果。图 12－44 所示为原图，“形状模糊”对话框及效果如图 12－45 所示。

图 12－44　原图

图 12－45　“形状模糊”对话框及效果

半径：设置形状的大小，该值越高，模糊效果越好。

形状列表：单击列表中的一个形状即可使用该形状模糊图像。单击列表右侧的⚙按钮，可以在打开的下拉列表中载入其他形状库。

12.6　模糊画廊滤镜组

模糊画廊滤镜组包括场景模糊、光圈模糊、移轴模糊、路径模糊、旋转模糊 5 个滤镜，使用模糊画廊，可以通过直观的图像控件快速创建截然不同的照片模糊效果。

12.6.1　场景模糊

“场景模糊”滤镜可以根据所选中的一个场景进行大范围的模糊，可以利用在图像上添加多个图钉设置多个位置不同的模糊程度，并指定每个图钉的模糊量，最终结果是合并图像上所有模糊图钉的效果。原图如图 12－46 所示，使用“场景模糊”滤镜后的效果如图 12－47 所示。

图 12－46　原图

图 12－47　“场景模糊”滤镜效果

12.6.2　光圈模糊

光圈模糊的模糊程度基本就是控制一个圆形内部和外部不同模糊程度，有些类似于微距拍摄的场景。使用“光圈模糊”对图片模拟浅景深效果，而不管使用的是什么相机或镜头，你也可以定义多个焦点，这是使用传统相机技术几乎不可能实现的效果，效果如图 12－48 所示。

图 12－48 “光圈模糊”滤镜效果

12.6.3 移轴模糊

使用“移轴模糊”效果模拟使用倾斜偏移镜头拍摄的图像。此特殊的模糊效果会定义锐化区域，然后在边缘处逐渐变得模糊。移轴模糊是控制两条轴外方向的模糊，同时可以旋转轴的方向，如图 12－49 所示。

图 12－49 “移轴模糊”滤镜效果

12.6.4 路径模糊

使用路径模糊效果，可以沿路径创建运动模糊。还可以控制形状和模糊量。路径模糊的使用，模糊会根据路径的方向来旋转的模糊，可以增加速度，速度越大越模糊，锥度越小，可以看到模糊的线条也越明显，效果如图 12－50 所示。

图 12－50 路径模糊效果

12.6.5 旋转模糊

旋转模糊，这个模糊有些类似于光圈模糊，唯一不同的就是光圈模糊会产生旋转。其可以制作一些圆形拉丝的效果，使用旋转模糊效果，你可以在一个或更多点旋转和模糊图像。

如果图 12－51（a）为原图像，图 12－51（b）为旋转模糊（模糊角度：15°；闪光灯强度：50%；闪光灯闪光：2；闪光灯闪光持续时间：10°），图 12－51（c）也为旋转模糊（模糊角度：60°；闪光灯强度：100%；闪光灯闪光：4；闪光灯闪光持续时间：10°）。效果对比如图 12－51 所示。

（a） （b） （c）

图 12－51 旋转模糊效果

12.7 扭曲滤镜组

扭曲滤镜组包括波浪、波纹、极坐标、挤压、切变、球面化等 9 个滤镜，它们通过创建三维或其他形体效果对图像进行几何变形，创建 3D 或其他扭曲效果。

12.7.1 波浪

“波浪”滤镜可以在图像上创建波浪起伏的图案，生成波浪效果。图 12－52 所示为原图，打开“波浪”对话框，如图 12－53 所示。

图 12－52 原图

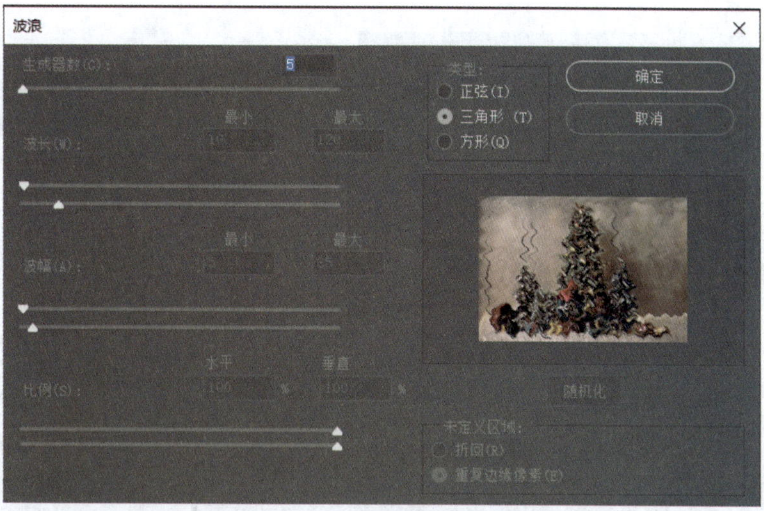

图 12-53　“波浪”对话框

在“类型”选择组中可以设置正弦、三角形和方形三种波纹形态，如图 12-54 所示。

图 12-54　三种“波浪”类型效果

12.7.2　波纹

“波纹”滤镜和“波浪”滤镜的工作方式相同，但提供的选项较少，只能控制波纹的数量和波纹大小。图 12-55 所示为原图，图 12-56 所示为“波纹”对话框及效果图。

图 12-55　原图

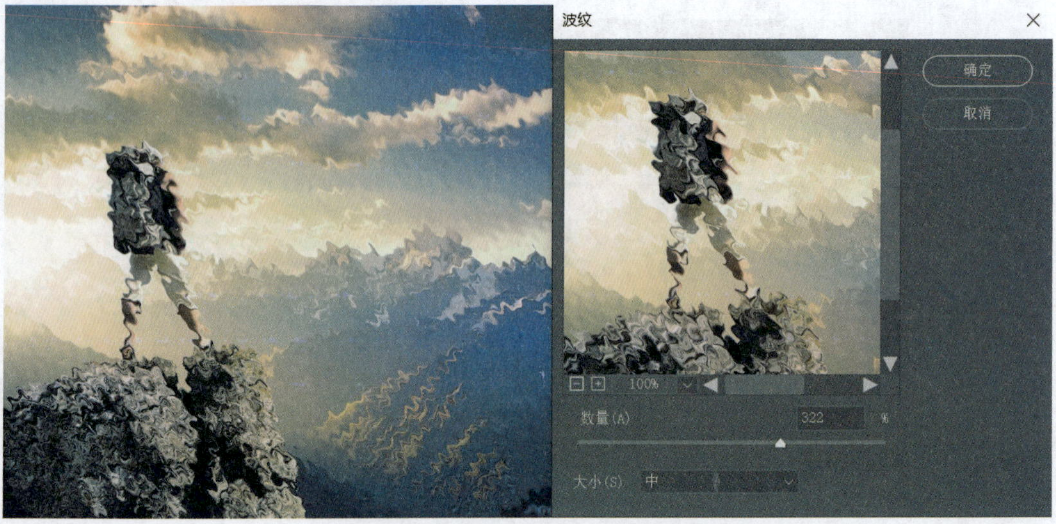

图 12－56 “波纹”对话框及效果图

12.7.3 极坐标

“极坐标”滤镜以坐标轴为基准，将图像从平面坐标转换到极坐标，或将极坐标转换为平面坐标。图 12－57 所示为原图，图 12－58 所示为两种极坐标效果。

图 12－57 原图

（a） （b）

图 12－58 两种极坐标效果

（a）平面坐标到极坐标；（b）极坐标到平面坐标

12.7.4 挤压

“挤压”滤镜可以将整个图像或选区内的图像向内或向外挤压。图 12－59 所示为原图。其中，“数量”用于控制挤压程度，该值为负值时，图像向外凸出，效果如图 12－60 所示；为正值时，图像向内凹陷，效果如图 12－61 所示。

图 12－59 原图

图 12－60 “数量”为负值效果

图 12－61 “数量”为正值效果

12.7.5 切变

“切变”滤镜是比较灵活的滤镜，可以按照自己设定的曲线来扭曲图像。图 12－62 所示为原图像，在“切变”对话框的曲线上单击，可以添加控制点，通过拖动控制点改变曲线的形状即可扭曲图像，如图 12－63 所示。如果要删除某个控制点，将它拖至对话框外即可，单击“默认”按钮，则可将曲线恢复到初始的直线状态。

图 12－62 原图

图 12 – 63 “切变”对话框

折回：可在空白区域中填入溢出图像之外的图像，如图 12 – 64 所示。

重复边缘像素：可在图像边界不完整的空白区域填入扭曲边缘的像素颜色，如图 12 – 65 所示。

图 12 – 64 折回效果

图 12 – 65 重复边缘像素效果

12.7.6 球面化

“球面化”滤镜通过将选区折成球形，扭曲图像以及伸展图像以适合选中的曲线，使图像产生 3D 效果。图 12 – 66 所示为原图，打开“球面化”对话框，如图 12 – 67 所示。

图 12 – 66 原图

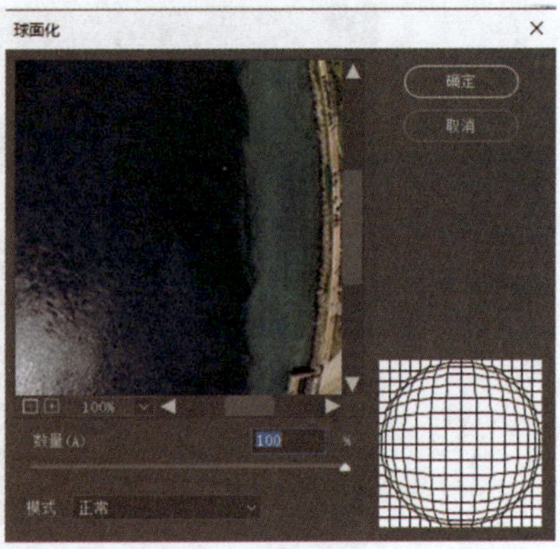

图 12 – 67 “球面化”对话框

数量：设置挤压程度，该值为正值时，图像向外凸出，如图 12 – 68 所示；该值为负值时，向内收缩，如图 12 – 69 所示。

图 12 – 68　“数量” 为正值效果

图 12 – 69　“数量” 为负值效果

模式：在该下拉列表中可以选择挤压方式，包括正常、水平优先和垂直优先。

12.7.7　水波

“水波” 滤镜可以模拟水池中的波纹，在图像中模拟向水池中投入石子后水面的变化形态。图 12 – 70 所示为图像中创建的选区；图 12 – 71 所示为 “水波” 对话框。

图 12 – 70　创建选区

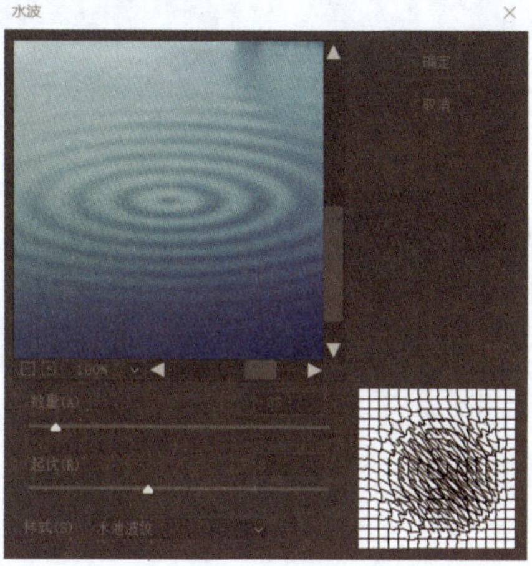

图 12 – 71　“水波” 对话框

数量：设置波纹的大小，范围为 -100～100，负值产生下凹的波纹，正值产生上凸的波纹。

起伏：设置波纹数量，范围为 0～20，该值越大，波纹越多。

样式：设置波纹形成的方式。选择“围绕中心”选项，可以围绕中心产生波纹；选择“从中心向外”选项，波纹从中心向外扩散；选择“水池波纹”选项，可以产生同心状波纹。如图 12-72 所示。

(a)　(b)　(c)

图 12-72　不同样式效果

(a) 围绕中心；(b) 从中心向外；(c) 水池波纹

12.7.8　旋转扭曲

“旋转扭曲”滤镜可以使图像产生旋转的风轮效果，旋转会围绕图像中心进行，中心旋转的程度比边缘的大。图 12-73 所示为原图，当“角度”为正值时，沿顺时针方向扭曲，如图 12-74 所示；当“角度”为负值时，沿逆时针方向扭曲，如图 12-75 所示。

图 12-73　原图

图 12-74　“角度”为正值效果

图 12-75　“角度”为负值效果

12.7.9　置换

“置换”滤镜可以根据另一个图像的亮度值使现有图像的像素重新排列并产生位移，在使用该滤镜前，需要准备一个用于置换的 PSD 格式的图像。

12.8 锐化滤镜组

“锐化”滤镜组中包含 6 种滤镜，它们可以通过增强相邻像素间的对比度来聚焦模糊的图像，使图像变得清晰。

12.8.1 “USM 锐化”

“USM 锐化”滤镜可以通过增加相邻像素的对比度而使模糊的图像变得清晰。

“USM 锐化”对话框中各选项说明如下：

数量：设置锐化强度，该值越高，锐化效果越明显。

半径：设置锐化的范围。

阈值：只有相邻像素间的差值达到该值所设定的范围时才会被锐化。该值越大，被锐化的像素就越少。

12.8.2 防抖

“防抖”滤镜模拟相机镜头效果，能够在一定程度上降低因抖动产生的模糊。

12.8.3 锐化、进一步锐化

“锐化”滤镜通过增加像素间的对比度使图像变得清晰。“进一步锐化”比“锐化”滤镜的效果更强。

12.8.4 锐化边缘

“锐化边缘”滤镜只锐化图像的边缘，调整边缘细节的对比度，以强调边缘，产生更清晰的图像幻觉。

12.8.5 智能锐化

“智能锐化”与“USM 锐化”滤镜比较相似，但它提供了独特的锐化控制选项，可以设置锐化算法、控制阴影和高光区域的锐化量。

预设：在该下拉列表中，可以载入预设、保存预设，也可自定设置预设参数。

数量：设置锐化数量，较高的值可增强边缘像素之间的对比度，使图像看起来更加锐利。

半径：确定受锐化影响的边缘像素的数量，该值越高，受影响的边缘就越宽，锐化的效果也就越明显。

减少杂色：设置杂色的减退量，值越高，杂色越少。

移去：在该下拉列表中可以选择锐化的算法。

阴影/高光：单击左侧的三角按钮，可以显示“阴影”与“高光”的参数，可以分别调整阴影和高光区的渐隐量、色调宽度、半径。

12.9 视频滤镜组

视频滤镜组中包含两种滤镜，它们可以处理以隔行扫描方式提取的图像，将普通图像转换位视频设备可以接收的图像，以解决视频图像交换时系统差异的问题。

12.9.1 NTSC 颜色

“NTSC 颜色”滤镜可以将色域限制在电视机重现可接受的范围内，以防止过度饱和的颜色。

12.9.2 逐行

“逐行”滤镜可以移去视频中的奇数或偶数隔行线，使在视频上捕捉的运动图像变得平滑。图 12－76 所示为“逐行”对话框。

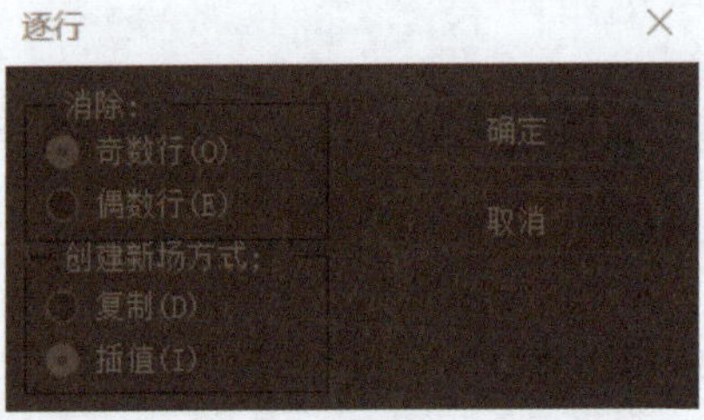

图 12－76 “逐行”对话框

消除：选择“奇数行”单选按钮，可以删除奇数扫描线，选择“偶数行”单选按钮，可删除偶数扫描线。

创建新场方式：选择“复制”单选按钮，可复制被删除部分周围的像素来填充空白区域；选择“插值”单选按钮，则利用被删除的部分周围的像素，通过插值的方法进行填充。

12.10 像素化滤镜组

像素化滤镜组包含 7 种滤镜，它们可以通过使单元格中颜色值相近的像素结成块来清晰地定义一个选区，可以用于创建彩块、点状、晶格和马赛克等特殊效果。

12.10.1 像素化滤镜组种类

1. 彩块化

“彩块化”滤镜可以使纯色或相近颜色的像素结成像素块。使用该滤镜处理扫描的图像时，可以使其看起来像手绘的图像，也可以使现实主义图像产生类似于抽象派的绘画效果。

2. 彩色半调

“彩色半调”滤镜可以使图像变为网点状效果。它先将图像的每一个通道划分为矩形区域，再以和矩形区域亮度成比例的圆形替代这些矩形，圆形的大小与矩形的亮度成比例，高光部分生成的网点较小，阴影部分生成的网点较大。

最大半径：用来设置生成的最大网点的半径。

网角（度）：用来设置图像各个原色通道的网点角度。如果图像为灰度模式，只能使用"通道 1"；如果图像为 RGB 模式，可以使用 3 个通道；如果图像为 CMYK 模式，可以使用所有通道。当各个通道中的网角数值相同时，生成的网点会重置显示出来。

3. 点状化

"点状化"滤镜可以将图像中的颜色分散为随机分布的网点，如同点状绘画效果，背景色将作为网点之间的画布区域。使用该滤镜时，可通过"单元格大小"来控制网点的大小。

4. 晶格化

"晶格化"滤镜可以使图像中相近的像素集中到多边形色块中，产生类似于结晶的颗粒效果。使用该滤镜时，可通过"单元格大小"选项来控制多边形色块的大小。

5. 马赛克

"马赛克"滤镜可以使像素结为方形块，再给块中的像素应用平均的颜色，创建马赛克效果。使用该滤镜时，可通过"单元格大小"来调整马赛克的大小。

6. 碎片

"碎片"滤镜可以把图像的像素复制 4 次，再将它们平均，并使其相互偏移，使图像产生一种类似于因相机对焦不准而拍摄的效果模糊的照片。

7. 铜版雕刻

"铜版雕刻"滤镜可以在图像中随机生成各种不规则的直线、曲线和斑点，使图像产生年代久远的金属板效果。

12.10.2 各种像素化滤镜效果

例如，原图如图 12－77 所示，应用彩块化滤镜后的效果如图 12－78 所示，应用彩色半调滤镜后的效果如图 12－79 所示，应用点状化滤镜后的效果如图 12－80 所示，应用晶格化滤镜后的效果如图 12－81 所示，应用马赛克滤镜后的效果如图 12－82 所示，应用碎片滤镜后的效果如图 12－83 所示，应用铜版雕刻滤镜后的效果如图 12－84 所示。

图 12－77 原图

图 12－78 彩块化滤镜效果

图 12－79 彩色半调滤镜效果

图 12－80 点状化滤镜效果

图 12－81 晶格化滤镜效果

图 12－82 马赛克滤镜效果

图 12－83 碎片滤镜效果

图 12－84 铜版雕刻滤镜效果

12.11 渲染滤镜组

渲染滤镜组中的滤镜可以在图像中创建灯光效果、3D 形状和折射图案等，是非常重要的特效制作滤镜。

12.11.1 云彩和分层云彩

“云彩”滤镜可以使用介于前景色和背景色之间的随机值生成柔和的云彩图案，如图 12－85 所示。

图 12-85 “云彩”滤镜效果

“分层云彩”滤镜可以将云彩数据和现有的像素混合，其方式与“差值”模式混合颜色的方式相同。第一次使用滤镜时，图像的某些部分被反相为云彩图案，多次应用滤镜后，可以创建出与大理石纹理相似的图案。

12.11.2 纤维

“纤维”滤镜可以使用前景色和背景色随机创建编制纤维效果。图 12-86 所示为滤镜效果。

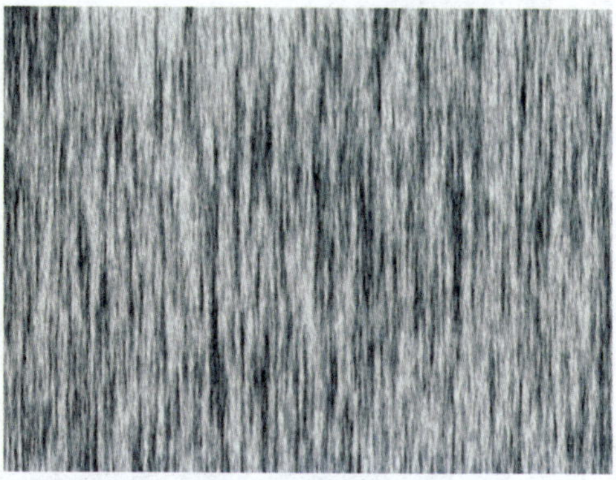

图 12-86 “纤维”滤镜效果

差异：用来设置颜色的变化方式。该值较低时，会产生较长的颜色条纹；该值较高时，则会产生较短且颜色分布变化更大的纤维。

强度：用来控制纤维的外观。该值较低时，会产生松散的织物效果，该值较高时，会产生短的绳状纤维。

随机化：单击该按钮，可随机生成新的纤维外观。

12.11.3 光照效果

“光照效果”滤镜是一个强大的灯光效果制作滤镜，它包含 17 种光照样式、3 种光源，可产生无数种光照。

12.11.4 镜头光晕

“镜头光晕”滤镜可以模拟亮光照射到相机镜头所产生的折射，常用来表现玻璃、金属等材质的反射光，或用来增强日光和灯光效果。图 12－87 所示为原图，添加“镜头光晕”滤镜后的效果如图 12－88 所示。

图 12－87　原图

图 12－88　“镜头光晕”滤镜效果

光晕中心：在对话框中的图像缩览图上单击或拖曳十字线，可以指定光晕中心。

亮度：用来控制光晕的强度，变化范围为 10%～300%。

镜头类型：可以模拟不同类型镜头产生的光晕，如图 12－89 所示。

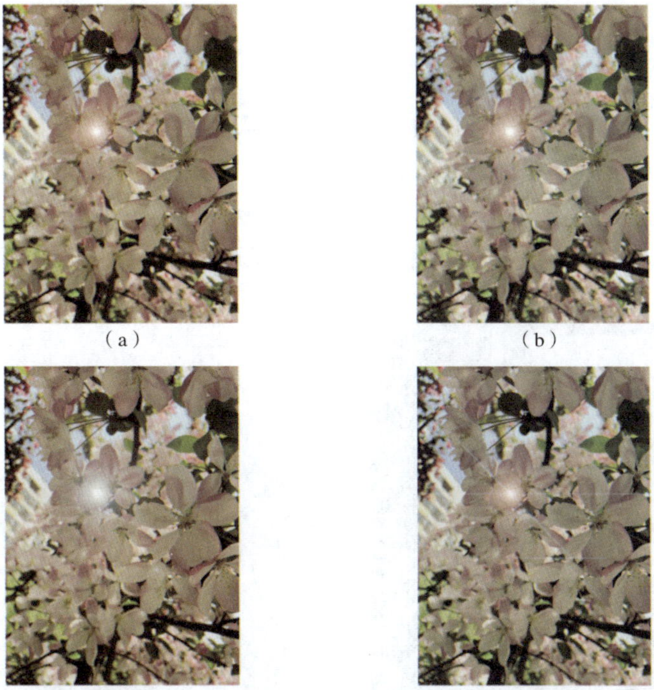

图 12－89　不同类型镜头光晕效果

(a) 50～300 毫米变焦；(b) 35 毫米变焦；(c) 105 毫米变焦；(d) 电影镜头

12.12　杂色滤镜组

杂色滤镜组包含 5 种滤镜，它们可以添加或去除杂色、带有随机分布色阶的像素，创建与众不同的纹理。

12.12.1　减少杂色

"减少杂色" 滤镜对去除用数码相机拍摄的照片中的杂色是非常有效的。图像的杂色显示为随机的无关像素，它们不是图像细节的一部分。"减少杂色" 滤镜可基于影响整个图像或各个图像或各个通道的设置保留边缘，同时减少杂色。图 12－90 所示为原图，"减少杂色" 后的效果如图 12－91 所示。

图 12－90　原图

图 12－91　"减少杂色" 效果

12.12.2 蒙尘与划痕

“蒙尘与划痕”滤镜通过更改图像中有差异的像素来减少杂色、灰尘、瑕疵等。图 12－92 所示为“蒙尘与划痕”对话框，为了在锐化图像和隐藏瑕疵之间取得平衡，可尝试“半径”与“阈值”设置的各种组合。“半径”值越高，模糊程度越强；“阈值”用于定义像素的差异有多大才能视为杂点，该值越高，去除杂点的效果就越弱。图 12－93 所示为滤镜效果。

图 12－92 “蒙尘与划痕”对话框

图 12－93 “蒙尘与划痕”滤镜效果

12.12.3 去斑

“去斑”滤镜可以检测图像的边缘，并模糊那些边缘外的所有区域，同时会保留图像的细节。

12.12.4 添加杂色

“添加杂色”滤镜可以将随机的像素应用于图像，以模拟用高速胶片拍摄所产生的颗粒效果，还可以用来减少羽化选区或渐变填充中的条纹。图 12－94 所示为原图，图 12－95 所示为“添加杂色”对话框和效果。

图 12－94 原图

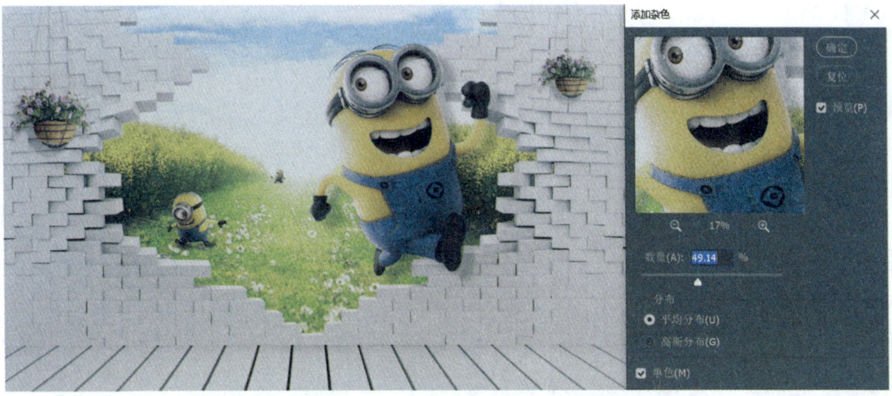

图 12－95　“添加杂色”对话框和效果

数量：设置杂色的数量。

分布：设置杂色的分布方式。选择“平均分布”单选按钮，会随机地在图像中加入杂点，效果比较柔和；选择“高斯分布”单选按钮，会以钟形分布的方式来添加杂点，杂点较强烈。

单色：勾选该复选项，杂点只影响原有像素的亮度，像素的颜色不会改变。

12.12.5　中间值

“中间值”滤镜可以混合选区中像素的亮度，以减少图像的杂色，该滤镜会搜索像素选区的半径范围，以查找亮度相近的像素，并且会扔掉与相邻像素差异太大的像素，然后用搜索到的像素的中间亮度值来替换中心像素。

12.13　其他滤镜

其他滤镜组中有允许用户自定义滤镜的命令，也有使用滤镜修改蒙版、在图像中使选区发生位移和快速调整颜色的命令。

12.13.1　高反差保留

“高反差保留”滤镜可以在具有强烈颜色变化的地方按指定的半径保留边缘细节，并且不显示图像的其余部分。图 12－96 所示为原图，“高反差保留”对话框和效果如图 12－97 所示。

图 12－96　原图

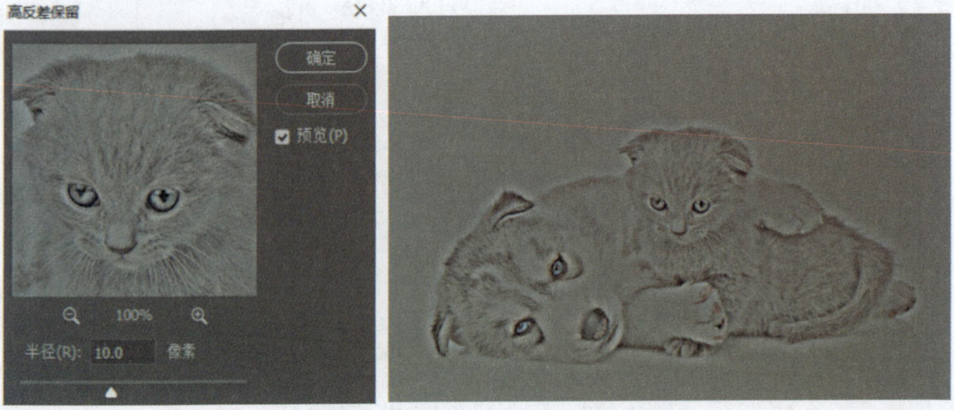

图 12－97 “高反差保留”对话框和效果

通过“半径”值可调整原图像保留的程度，该值越高，保留的图像越多；如果该值为 0，则整个图像会变成灰色。

12.13.2 位移

“位移”滤镜可以在水平或垂直方向上偏移图像。图 12－98 所示为原图，“位移”对话框如图 12－99 所示。

图 12－98 原图

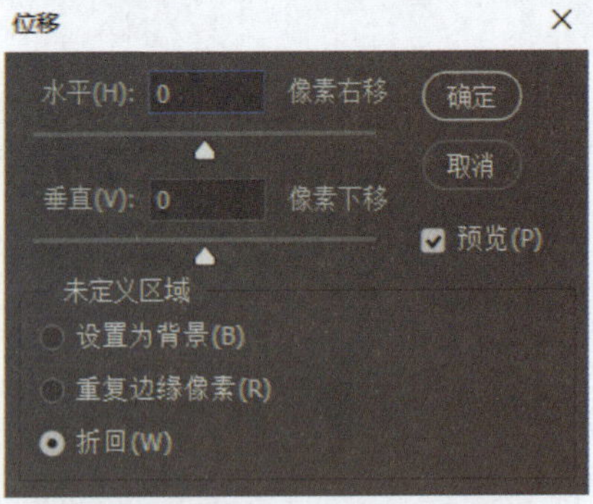

图 12－99 “位移”对话框

水平：设置水平偏移的距离。该值为正值时，向右偏移，左侧出现空缺；该值为负值时，向左偏移，右侧出现空缺，如图 12－100 所示。

水平值为100

水平值为-100

图 12－100　正负值水平效果

垂直：设置垂直偏移的距离。该值为正值时向下偏移，上侧出现空缺；该值为负值时，向上偏移，下侧出现空缺，如图 12－101 所示。

垂直值为100

垂直值为-100

图 12－101　正负值垂直效果

未定义区域：设置偏移图像后产生的空缺部分的填充方式。选择“设置为背景”，以背景色填充空缺部分，如图 12－102 所示；选择“重复边缘像素”，可在图像边缘不完整的空缺部分填入扭曲边缘的像素颜色；选择“折回”，在空缺部分填入溢出部分之外的图像，如图 12－103 所示。

图 12－102　背景色填充

图 12－103　填充图像

12.13.3 自定

“自定”滤镜是 Photoshop 提供的可以自定义滤镜效果的功能，它根据预定义的数学运算更改图像中每个像素的亮度值，这种操作与通道的加、减计算类似，用户可以存储创建的自定滤镜，并将它们用于其他 Photoshop 图像。

12.13.4 最大值和最小值

“最大值”滤镜对于修改蒙版非常有用。该滤镜可以在指定的半径范围内，用周围像素的最高亮度值替换当前像素的亮度值。“最小值”滤镜对于修改滤镜蒙版非常有用，该滤镜具有伸展功能，可以扩展黑色区域，而收缩白色区域。

12.14 综合实战——节气海报

本实例使用 Photoshop 内置滤镜，将普通风景照片转换为水墨画效果。

（1）启动 Adobe Photoshop 2022 软件，执行“文件”→“新建”命令，新建一个“宽度”为 42 厘米，“高度”为 65 厘米，“分辨率”为 100 像素/英寸的空白文档，如图 12－104 所示。

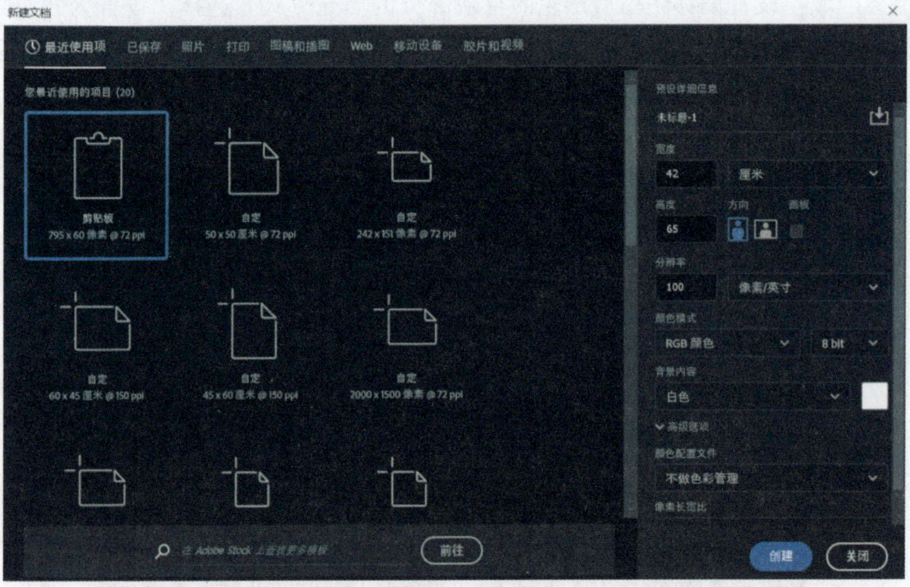

图 12－104 新建空白文档

（2）拖入相关素材“荷花.jpg”文件，将图片移动到相应位置，鼠标移动到“荷花”图层上，单击鼠标右键，选择“栅格化图层”命令，将图片转换为像素图层，效果如图 12－105 所示。

（3）选择“矩形选框工具”，将图片上的白色区域进行框选，如图 12－106 所示。单击鼠标右键，在下拉列表中选择“填充”命令，在打开的“填充”对话框中，内容使用选择“内容识别”。设置完成后，单击“确定”按钮，效果如图 12－107 所示。

图 12－105　素材“荷花”

图 12－106　框选白色区域

图 12－107　填充

（4）按快捷键 Ctrl + D 取消选区，执行“图像”→“调整”→“去色”命令，效果如图 12－108 所示。再执行“图像”→“调整”→“反相”命令或按快捷键 Ctrl + I，效果如图 12－109 所示。

（5）此时的图案颜色太亮，需要加深墨色，执行“图像”→“调整”→“色阶”命令或按快捷键 Ctrl + L，“色阶”对话框的参数设置如图 12－110 所示。设置完成后，单击“确定”按钮，效果如图 12－111 所示。

图 12－108　去色

图 12－109　颜色反相

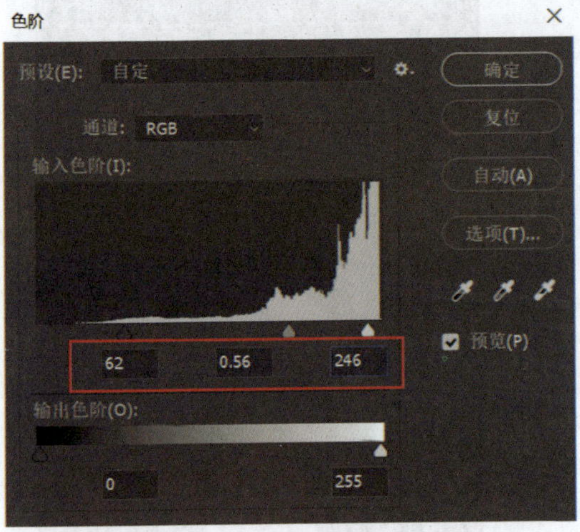

图 12－110　“色阶”对话框

图 12－111　加深效果

（6）执行“滤镜”→“模糊”→“高斯模糊”命令，在弹出的对话框中设置“半径”为 2.4 像素，如图 12－112 所示。设置完成后，单击“确定”按钮，效果如图 12－113 所示。

（7）执行“滤镜”→“滤镜库”→“画笔描边”，选择“喷溅”滤镜，在弹出的对话框中设置“喷色半径”为 14，“平滑度”为 8，效果如图 12－114 所示。

（8）单击图层面板中的“创建新图层”按钮，在“荷花”图层上方新建一个空白图层，选择“画笔工具”，前景色改为红色“#c73859”，选择一个硬度为 0 的圆笔刷，笔刷调整到合适大小即可。调整好后，在荷花上进行涂抹。涂抹完成后，将混合模式改为“颜色”，对不满意的部分进行修改，“不透明度”改为 83%，效果如图 12－115 所示。

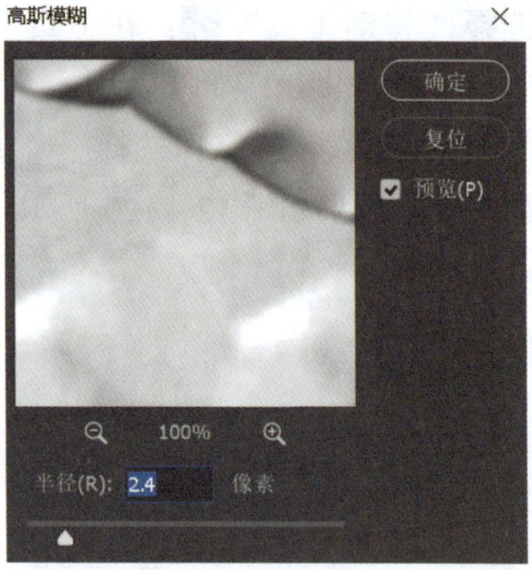

图 12 – 112　“高斯模糊”对话框

图 12 – 113　模糊效果

图 12 – 114　“喷溅”滤镜效果

图 12 – 115　荷花上色

（9）拖入素材“蜻蜓”，调整它的大小、位置及方向，如图 12 – 116 所示。单击“创建新的填充或调整图层”按钮，添加“色彩平衡”调整蒙版，参数设置如图 12 – 117 所示。海报背景图效果如图 12 – 118 所示。

图 12 – 116　拖入“蜻蜓”素材

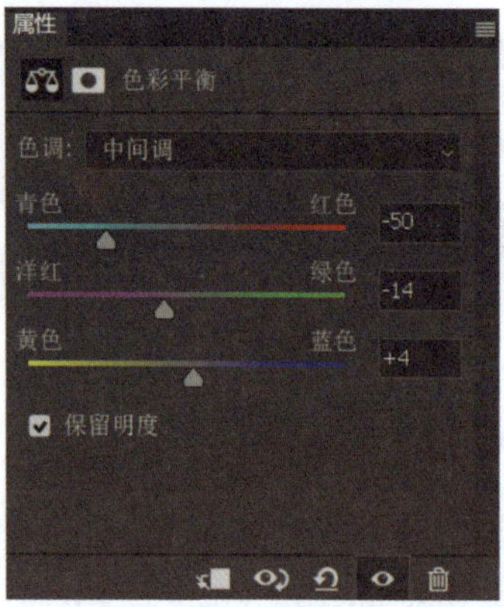

图 12 – 117　“色彩平衡”参数设置

图 12 – 118　背景效果

（10）选择“横排文字工具”，在海报的上方输入相关文字内容，“字体”选择“隶书”，“大小”为 40 点，按快捷键 Ctrl + A，选择“移动工具”，在工具选项栏中选择“水平居中对齐”，按快捷键 Ctrl + D 取消选区，效果如图 12 – 119 所示。

（11）选择“直排文字工具”，输入主题文字“大暑”，字体选择一个书法字体，文字大小为 345 点左右，颜色为黑色，调整文字的间距，效果如图 12 – 120 所示。

图 12 – 119　添加横排文字

图 12 – 120　添加主题文字

（12）新建一个图层，选择“画笔工具”，笔刷选择“粗画笔”里面的“粗边圆形硬毛刷”效果，调整画笔的大小，按住 Shift 键绘制直线，如图 12 – 121 所示。将工具选项栏中的“不透明度”改为 69%，“流量”改为 60%，将笔刷大小改小。设置好后，在直线上修改，如图 12 – 122 所示。

图 12 – 121　绘制横线

图 12 – 122　调整线条

（13）执行“滤镜”→“扭曲”→“极坐标”，在弹出的对话框中选择“平面坐标到极坐标”，单击“确定”按钮，效果如图 12 – 123 所示。按快捷键 Ctrl + T，调整墨圈的大小、形状及位置，不透明度改为 85%，如图 12 – 124 所示。

图 12－123　使用“极坐标”滤镜

图 12－124　调整图形

（14）选择“大暑”图层，将图层移动到“墨圈”的上方，双击图层面板，在弹出的“图层样式”对话框中勾选“描边”，结构大小为 3 像素，描边的颜色改为“白色”，其他参数不变，如图 12－125 所示。单击“确定”按钮，效果如图 12－126 所示。

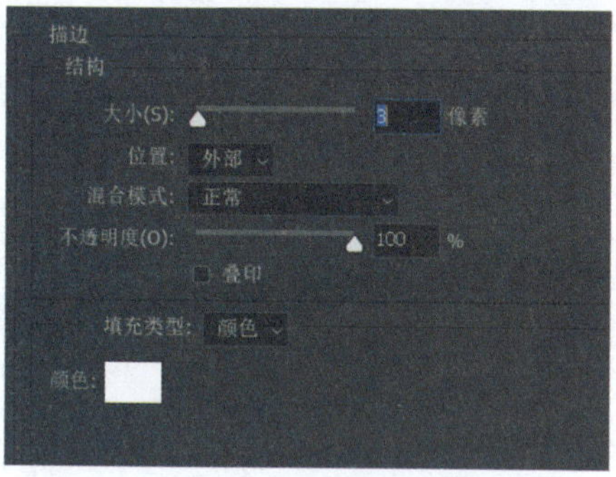

图 12－125　设置“描边”参数

图 12－126　描边效果图

（15）选择“直排文字工具”，颜色设为黑色，字体选择“楷体”，大小为 60 点，在海报左边的空白处输入诗句，如图 12－127 所示。新建一个图层，选择“套索工具”，前景色改为深红色“#940707”，在诗句的左下角绘制印章图形，再选择“直排文字工具”，颜色设为白色，字体选择“小篆”，大小为 24 点，在印章中输入文字“节气”，海报最终效果如图 12－128 所示。

图 12－127　输入诗句

图 12－128　绘制印章

参 考 文 献

［1］周建国．Photoshop CC 2019 实例教程［M］．北京：人民邮电出版社，2020.
［2］林蔚．PS 没那么难［M］．北京：中国电力出版社，2019.
［3］安德鲁·福克纳．Adobe PS CC 2018 经典教程［M］．北京：人民邮电出版社，2019.
［4］瞿颖健．Photoshop 2021 从入门到实战［M］．北京：中国水利水电出版社，2021.